U0173758

本书受“国家哲学社会科学基金项目（13CJY074）”“河南省高校科技创新人才支持计划（人文社科类）(16-CX-001)”资助

中国食品安全规制拐点的历史机遇与治理路径

王彩霞 著

图书在版编目（CIP）数据

中国食品安全规制拐点的历史机遇与治理路径／王彩霞著．

-- 北京：中国经济出版社，2020.1

ISBN 978-7-5136-5934-5

Ⅰ．①中… Ⅱ．①王… Ⅲ．①食品安全—安全管理—研究—中国 Ⅳ．① TS201.6

中国版本图书馆 CIP 数据核字（2019）第 219575 号

责任编辑 张梦初

责任印制 巢新强

封面设计 任燕飞设计公司

出版发行 中国经济出版社

印 刷 者 北京力信诚印刷有限公司

经 销 者 各地新华书店

开 本 710mm × 1000mm 1/16

印 张 16.5

字 数 240 千字

版 次 2020 年 1 月第 1 版

印 次 2020 年 1 月第 1 次

定 价 69.00 元

广告经营许可证 京西工商广字第 8179 号

中国经济出版社 **网址** www.economyph.com **社址** 北京市西城区百万庄北街 3 号 **邮编** 100037

本版图书如存在印装质量问题，请与本社发行中心联系调换（联系电话：010-68330607）

版权所有 盗版必究（举报电话：010-68355416 010-68319282）

国家版权局反盗版举报中心（举报电话：12390） 服务热线：010-88386794

摘要

ABSTRACT

我国自进入 21 世纪以来食品安全事件频发。食品安全事件后，中央政府、地方政府和企业都采取了应对措施，但食品安全事件还是频繁发生，食品安全规制似乎陷入了“规制低效率泥沼”。食品安全事件对政府、企业和个人都将产生严重的负面影响。究竟是什么原因导致了食品安全问题频发？食品安全规制能否摆脱现有的低效率状态？是否存在规制拐点？我国目前是否临近食品安全规制拐点？如果存在规制拐点，中央政府、地方政府应作什么样的战略调整？这是当前迫切需要解决的问题，也是本书关注所在。

规制制度绩效与规制环境具有强的互动性，规制制度绩效更依赖于规制环境。食品安全规制政策的制定是给定政治结构、经济结构下多种因素共同决定的结果，它是一定约束条件下最优选择。当规制环境变化时，规制制度必须及时调整才能起到良好效果，规制关键点的把握极为重要。因此，我国食品安全规制拐点、拐点影响因素、拐点时刻中央政府和地方政府的战略生态布局调整等问题具有重要的研究价值。但是目前鲜有学者从规制拐点的角度研究我国食品安全问题。本书以国家战略调整为背景、以“地方政府”和“大企业”为研究切入点，用主成分分析法、案例分析法等方法分析了我国食品安全规制拐点可能性因素、拐点期存在的问题以及在拐点期国家战略思维调整、战略生态布局调整及相关措施调整等重要内容。本书由六章构成。

第一章　导言。进入 21 世纪以来我国食品安全事件频发，且呈现出一系列新特点，对政府、企业、消费者都产生了严重的负面影响。学者从多个角度对食品安全问题进行了研究。本书首先梳理了食品安全领域需要引入政府规制、提升政府规制质量的理论渊源研究。食品安全领域存在市场失灵，需要引入政府规制。同时，由于规制俘获、政治俘获、规制风险等问题，政府规制也会失灵，需要提升政府规制质量。本书接着梳理了食品安全规制绩效差的原因。主要原因有：政府规制体制不合理；食品安全具体规制制度不合理，如早期的食品安全规制是食品生产环节之外的规制，不完善的食品安全规制保障体系（检测体系缺陷、产品质量标准体系缺陷），规制机构内部缺乏激励机制，政府多重监管目标，进入规制、最低质量规制等规制措施都会降低食品安全规制效率。本书接着从产业视野梳理了政府规制低效率的原因，如产业发展阶段、纵向产业组织不匹配、资产专用性等。本书接着从国家制度培育角度梳理了食品安全规制低效率的原因。本书还梳理了西方国家食品安全规制拐点期的状况、问题和措施。本章最后介绍了研究方法和研究创新。

第二章　我国早期食品安全规制低效率的原因。我国早期食品安全规制低效率是综合因素作用的结果：①早期建立的多部门分段监管、横向和纵向交织的食品安全规制体制存在明显缺陷。②“财政分权”制度和“政治锦标赛”制度导致地方政府规制低效率。③失衡的权力博弈结构导致食品安全规制问题持续。④地方规制机构内部缺乏努力规制的激励机制。⑤食品安全标准的不完善、滞后。⑥行政问责制度的弊端。⑦市场化治理机制不能有效发挥作用。

第三章　我国食品安全规制拐点凸显的多重有利因素。我国食品安全规制具有显著的阶段性特征，目前食品安全规制已经进入改革的纵深阶段，在此阶段食品安全规制拐点凸显，助推拐点实现的主要因素有：①政府规制体制和规制制度历经持续改革后，食品安全规制的浅层问题已经解决，政府规制能力显著提升。②市场化治理机制的外部条件日益完善，市场惩罚机制发挥作用，大企业积极自救。③国家重大发展战略的出台为食品安全规制拐点实现提供历史性契机。如生态文明建设战略为食品产地安全提供保障，全面建成小康社会战略目标促使政府政策向公众健康倾斜，

“工业反哺农业”的国家战略推动社会资本进入农业领域，为农业产业组织优化奠定基础，农业现代化国家战略为食品安全规制拐点实现提供技术支撑。④消费者对安全食品的强烈渴求，对安全食品支出的真实增加，为食品安全规制拐点实现提供庞大的需求主体支撑。

第四章　我国食品安全规制拐点实现的深层阻碍因素。目前我国已经进入到食品安全规制的拐点期，但还存在一些阻碍因素：①我国生态环境破坏严重，环境治理难度大。②消费者对健康安全食品的虚假需求，消费者虽然对食品安全极度焦虑，但对高质量产品只愿意支付低的质量溢价。安全食品高的供给成本与低的质量溢价支付意愿的冲突，导致高质量农产品难以持续大规模供给。③工商资本下乡后，规模农业的生产效率并没有显著提高；短期内土地大面积流转，土地流转费用急剧增加；农产品市场不稳定，产品销售困难；下乡的工商资本具有一定的政治投机性。④消费者信任修复慢导致国产产品的市场需求少，农业规模化等国家战略难以实现。⑤消费者举报不力凸显政府食品安全治理的孤单。

第五章　西方国家食品安全规制拐点期的规制及对我国的启示。食品安全问题是个共性问题，只是各国爆发的时间不同。本章首先分别介绍了英国、美国和日本拐点期的食品安全规制措施；本章还分析各国拐点期食品安全规制经验：①建立健全的食品安全法律体系。②建立严格的食品安全标准体系。③建立完善的食品安全全程监控追溯体系。④打造权责清晰的监管模式。⑤鼓励公众高度参与。⑥建设独立的新闻媒体。

第六章　拐点期我国食品安全规制改革的战略布局和战略措施。本章首先介绍了我国政府食品安全规制战略思维的调整：前瞻性思维、分而治之的思维、靶向定位思维；“援兵引将”和“无中生有”的战略思维。本章接着介绍了农业生产布局战略调整思路：在农业资源环境约束日益显著的情况下，应优先考虑各区域农业资源环境承载现状，提高农业生产力布局与资源环境承载力的匹配度；生产力布局应考虑市场因素；农村生态治理要与新农村建设、产业集聚区建设统筹结合。

本章最后重点分析了政府的战略措施：①继续强化地方政府食品安全规制主体地位，实施多形式激励。②为了实现工商资本的稳定发展，中央政府应优化农业现代化的考核指标；建立长效扶持政策，避免工商资本投机；适度进口保证粮食价格稳定；因地制宜提升农业机械化水平。③诱发农业生态技术和环保技术的突破性发展。技术突破是规制改革的关键利器。政府诱导技术创新的措施有：积蓄科技人力资源、提高科技人力资源密度、优化科技人员结构；加大规制强度，注重规制效果；增加新技术的市场需求；实施非对称性创新扶持政策。④鼓励公众参与食品安全治理，如国家应强力打击食品生产销售中的违法行为，为公众参与树立信心；政府应及时匡清食品领域的模糊问题，为公众参与提供合理依据；政府应进行正确舆论引导加大公众参与的自豪感，加大对消费者举报的激励和保护；提高信息透明度，为公众参与监督提供广泛渠道。⑤完善声誉机制环境，激发企业自觉建立良好声誉。政府可通过真实的产品质量宣传，加大声誉贴现因子；政府广建产品质量信息交流平台，提高低质量产品被消费者观察到的概率；政府加大绿色生态生产工艺的研发和推广，降低厂商提供低质量产品的利润空间。

主要创新点

第一，以动态视角研究食品安全问题、敏锐捕捉关键问题。动态视角观察问题可避免“刻舟求剑”，能因时因地地抓住关键问题，有效解决问题。在动态视角下本书敏锐地捕捉到：①食品安全规制阶段已发生根本性变化，目前已进入规制拐点期。②拐点期阻碍食品安全状态改变的关键因素已发生变化，必须及时调整措施。早期的主要矛盾表现为：我国食品安全规制体制的分段规制下的“九龙治水”“缺乏有力的协调主体”；食品检测标准落后；在财政分权和锦标赛制度下，地方政府官员重视任职期限内的经济指标的增长状况放松食品安全规制；食品产业链上纵向产业组织不匹配等问题，但是历经 10 多年的食品安全规制改革，上述主要问题已经解决。如今食品安全规制已经向纵深阶段发展，关键问题演化为：如何提升农业生态技术和环境技术，如何修复消费者对国产食品的信任，中央把食品安全规制绩效纳入地方官员考核指标体系后，如何保证这一政策的有效实施，如何实现公众参与食品安全监管，如何实现工商资本在农业生产领域内的稳定发展。

第二，从全局视角分析问题。食品安全规制体制是国家行政管理体制的重要组成部分，只有从大的制度环境去研究我国的食品安全问题，才能抓住问题的根本而不是纠缠于细枝末节，避免“一叶障目”，迷失方向。本研究从“财政分权”“政治锦标赛”视角分析了我国早期食品安全问题频发的根本原因；从国家重大发展战略的实施，敏锐地觉察到食品安全规制拐点实现的历史契机。

第三，以“共荣”“共赢”的思路解决问题。我国现有的食品安全规制分析多是把政府和被规制企业放在对立角度，研究视角局限于如何强化规制制度约束企业以提升规制绩效。本研究把政府和被规制企业放在“共荣”的角度探寻对策措施。同时，行政性规制机制和市场化治理机制是治理食品安全并行的两种机制。现有研究多集中于行政性规制机制缺陷分析，缺少行政性规制机制的“替代机制”研究。政府规制成本高，有些领域还可能不能有效实施，政府也应该让市场化治理机制发挥作用，本书对此也进行了研究。

关键词： 食品安全规制；规制拐点；战略布局；战略措施

目录

CONTENTS

1 导言

1.1 研究背景

1.1.1 我国食品安全状况的严峻性

食品安全问题的集中爆发具有世界共性，西方国家也曾经在工业化早中期发展阶段爆发过严重的食品安全事件。在工业化中期阶段，化学工业日益发达，很多的化学物质以隐蔽的方式被添加到食品生产中。在工业化的中期阶段，食品产业的产业链条被不断拉长，食品的生产和消费更为分离，食品安全信息不对称情况显著上升，信息不对称为食品的违规生产蒙上了障眼纱。我国目前已经进入工业化的中后期阶段，食品安全事件也频繁爆发。《2005—2014 年间主流网络舆情报道的中国发生的食品安全事件分析报告》显示："在这 10 年间全国食品安全处于高发期，共发生 227386 起食品安全事件，2012 年、2013 年发生量下降，但在 2014 年又出现反弹。食品供应链各个主要环节均发生了安全事件，绝大多数的食品安全事件发生在食品生产与加工环节，人为因素较多。"[①②]

进入 21 世纪以来，我国多次曝出恶性食品安全事件，如乳制品领域

① 江南大学国家社科重大招标课题组 . 食品安全风险社会共治研究［R］. 江南大学食品安全风险治理研究院，2014.

② 江南大学教育部课题组 . 中国食品安全发展报告［R］. 江南大学食品安全风险治理研究院，2014.

的“安徽阜阳假奶粉事件”“光明回奶事件”“三鹿三聚氰胺事件”“2008年的三聚氰胺奶粉重现市场事件”…… 农产品领域的高农药残留问题，如“毒韭菜事件”“毒生姜事件”“海南毒豇豆事件”……肉制品领域的食品安全事件有“瘦肉精事件”“抗生素超标事件”“注水肉事件”“双氧水泡牛百叶”“农药浸泡腐烂猪肉”“工业烧碱浸泡毛肚”“香港抽检发现多款鱿鱼丝含砒霜”“调料瓶里混杂敌敌畏”……其他领域的如“莱西产花生油检测结果，惊人酸值直逼硫酸”“商贩用兽药激素催生30厘米化学豆芽”“鲜榨果汁添加剂勾兑而成”……公众谑称食品安全事件已成为公众化学知识的普及课。同时，食品安全领域内的魔幻事情也是层出不穷，《假鸡蛋造型逼真，消费者谨防上当》《江苏现伪造银鱼一捏就碎，有关部门已经介入调查》《多地市场现牛肉膏，可将其它肉类加工成假牛肉》《超市售货员称虾丸无虾蟹棒无蟹，多为仿生品》……

1.1.2 我国食品安全状况的新特点

（1）大型企业、跨国企业成为食品安全事件的主角

小作坊、小企业是早期食品安全事件的主角。其主要原因为：首先，在经济发展的早期，食品生产企业的规模通常较小；其次，早期的食品加工工序简单、加工环节少，食品搜寻品和体验品[①]的特点比较突出，如果食品不安全，很容易被消费者知晓，在早期的熟人社会，不安全信息很快被传播。大型的食品生产企业如果生产不安全食品会造成巨额经济损失，市场机制会约束企业的不安全生产行为，而小企业在固定资产少的情况下，机会主义倾向明显有动机去生产不安全食品。最后，随着市场竞争的加剧，企业兼并重组后，企业规模不断扩大，食品产业市场结构逐步转化为寡头的市场结构。CRn是产业经济学中衡量市场集中度最常用的指标。依据贝恩的市场结构分类标准（见表1–1），可将市场结构分为六种类型。以我国食品安全事件比较集中的乳制品行业为例，到21世纪初期时，我国乳制品行业集中度不断提升，市场结构已经演变为寡头Ⅳ型（见表1–2）。

① Nelson, 1974, Advertising as information. Journal of Political Economy, 82（4）: 729–754.

表 1-1 贝恩的市场结构分类标准

市场结构	寡占Ⅰ	寡占Ⅱ	寡占Ⅲ	寡占Ⅳ	寡占Ⅴ	竞争型
集中度 CR4（%）	$CR4 > 85$	$75 < CR4 \leqslant 85$	$50 < CR4 \leqslant 75$	$35 < CR4 \leqslant 50$	$30 < CR4 \leqslant 35$	$CR4 < 30$

表 1-2 我国乳制品行业 CR4 的情况　　单位：亿元

年份	前四家的销售收入	行业的销售收入	CR4
2004	213.1	498.11	42.8
2005	272.5	625.2	43.6
2006	484.78	1041.42	46.55
2007	658.6	1798.7	36.6
2009	603	1650	36.54
2014	1317.13	3297.77	39.94

资料来源：《中国食品工业年鉴》编辑委员会 . 中国食品工业年鉴 2015［M］. 北京：中国统计出版社，2016.

由于信息不对称的存在，大型食品生产企业的安全事件不断增加。同时，一些知名跨国企业如“麦当劳”“肯德基”“雀巢”等也提供不安全食品。跨国企业提供不安全食品是不能从资产专用性的角度进行阐释的，大企业和跨国企业其资产专用性高，如果不注重声誉企业倒闭将会造成企业损失大量资产，企业通常会重视产品质量，但是在食品产业链拉长的情况下，食品信任品的特征越来越突出，市场声誉机制发挥作用的环境发生变化，市场声誉机制的作用受到制约，所以跨国企业也会供给不安全食品。跨国企业成为不安全食品的供给者，这严重降低了公众对食品安全的整体预期，加大消费者信任修复难度，可能会造成行业的长期低迷。

（2）食品安全问题已演变为行业潜规则

为了卖相好看、优化口感、降低生产成本，很多的生产者在食品中添加不安全物质。如果消费者无法辨别食品中是否添加了有害物质，违法添加的食品可能会因为卖相好看、口感佳更具市场竞争力，如涂抹了激素的“头带黄色顶花的黄瓜”“亮白馒头”“颜色翠绿的蔬菜”等，一旦消费者适应了违法添加的食品，消费者可能还会因为口感卖相和原来购买的不同而拒绝购买真正有机、安全的食品。同时，如果信息不对称，真正安全的食品的生产者就需要花费额外的费用让消费者了解自己产品的安全性，销售成本增加，销售更为困难。如现在一些有机蔬菜生产基地在田间地头安装大量的摄像头让消费者了解其安全性。“劣币驱良币”的现象导致整个食品市场的低质量均衡。食品添加一旦成为行业潜规则，消费者“低信任陷阱”必将持续，低质量产品雄霸市场的情况持续，高质量产品的生产举步维艰，如果没有外界强大力量的介入，整个食品行业质量的提升将极为困难。

（3）食品安全事件不断挑战消费者的容忍底线

尊老爱幼是中华民族的传统美德，公众对食品安全容忍的底线是老人食品和婴幼儿食品的安全。随着我国老龄人口的增多，老年人用品的市场规模不断扩大。同时，随着我国生育率的下降，婴幼儿产品逐步走向高端化。进入21世纪后，这两大领域也多次爆发食品安全事件，每爆发一次食品安全事件都会激发公众的滔天愤怒，如“阜阳假奶粉”事件和“三鹿三聚氰胺”事件。

1.2 研究意义

1.2.1 现实意义

（1）食品安全事件让消费者深受其害

① 消费者剩余严重下降。

消费者剩余是衡量经济活动所产生的社会福利的重要构成部分。食品安全事件增添了消费的不安全感、降低了消费的美好体验，降低了消费者剩余，在图形上表现为消费者剩余由原来的 S_{ACB} 减少为 S_{DCE}（见图1–1）。同时，由于食品安全事件的发生，安全食品变得稀缺，价格成倍上涨，结果消费者剩余由原来的 S_{ACB} 减少为 S_{AEF}（见图1–2）。以京东商场上发布的有机蔬菜价格为例，有机短豆角30元/斤，有机上海青11.25元/斤，有机白菜10元/斤，有机塌菜21元/斤，这些菜的价格都是普通蔬菜的几倍，甚至有的高达10倍。

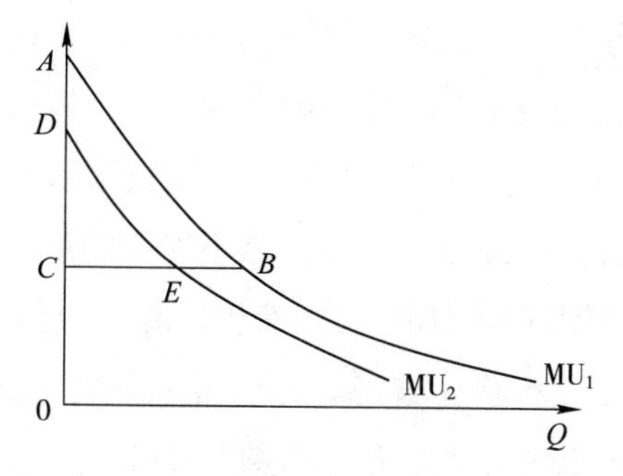

图 1-1 食品安全事件对消费者剩余的影响

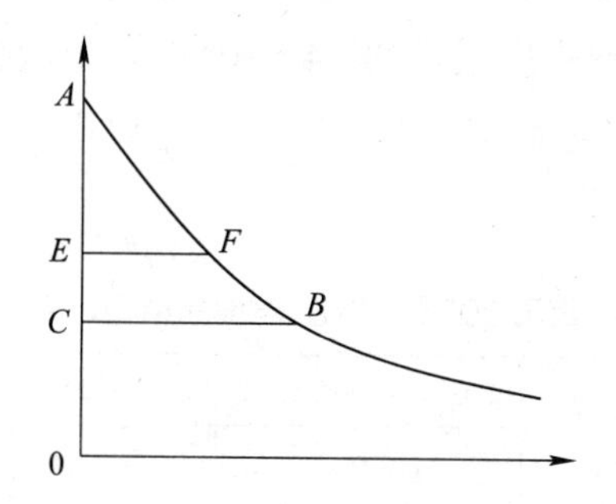

图 1-2 食品安全事件对消费者剩余的影响

② 消费者幸福指数下降。

消费者幸福指数表示为：

$$幸福指数 = \frac{总效用}{欲望}$$

有数据显示：2012 中国社科院《社会蓝皮书》显示："2011 年食品安全问题依然是城镇居民关心的热点问题。"2014 年中国社科院《社会蓝皮书》显示："2013 年热点事件排名中有四项与食品安全有关。"2015 年中国社科院《社会蓝皮书》显示："房价、食品药品安全、物价、失业、贫富分化等列前五位。"消费者的高度关注反映了消费者的焦虑。如果每次都要以悲壮的心情进餐，那么何来幸福感？

③ 有毒、有害食品严重损害消费者身体。

据卫生部办公厅关于全国食物中毒情况的通报数据可知，自 2005—

2009 年，每年食物中毒的人数分别为 9021 人、18063 人、13280 人、13095 人、11007 人，2010 年以后人数有所下降，但是每年中毒人数也在 5000 人以上（见表 1–3）。一般情况下，上报数据远远小于实际数据，实际数据会更多。因食物中毒而死亡是食品不安全的最高级形式，常见情况是有毒物质在人食用后在人体内大量堆积，导致身体免疫力下降，抗药性增强，慢性疾病、疑难杂症增多。2012 年抗癌协会会长王瑛说："我国每年新发癌症病例约 337 万人，死亡人数月 211 万，癌症已经成为死亡的第一大原因，死亡人数占全球癌症死亡人数的四分之一。"[①] 世界卫生组织（WHO）发表的《全球癌症报告 2014》中称："中国新增癌症病例高居世界第一。"癌症高发的原因是多方面的，但是癌症高发与人类不安全的饮食有着极为重要的关系。

表 1–3　我国 2005—2017 年食品中毒、死亡人数　　单位：个

年度	2005	2006	2007	2008	2009	2010	2011	2012	2013	2014	2015	2017
全国食物中毒事件情况通报中毒人数	9021	18063	13280	13095	11007	7383	8324	6685	5559	5657	5926	7389
死亡人数	235	196	258	154	181	184	137	146	109	110	121	140

资料来源：中华人民共和国国家卫生和计划生育委员会官网。

④ 交易费用增加。

为了买到安全食品消费者需要储备更多的安全知识、收集大量的信息、寻找更多的渠道、花费更多的时间、购置更多的仪器试纸去辨别产品的真假、优良。

（2）对企业的影响

① 增加交易成本。

交易成本是影响交易效率的重要因素，交易成本越低，交易效率越高。食品安全是全产业链的安全，同一产业链上的企业在法律上具有连带

① 央视网. 全球因癌症死亡人数 1/4 来自中国 结直肠癌发病率飙升［EB/OL］，央视网，2016–04–16.

责任制度，如果发生食品安全事件，消费者只需要向食品产业链上的最后一个生产者索赔即可。这样的制度规定，每一个环节的生产者尤其是产业链末端的生产者为了不让上游不安全食品的负外部性外化给自己，会重复检测上游食品的安全性，重复检验增加了交易成本，降低了经济运行效率。如在2008年“三聚氰胺”事件以后，很多的乳企为了保证产品质量，直接购买牧场，扩大了纵向一体化的范围，这样的纵向一体化将加大企业的资金、管理负担，降低企业的经营效率。同时，在目前食品行业质量信息严重不对称的情况下，很多有机蔬菜种植基地在田间地头大量安装摄像头，组织消费者到企业进行免费体验消费，以消除消费者对产品质量的质疑，这无疑将大大增加了食品企业的经营成本。

② 重大食品安全事件导致企业破产。

如“三鹿三聚氰胺事件”直接导致“三鹿”奶业巨头的破产，在2008年伊利集团亏损16.87亿元，蒙牛集团亏损9.49亿元，光明集团亏损3.2亿元。2011年“瘦肉精”事件曝光后的第三天，双汇发展市值蒸发近150亿元，其在食品行业市值冠军的地位瞬间丧失。2014年“麦当劳、肯德基使用上海福喜过期肉”的事件一经曝光，肯德基母公司百盛集团股票周一大跌4.25%，市值蒸发了近15亿美元，折合人民币约93亿元，麦当劳股价下跌1.45%。

③ 重大食品安全事件会对整个产业链上的所有企业产生共振性影响，整个产业遭受致命性打击。

农产品质量安全事件具有快速传递的特点，如果行业内具有重要地位的企业的产品出现严重的质量问题，消费者就会出现恐慌，如果不能确切知晓每家企业的产品质量信息，消费量会急剧减少，消费者甚至会放弃消费。如“疯牛病”爆发时期，消费者会放弃对所有牛肉的消费，导致整个牛肉行业遭受打击。同时产业链上的牛奶、奶制品的销售量也会减少。

④ 企业声誉遭受重创，消费者信任修复困难。

以乳品市场为例，2008年“三鹿三聚氰胺”事件爆发后，由于国内消费者对国产奶粉不信任，导致“洋奶粉”大幅度提高销售价格。据统计，

“2009年美赞臣婴幼儿配方奶粉全线产品提价8%，惠氏金装婴幼儿奶粉涨价8%～10%，多美滋奶粉平均涨幅为5%……”。“涨价风”的背后，洋奶粉品牌在国内市场话语权不断提升，洋奶粉在中国的市场份额陡然增多，目前洋奶粉在国内的市场份额达到八成左右[①]。为了控制产品质量，重新挽回企业质量信誉，我国乳品企业纷纷采取纵向一体化的方式，在国内大规模兴建奶源基地，甚至到外国购买奶源基地，大量购买外国奶粉。同时，由于在我国饮食文化中牛奶的饮用历史短，牛奶文化不浓厚，食品安全事件的爆发导致我国奶业发展遭受严重制约。同时，近年来我国很多地区大量增加奶牛养殖数量走规模化发展道路，部分地区还建立了农业产业集聚区，但是国内大型乳品企业的外向发展，国内市场不能有效拉动，导致在2015年初在全国大规模出现“倒奶”“杀牛”现象。没有市场的持续拉动，我国的奶业发展和养牛产业的规模发展将是无水之源，难以为继。

（3）对政府的影响

①降低政府经济管理绩效。

从机会成本的角度来看，食品安全事件造成大量经济资源浪费。2008年“三聚氰胺”事件爆发后，各地开展了大规模的整顿、清查问题奶粉行动，“仅三鹿集团就封存了2000余吨三聚氰胺奶粉”[②]。2014年“上海福喜过期肉”事件发生后，上海福喜食品有限公司从上海、北京、辽宁、四川等省市召回的问题食品多达521.21吨，最终全部实施无害化处理[③]。其次，间接损失巨大，如大量医疗资源被无谓地浪费。例如，在“三聚氰胺”事件中，三鹿集团赔付患儿的医疗费用高达9.02亿元。同时，长期食用不安全食品导致慢性恶性疾病发生。有数据显示，我国已经是癌症的高发国家，每10分钟我国都将新增一名癌症患者。

---

① 陈英.洋奶粉以成本上升为由每年上涨10%遭质疑［EB/OL］.新浪新闻，2010-06-19. http://news.sina.com.cn/c/2010-06-19/021520500937.shtml.

② 刘京玲.还有多少问题奶粉去向不明［N］.中国商报，2010-03-02.

③ 吴涛.上海福喜已召回所有问题食品并实施无害化处理［EB/OL］, http://www.chinanews.com/sh/2015/01-04/6933760.shtml,2015-1-4.

② 降低了政府的公信力，影响政府政策的运行效率。

政府是食品安全的规制主体，在“三鹿奶粉事件”爆发之前，大型乳品企业获得各种产品认证证书，且多次检查结果都为合格，食品安全事件的爆发导致公众对政府规制能力的严重质疑。政府的强制力和公信力是政府经济政策有效运行的强有力保证，政府公信力缺失必将导致政令推行困难，政府和市场运行的交易成本必将大大提升，社会运行效率必将下降。

③ 食品安全事件最容易成为社会矛盾爆发的导火索。

根据钱纳里模型，工业化的中期阶段是社会矛盾的密集发生阶段，我国正处于社会矛盾的凸显期。同时，近年来国际恐怖主义组织在国际间渗透，蓄意制造事端，绝大多数人的共同利益诉求点是社会危机事件的爆发的导火索。目前，食品安全问题是公众关注的焦点，尤其是婴幼儿食品和老人食品的安全是公众对食品安全容忍的底线，该领域的食品安全问题最容易迅速激发公众愤怒，食品安全问题会迅速激化社会矛盾。

④ 抑制出口、激化国际矛盾。

首先，食品安全事件抑制我国食品出口。随着我国大国地位的崛起，人民币国际化进程的推进，一些国家会寻找各种理由来遏制我国经济发展，在农业领域主要是通过提高农产品的进入门槛来实施（如 TPP 贸易协定等）。同时，一些国家还会对我国食品进行不实报道，诋毁我国企业的声誉[①]。“三聚氰胺”事件已经过去了 7 年，但是美国 FDA 还会以“疑似含三聚氰胺”之名，大批量扣留我国食品。有数据显示：“从 2014 年 2 月到 2015 年 1 月美国食品药品监督管理局（FDA）因为‘疑似含三聚氰胺’而通报的中国食品出口企业有 38 家，共 113 批次产品，检测结果无一含有三聚氰胺”[②]。其次，食品安全问题可能会引发国际矛盾。

1.2.2 理论意义

近年来我国食品安全事件频发。食品安全事件后，中央政府、地方政

① 西方不实报道诋毁中国食品声誉 东南亚跟风渲染［EB/OL］. http://www.sina.com.cn, 2007-06-12.

② 美国七年来因“疑含三聚氰胺”扣中国近千批食品［N］. 新京报，2015-03-10.

府和企业都采取了应对措施，但食品安全事件还是频繁发生，食品安全规制似乎陷入了“规制低效率泥沼”。食品安全事件对政府、企业和消费者都将产生严重危害。什么原因导致了食品安全问题频繁发生？食品安全规制能否摆脱现有的低效率状态？是否存在规制拐点？我国目前是否临近食品安全规制拐点？如果存在规制拐点，中央政府、地方政府应做出什么样的战略调整？这是迫切需要解决的问题。

针对食品安全问题，目前学者的研究多集中于食品安全问题产生的原因的研究。学者的研究主要集中于以下几个方面：第一，从食品的信任品特征阐释其原因。阿克洛夫（1970）最早分析了信息不完全情况下的逆向选择对市场均衡的影响。Nelson（1974）首次将产品分为搜寻品、经验品和信任品[①]。KMRW 声誉模型说明在不完全信息、有限次博弈的环境中，双边博弈中的惩罚机制将失效，但团体惩罚机制会导致合作的纳什均衡。吴德胜（2007）认为网上交易存在严重的信息不对称，但第三方可以通过网上交易的信用评价系统等机制促使生产者交易合格产品。Kihlstrom 等（1998）认为在长期卖方主要通过声誉机制来“澄清”自己的类型。王俊豪等在经典作家分析的基础上，分析了食品的信任品特征并从信任品的角度分析食品安全产生的原因。第二，产业组织原因。陈明（2008）、杨建青（2009）等人从纵向产业组织结构不匹配的角度，何玉成（2009）、聂迎利（2009）从专用性资产锁定区域内农户的角度，分析了乳品质量事件频发的原因。周德翼、汪普庆等人（2009）从蔬菜供应链的组织模式角度分析了产业纵向一体化程度与食品安全关联性。卫龙宝 、卢光明（2004）阐释了农业专业合作组织、农业现代化与农产品质量的关系。肖兴志、王雅洁（2012）以大型乳品企业自建牧场为例说明如果存在纵向产业组织不匹配，即使大企业自建牧场也不能改善产品质量。第三，市场需求方面的原因。周洁红（2005）从消费者需求角度，平新乔（2006）从市场结构角度，杜创（2010）从信誉、市场结构与产品质量关联性分析了产品质量产生的原因。（四）食品安全规制制度方面的原因。韩中伟（2010）从“多

---

① Nelson，1974，Advertising as information. Journal of Political Economy，82（4）: 729–754.

头监管、分段管理”的食品安全规制体制角度，刘东、贾愚（2010）从食品安全规制切入点的局限性角度，Falvey（1989）、Boom（1995）、赵农（2005）从最低质量标准角度，周清洁（2008）从食品安全规制保障体系角度，格鲁斯曼（1981）、杜传忠（2010）、肖兴志（2010）等人从激励机制不相容角度，戴治勇（2006）从执法成本的角度，傅勇（2007，2010）和杨帆、卢周来（2010）从财政分权和政治锦标赛角度，王彩霞（2011）从权力制衡结构角度，邱烨（2009）、宋涛（2007）从行政问责制度的制度缺陷角度分析食品安全规制绩效。

众多学者的研究角度不同，结论也不同。目前，多数的研究强调规制制度、产业组织的调整，实质上规制制度绩效与规制环境具有强的互动性，规制制度绩效甚至是更依赖于规制环境，当规制环境变化时，规制制度必须及时调整才能起到良好效果，规制关键点的把握极为重要。因此，我国食品安全规制拐点、拐点影响因素、拐点时刻中央政府和地方政府的战略生态布局调整等问题具有显著的研究价值。但是目前鲜有学者从规制拐点的角度研究我国食品安全问题。

本课题以国家战略调整为背景、以“地方政府”和“大企业”为研究切入点，以“食品安全规制拐点和战略生态布局调整”为主要内容，该研究是对现有食品安全规制研究的有益补充。同时食品安全是关系民生、社会稳定和政权稳定的重要问题，战略布局必须具备前瞻性，本研究对于中央政府、地方政府及时把握食品规制拐点，调整食品安全规制战略次序、战略措施具有重要参考价值。

1.3 研究综述

1.3.1 政府食品安全规制理论渊源研究

（1）市场失灵理论

政府规制最初的理论基础是市场失灵，政府规制是市场经济的产物。

以斯密为代表古典经济学家认为，如果满足完全竞争、信息对称、进退无障碍等要素，市场机制能够实现资源的最优配置，政府不需要干预经济。到了19世纪的中后期和20世纪初，竞争推动了垄断，垄断市场结构的存在导致资源配置效率下降，同时，西方国家爆发的几次大的经济危机导致国家资源遭受严重浪费，公众才开始质疑市场机制的有效性，公众的观点发生变化，市场并不是万能的，由于存在市场失灵，政府对经济应该实施干预，这时政府干预进入公众视野。在食品安全领域，市场失灵情况主要有：

①外部性。

"内部经济""外部经济"的概念最早是由马歇尔提出的。庇古对外部性理论进行了完善。外部性有正外部性和负外部性，根据发生的领域不同又分为消费的外部性和生产的外部性，以生产外部性为例，如果发生正外部性，社会收益会大于生产者个人收益，私人的均衡产量小于社会需求量；如果发生负外部性，私人成本小于社会成本，私人的均衡产量大于社会需求量。两种情况都不能实现资源的最优配置。市场机制不能有效解决外部性问题，政府可以通过合并企业、征税等措施进行纠正。

食品生产的外部性也非常显著。首先，食品生产具有显著的负外部性。生产领域的负外部性是指生产者的生产行为对别人造成了伤害，但是它并没有对别人进行赔偿。例如，2008年我国乳品行业爆发了"三聚氰胺"事件，"三聚氰胺"事件爆发的初期，不仅"三鹿"企业遭到消费者抵制遭受巨额损失最终破产，而且消费者对整个乳业的产品质量产生质疑，消费者不再购买任何牌子的乳品，导致我国乳品企业全线巨额亏损。我国在2010年又爆发了乳品安全事件，导致消费者的不信任进一步上升，消费者大量购买进口的外国奶粉或者是从国外大量代购洋奶粉，导致我国多地出现"倒奶""杀牛"的现象，乳业的整个生产链都遭受影响。2013年以后，我国政府重拳打击食品生产中的违法行为，而且我国政府改革了食品安全规制体制、修订了《食品安全法》、严格了农药残留标准、提升了食品检测标准，改革后的中国很多产品的食品安全标准高于外国，但是消费者对国产食品尤其是国产乳品的信任度并没有显著上升。食品安全事件的负外部性长期持续。其次，食品生产也具有显著的正外部性。生产领域的正外部性是指生产者的生产行为对别人造成了好的影响，但是别人并没有对其支付。如某个区域内一个企业生产的某种商品的质量好、产量大，成为该地区的标志性产品，那么该企业良好声誉就会带动更多的消费者和经销商去该地购买，不断增多的市场需求会带动整个地区的该产品的生产，使区域内所有厂商都享受到声誉溢价。

② 食品安全具有公共物品的特性。

因为公共物品“非排他性”的特征，公共物品的均衡价格通常比较低，私人供给者觉得无利可图通常放弃供给，政府通常是公共物品的供给者。食品安全具备公共物品的特征。首先，食品安全具备非竞争性的特征，国家在食品安全投入大量的规制资金、实施严格的监管，国家整体食品安全状况提升，某一单个消费者享受安全的食品并不影响其他人使用。其次，从非排他性的角度看，当国家生态环境恶化，食品安全遭遇严重危机时，众多的消费者四处抱怨高声抗议，但是就不愿意为改良生态环境付费，只是希望通过政府治理环境。食品安全领域存在“搭便车”的现象。

③ 信息不对称性。

当存在信息不对称时，市场不能实现资源的最优配置。在1970年著名的经济学家阿克洛夫在《“柠檬”市场：质量的不确定和市场机制》一文中，他以二手车交易市场为例最早分析了信息不对称对市场机制造成的影响。二手车市场存在显著的信息不对称，为了避免损失，消费者通常是尽可能地压低价格，结果市场均衡价格高于低质量车主的预期价格低于高质量车主的预期价格，“劣币驱逐良币”现象发生，好车退出市场交易，劣等车成交。根据信息不对称的严重程度，著名经济学家纳尔逊将产品分为信任品、经验品和搜寻品。

食品安全领域内信息不对称现象也非常严重。例如，食品中是否含有抗生素？抗生素的含量是否超标？抗生素的含量对人的危害有多大？这些食品安全信息即使消费者消费后也无从知晓。因此，随着食品加工环节增多、产业链条拉长，化工产业的发展，食品信任品的特性不断增强。同时，由于食品生产和消费的高度分离、高昂的信息搜寻成本、企业和政府食品安全信息的高度垄断和封锁行为，所以，在食品领域不同主体之间也存在严重的信息不对称，如食品生产者和食品规制机构存在信息不对称，食品生产者和消费者之间存在信息不对称，食品安全规制者和消费者之间也存在信息不对称。完善的市场机制能够提升信息对称状态，但是信息不对称的情况将会永远存在。我国的经济学家，如王俊豪（2004）①、王中亮（2014）②、岳中刚（2006）③ 等人都从不同的角度分析了我国食品领域内信息不对称状况及其影响。

（2）政府规制失灵理论

早期的规制理论认为政府规制可以替代"市场失灵"，当"市场失灵"时政府规制可以提高社会福利水平。随着政府在自然垄断领域内的规制实践的推行，政府规制也暴露出很多问题，"政府规制失灵"开始引发人们新的思考，如政府规制为谁规制？政府如何规制？政府规制是否有效？"政府规制失灵"的原因也很多：

① 规制俘获与政府规制失灵。

规制实践证明了政府规制同样会失灵。以芝加哥学派为代表的众多经济学家从不同角度论证了"政府失灵"的事实和原因。维斯库兹、维纳和哈瑞（Viscusi，Vernon and Harring，1995）④ 阐明了现实生活中的很多规制既不针对自然垄断也不是针对外部性和信息不对称，很多规制的产生来自于被规制企业强烈的需求。有经济学家对铁路产业进行了实证研究，研究结果表明政府对铁路行业的规制并没有显著降低铁路价格，也即是说，政府规制并没有有效约束企业的高定价行为，反而增加企业利润而不是增加了公共利益，规制是出于被规制产业或企业的需求，政府被被规制行业或企业"俘获"。1971 年施蒂格勒发表《经济规制论》，该书的面世标志着

① 王俊豪，孙少春．信息不对称与食品安全管制——以"苏丹红"事件为例［J］．商业经济与管理，2005（9）：9-12.

② 王中亮，石薇．信息不对称视角下的食品安全风险信息交流机制研究——基于参与主体之间的博弈分析［J］．上海经济研究，2014（5）：66-73.

③ 岳中刚．信息不对称、食品安全与监管制度设计［J］．河北经贸大学学报，2006（3）：36-39.

④ W. Kip Viscusi, Joh n M. Vernon, Joseph E. Harring , Jr, 1995.Economics of Regul ation and Antitrust The M. IT Press.

规制经济理论正式开始。经济学家施蒂格勒、佩尔兹曼和贝克尔等从各个角度阐明了政府规制俘获产生的原因。斯蒂格勒著名的观点是：利益集团通过游说具有强制力的政府，制定有利于被规制利益集团的规制措施以增加利益集团福利；规制总是有利于组织良好的利益集团（生产者总是获益）[①]。在1976年佩尔兹曼完善了施蒂格勒的理论。佩尔兹曼模型的核心思想是：政府关注的是政治支持度，政府规制是物价和企业利润的函数，政府规制的对象是能够提升政治支持度的行业，通常情况下接近于完全垄断的行业，政府通常实施降价规制，接近完全竞争的行业，如果某行业价格已经满足政府政治支持最大化，政府则很少实施规制。政府规制机构可能倾向于消费者，也可能倾向于保护生产者，政府如何选择取决于各方的政治支持力度[②]。贝克尔模型从另外的角度阐明规制俘获产生的原因，其结论是政府规制政策的制定取决于利益集团之间的相对影响，规制政策最终提高了更有势力（更有影响的）利益集团的福利水平[③]。塔洛克（Tullock）[④]、波斯纳（Ponser）[⑤]、克鲁格（Krueger）[⑥]、麦彻尼（McChesney，1987）[⑦]等人弗吉尼亚学派中的代表人物的分析结论是企业对规制机构"寻租"，导致租金耗散、资源配置低效率和社会福利水平降低。

② 政治俘获与政府规制失灵。

在规制过程中，危害更大的是政治俘获。政治俘获是指规制机构在制定规则、解释规则、执行规则的过程利用职权自肥的现象。施莱佛与维什

① George·Stigler, 1971. The Theory of Economic Regulation,. Bell Journal of Economics(Spring).

② Peltzman , 1976. Toward a More General Theory of Regulation , Journal of Law and Economics 19(August).

③ Becker, 1983. A Theory of Competition Among Pressure Groups f or Political Influence, Quarterly Journal of Economics 98(August).

④ Tullock, G. , 1965, Entry Barries in Politics, The American Economic Review, Vol.1/2. (Mar.–May,),pp.458–466.

⑤ Krueger,A.O., 1974, The Political Economy of the Rent–Seeking Society, The American Economic Review, Vol.64,No.3.,pp.291–303.

⑥ Mc Chesney, 1987, Rent Extraction and Rent Creation in the Economic Theory of Regulation, The Journal of Legal Studies, The University of Chicago Press.

⑦ Shleifer, Andrei, and Vishny, 1993, Conzption, The Quarterly Journal of Economics Economics,Vol. 108, No.3, pp.599–617.

尼[①]（Shleifer and Vishny，1993）和麦克肯斯尼、蒂索托[②]（De Soto，1989）等人的研究结论是：为了实现自身利益政治家和官员非常希望规制，政治家和政府官员利用规则的自由裁决权，在规制实施过程中设租，获取巨额利益，同时，政府通过制定规制规则这一顶层制度设计来调节社会利益集团的利益，统治社会精英阶层。这种现象被喻为"规制的过桥收费理论"。麦克库宾斯（McCubbins，1999）认为，规制会给政治家、行政官员和产业集团带来好处。政治家的职责是制定规则、审批议案、修改议案，规制机构通过规则制度中的制度漏洞、自由裁量权为被规制企业提供保护，被规制企业因规制而获利，向规制机构、规制者提供"租金"或者是各种便利，三者形成牢固的利益联盟。政治俘获将导致规制目标在顶层制度设计层面发生扭曲。如果顶层制度设计出现扭曲，其影响面更广、持续时间长、危害更为深远。

③信息不对称与政府规制失灵。

传统规制理论的一个重要假定前提是规制机构和被规制企业之间信息是对称的。由于假定规制双方信息对称，所以早期的政府对自然垄断产业的一个重要的规制方法是合理报酬率规制。合理报酬率规制的中心思想是在保证企业收回成本的基础上，允许企业有一个正常的回报率。实际情况是，规制机构并不能够真实地知道企业的真实生产成本和合理的生产成本是多少，结果在合理报酬率规制制度下，在报酬率既定的情况下，大量的被规制企业为了获得多的报酬，通常是增加固定资本的投资，导致生产过程中各种生产要素偏离最优的配置比例，造成资源配置低效率，这就是著名的"A- J效应"。同时，在信息不对称的情况下，容易产生"道德风险"问题。在传统的规制模式下，规制机构和被规制企业之间存在委托代理关系，在此关系中，规制机构不知道企业真实的生产成本，同时规制机构不知道该出多高的价格去购买被规制企业提供的服务或产品的价格，价格的确定有很大的相机决策权。企业可以努力规制去提高管理水平、降低成

① Shleifer, Andrei, and Vishny, 1993, Conzption, The Quarterly Journal of Economics Economics,Vol. 108, No.3, pp. 599–617.

② De Soto, Hernando, 1989, The Other Path. New York, NY: Harper and Row.

本，也可以在不被发现的情况下“偷懒”，如果规制机构无法对企业“偷懒”的情况进行裁定，规制机构就会面临来自企业隐藏活动而带来的道德风险问题。这也是规制机构常见的“X”低效率的原因了。而新规制经济学所倡导的激励性规制就是在假定信息不对称、委托者和代理者利益不一致的情况下，通过实施激励性措施实现激励相容[①]。

④ 高昂的规制成本引起的规制失灵。

从成本收益的角度来看，规制失灵就意味着规制收益小于规制成本。施蒂格勒、谢地（2003）、Blundell，Robinson，Djankov et.al（2002）都从不同的角度划分了规制成本和规制收益。植草益（1992）[②]、Levy（1995）、Mihlar（1996）和丁启军、伊淑彪（2006）都以实证的方式分析了自然垄断、行政垄断领域内的成本和收益，结论是在常规情况下规制成本非常高昂。

成本收益分析对是否进行政府规制、是否调整现有的规制政策具有重要意义，但是准确测量规制的成本和收益非常困难，甚至是不可能的。其原因主要有：有些政府规制的社会效果很难用经济指标来衡量；成本收益分析存在长期与短期的矛盾，有些规制政策的实施，在政策的初期可能收益会比较大，但是其长期危害巨大，有些政策是短期成本大，但是长期收益大；政治家们、行政官员、被规制机构不希望公众过多了解规制成本。

⑤ 规制风险与政府规制失灵。

市场经济活动总会存在风险，但市场机制具有自我调节、自我修复能力，系统性风险出现的可能性小，无效率的规制反而会引发系统性风险。从规制经济理论可知，政府制定规制政策取决于政治支持度、利益集团之间的势力的大小。政治集团由于任期换届、偏好等问题具有很多的不稳定性，同时来自利益集团对政治集团的支持方向也具有很大的不确定性，同时社会是动态变化的，利益集团之间的势力也处于不断的变化中。因此，政府规制政策具有较大的不稳定性。朝令夕改的规制政策导致参与主体缺

① 杜传忠.激励规制理论研究综述［J］.经济学动态，2003（2）：69-73.

② 植草益.微观规制经济学［M］.北京：中国发展出版社，1992.

乏稳定预期，市场经济活动“快进快出”，“一窝蜂”现象。如果政府规制者缺乏纠错能力，错误规制政策的影响将持续性放大，造成系统性风险。

我国的食品安全规制也存在各种各样的风险，规制效果不尽人意，但是李怀（1999）、肖兴志（2010）、王耀忠（2006）等学者认为政府规制还是必要的，可以通过改革政府规制体系、规制制度实现食品安全的有效规制。周黎安、张维迎等学者则认为要规避食品安全规制风险，需要在政府规制体制之外引入新的变量如市场化治理机制来破解。

（3）政府规制周期理论

Marver Bernstein 的规制委托生命周期理论最为经典。该理论认为规制制度像生命一样也会经历周期性的变化。在酝酿期，不同利益集团之间矛盾冲突激烈，强烈要求变革现有规制政策，经过斗争、妥协，新的规制法令或政策被通过。由于政策法令是各方妥协的产物，同时由于认知的有限性，新政策法令通常包含很多“含糊语言”。同时，激烈的冲突通常是为了解决现实问题，因此政策缺乏长期性。在规制制度的成长阶段，规制机构由于规制目标模糊、管理经验不足，面临的状态通常是腹背受敌：一方面是被规制集团试图利用信息优势蒙蔽规制机构获取更多的利益，另一方面公众因缺少专业知识不理解、不支持规制机构。在规制制度成熟期，由于矛盾的累积，公众和国会都不支持规制机构，规制机构为化解矛盾，工作思路趋于保守，规制手段单一，最终被被规制集团俘获。在规制制度衰退期，规制机构被俘获，为被规制集团保驾护航，规制绩效下降，严重背离委托人的利益，国会对其支持度降低，规制矛盾激化。矛盾激化引发新的变革。国内的李怀教授也阐释了制度生命周期性变化的内在机理。总之，制度如同生命，提升制度效率是一个恒久主题。

1.3.2 政府食品安全规制效果研究

世界各国食品安全问题的集中爆发虽然时间节点不一样，但是也有一些共性规律。西方国家也曾经爆发过严重的食品安全危机事件。世界各国都是在进入工业化中期阶段、化工产业飞速发展的阶段集中爆发了严重的食品安全问题。针对严重的食品安全事件，各国学者从多个角度进行了分析[①]。

（1）从政府规制体制角度分析

众多的学者认为我国早期实行的“多头监管，分段管理”的食品安全规制体制是21世纪初期频繁爆发食品安全事件的一个重要原因。依据美国的经济学家奥尔森的集体行动中的“搭便车”行为理论，“多头管理”容易陷入“集体行动困境”。美国的黑勒教授分析了“反公地悲剧”理论。“反公地悲剧”的含义是如果产权过于分散，会造成资源使用不足，多部门分散监管易出现“反公地悲剧”。我国的学者韩忠伟、李玉基（2010）认为2008年颁布的《食品安全法》并没有改变我国分段监管模式，依然是多头监管模式，不能实现高效规制[②]。王中亮（2007）先介绍了发达国家如美国、日本和欧盟各国的食品安全监管体制的模式和特征，然后指出我国食品安全规制体制需要完善的地方[③]。

另外，我国早期的食品安全规制体制是“横向和纵向交织”的规制体制，即垂直管理和地方分级管理并存的局面。Olson（1965）和Oates（1972）从公共产品供给的效率出发，明确了公共产品供给责任的分配问题[④⑤]。曹正汉、周杰（2013）从政治风险、社会风险、外部性、规制效率等多个角度分析了我国食品安全监管实行地方分级管理的原因[⑥]。尹振东

---

① 监管源于英语词汇“regulation”。我国学者把它译为管制，或参照日本语的翻译方法，译为规制。在汉语中，管制有强制、统制的语义，与“regulation”作为政府对微观经济主体进行规范和制约措施的含义有一定的距离。而日本语“规制”的译法似乎更接近英文原义，但规制主要在学术界使用，强调政府微观干预职能的学理层面。监管一词则在实践中广泛应用，强调的是政府微观干预职能的操作层面。在本文中，如果是引用别人的文章，尊重作者原有用法，对于本文的写作在操作层面上用监管，学理层面用规制。

② 韩忠伟，刘玉基.从分段监管转向行政权力衡平监管——我国食品安全监管模式的构建[J].求索，2010（6）：155-157.

③ 王中亮.食品安全监管体制的国际比较及其启示[J].上海经济研究，2007（12）：19-25.

④ Olson, Mancur Jr.1965 “The Principle of Fiscal Equivalence: The Division of Responsibilities among Different Level of Government ” The American Economic Review 59(2).

⑤ Oates, Wallace E.1972, Fiscal Federalism. New York: Harcourt Brace Jovanovich. 1999, “An Essay on Fiscal Federalism.” Journal of Economic Literature 37(3).

⑥ 曹正汉，周杰.社会风险与地方分权——中国食品安全监管实行地方分级管理的原因[J].社会学研究，2013（1）：182-205.

（2011）对垂直管理体制和属地管理体制的优劣进行了实证分析，结果表明如果监管绩效容易考核，坏项目的损失比较大的情况下，在否决坏项目上垂直管理体制优于属地管理体制；但是如果监管任务的绩效难以考核，属地管理体制相对更优[①]。董娟（2009）、李宜春（2012）、皮建才（2014）、刘爽（2016）等人分别阐述了垂直管理体制和地方分级管理体制的管理绩效和适用条件。

（2）从食品安全规制具体制度分析

① 食品安全规制制度的规制切入点存在局限性。

刘东、贾愚（2010）等人认为我国目前进行了众多的食品安全规制制度的改革，但是这些改革的规制点要么处于食品生产开始之前要么处于食品生产出来之后，忽略了生产过程本身的质量控制，在监管不严的情况下，这一规制局限会导致食品安全事件反复发生[②]。在确立生态文明建设国家战略后，我国食品安全规制的重点逐步向食品的生产环节转移。

② 不完善的食品安全规制保障体系。

郑东梅（2006）[③]、王彩霞（2011）[④]认为我国有关食品安全的法规体系存在缺陷、检测体系存在缺陷、产品质量标准体系存在缺陷，食品药品等部门职责定位不清，规制机构内部缺少努力规制的制度激励等，这些缺陷的存在是降低我国食品安全规制效率的重要原因。

③ 缺乏有效的激励机制。

劳伯和马盖特（1979）认为政府规制是一个委托代理问题。现在普遍的共识是：在委托代理科层结构中，由于契约不完备、信息不对称，会发生道德风险行为，即代理人违背委托人的意愿损害委托人的利益。

首先，国内外学者从委托代理中信息不对称的角度分析了政府规制低

---

① 尹振东．垂直管理与属地管理：行政管理体制的选择［J］．经济研究，2011（4）：41-54.

② 刘东，贾愚．食品质量安全供应链规制研究——以乳品为例，商业研究［J］．2010（2）：100-106.

③ 郑冬梅．完善农产品质量安全保障体系的分析［J］．农村经济问题，2006，22-26.

④ 王彩霞．地方政府干扰下的中国食品安全问题研究［D］．大连：东北财经大学，2011.

效率。如 Mligrom & Robert（1988）是从信息不对称的角度分析了规制低效率产生的原因。他认为规制者处于企业生产经营活动之外，利益集团常常利用其信息优势，操纵规制机构决定以获取利益。信息约束降低了规制机构的规制效率[①]。Laffont & Tirole（1986）的研究结论是：出于自身利益考虑，企业和规制机构都会对国会隐瞒信息，国会受到的信息约束更大[②]。国内学者也分析了我国食品领域范围内的信息不对称与规制低效率的关联性。孙小燕（2008）在食品领域，政府和食品供给者，政府和消费者之间都存在双向信息不对称[③]。刘东、贾愚（2010）认为我国早期的规制重点在产品生产环节之外，产品质量是个“黑箱”，对于产品质量信息政府知晓的非常有限，信息约束制约了政府的有效规制。

产品信息不对称的状态不同，政府规制方法应不同。格鲁斯曼（Grossman[④]）、Kihlstrom & Riordan[⑤]、Nelson、王秀清等人都认为：搜寻品不存在质量信息不对称，不存在市场失灵，政府无须介入；对于体验品，购买前消费者不了解产品质量信息，但通过广告规模、卖家声誉、事后消费等途径，消费者可以获取产品质量信息，政府也无须干预。王俊豪、平新乔等人认为：信任品存在严重的信息不对称，高价和高质量脱钩，广告规模失去产品质量显示信号的作用，市场机制失灵，政府应该通过规制政策降低产品质量信息不对称的状态以提升规制效率。

其次，国内外学者从委托代理中激励不相容的角度分析了政府规制低效率。哈维茨（Hurwiez）首次在机制设计理论中提出激励相容的概念。威廉·维克里（W iilian Vickrey）和詹姆斯·米尔利斯（ JamesMirrlees）首次

---

① Milgrom & Roberts，1986 ，Price and advertising signals of product quality. Journal of Political Economy, 94（4）: 796–821.

② Laffont J. －J., J. Tirole. Using cost observation to regulate firms, Journal of Political Economy, 1986, 94:614–641.

③ 孙小燕 . 农产品质量安全问题的成因与治理——基于信息不对称视角的研究［D］. 成都：西南财经大学，2008.

④ Grossman, Sanford J. 1981,Nash Equilibrium and the Industrial Organization of Markets with Large Fixed Costs, Econometrica,Vol.49,Issue 5:1149–1172.

⑤ Kihlstrom & Riordan，1984 ，Advertising as a signal. Journal of Political Economy, 92（3）: 427–450.

在委托代理问题中引入激励相容的概念①。植草益（1993）认为在信息不对称、保持原有规制结构的条件下，规制机构通过给予受规制企业一定的价格制定权等措施可激励企业提高内部效率、降低成本。陈思、罗云波和江树人（2010）②认为，如果激励不相容，在食品领域无论是单品种监管还是分段监管，规制者都不会努力规制，生产者也不愿意安全生产。肖兴志、胡艳芳（2010）③、王彩霞（2011）④指出我国在21世纪早期地方政府、规制机构内部和食品生产者都不存在激励相容的制度设计，激励不相容导致我国低的规制效率。

最后，国内外学者从委托代理中不完全契约的角度分析政府食品安全规制低效率。威廉姆森（Williason，1975）分析了各种交易成本的类型，完善成本是需要代价的，规制政策是否实施或者调整是规制成本和收益综合平衡的结果。如果交易成本巨大，完善契约的动力就弱，契约不完全产生的道德风险、降低规制效率⑤。朱琪、王柳清、王满四（2018）⑥分析了不完全契约的行为逻辑和动态变化趋势。叶桂峰、吴煦（2017）分析了不完全契约的类型及不同类型下的政府规制措施。高杰（2013）利用不完全契约理论分析了农业准一体化经营组织中存在的问题⑦。余淼杰、崔晓敏、张睿（2016）的分析表明司法质量和出口质量正相关⑧。

④ 政府监管的约束条件。

政府规制绩效与约束条件密切相关。首先，政府多重的目标降低政府

① Vickrey, William, 1994, Public Economics. Cambridge: University of Cambridge Press.

② 陈思，罗云波，江树人．激励相容：我国食品安全监管的现实选择［J］. 中国农业大学学报，2010（9）：169-175.

③ 肖兴志、胡艳芳．中国食品安全监管的激励机制分析［J］. 中南财经政法大学学报，2010（1）：35-39.

④ 王彩霞．地方政府干扰下的中国食品安全问题研究［D］. 大连：东北财经大学，2011.

⑤ Oliver Williamson, Markets and hierarchies analysis and antitrust implications: a study in the economics of internal organization, New York, The Free Press.

⑥ 朱琪，王柳清、王满四．不完全契约的行为逻辑和动态阐释［J］. 经济学动态，2018（1）：135-145.

⑦ 高杰．不完全契约理论分析了农业准一体化经营组织分析［J］. 经济问题探索，2013（1）：123-127.

⑧ 余淼杰，崔晓敏，张睿．司法质量、不完全契约与贸易产品质量［J］. 金融研究，2016（12）：1-16.

规制效率。我国明确规定了食品安全由地方政府负责，地方政府在食品安全规制中起核心作用。但是周黎安[①]、Oi[②]等人的研究结果表明在财政分权的背景下，地方政府演化为“地方政府公司”，在“锦标赛”的官员考核机制下，地方政府官员更关心任期内的经济增长情况，对于不能显著提升经济发展的领域关注度低。戴治勇（2006）的研究表明：中央政府和地方政府的目标函数并不相同，在日常食品安全规制中，为了地方经济发展地方政府会纵容、包庇地方企业，尤其会纵容大企业的非安全生产；当发生重大食品安全事件发生后，重大食品安全问题危及社会稳定，影响中央政府目标的实现，中央政府会强力打击违法企业的不安全生产行为，地方政府会在中央政府的统领下高调、运动式打击企业的违规生产行为[③]。

其次，一些具体的政府规制政策与政府食品安全规制绩效密切相关[④]。Leland（1979）[⑤]、Besanko（1988）[⑥]、Falvey（1989）[⑦]、Ronnen（1991）[⑧]和Boom（1995）[⑨]等人研究了最低质量标准规制对社会福利、产品质量的影响。赵农（2005）[⑩]和程鉴冰（2008）[⑪]研究了进入规制对产品平均质量和社会福利的影响。李秀芳、施炳展（2013）研究了出口补贴对产品质量的

① 周黎安．晋升博弈中政府官员的激励与合作——兼论我国地方保护主义和重复建设问题长期存在的原因［J］．经济研究，2004（6）：33-40.

② Oi, Jean C.,1992, Fiscal Reform and the Economic Foundations of Local State Corporatism in China, World Politics,45(1),pp.99-126.

③ 戴志勇．间接执法成本、间接损害与选择性执法［J］．经济研究，2006（9）：94-101.

④ 王彩霞．地方政府干扰下的中国食品安全问题研究［D］．大连：东北财经大学，2011.

⑤ Leland, H. E., Quacks, Lemons, and Licensing: A theory of Minimum Quality standards , The Joural of Political Economy, 1328-1346.

⑥ Besanko, D. , Donnenfeld, S . and White, L.J.,1998, Monopoly and Quality Distortion : Effects and Remedies, The Journal of Industrial Economics, pp. 411-429.

⑦ Falvey,R.E.,1989,Trade,Quality Reputationand Commercial Policy” , International Economic Review, 607-622.

⑧ Ronnen , U., 1991, Minimum Quality Standard, Fixed Costs, and Competition, The Rand Journal of Economics,490-504.

⑨ Boom, A., 1995, Asymmetric International Minimum Quality Standard and Vertical differentiation, The Journal of Industrial Economics, 101-119.

⑩ 赵农，刘小鲁．进入管制与产品质量［J］．经济研究，2005（1）：67-76.

⑪ 程鉴冰．最低质量标准政府规制研究［J］．中国工业经济，2008（2）：40-47.

影响[①]。王学君等（2017）分析了食品安全标准对出口产品质量的影响[②]。许和连、王海成（2016）分析了最低工资对企业产品质量的影响[③]。

（3）产业特点与政府食品安全规制

食品安全规制绩效与产业发展密切相关。Weaver 等（2001）和 Hudson（2001）以交易成本理论和不完全契约理论为基础，分析了纵向契约协作和纵向一体化机制对食品安全供给的影响。陈明、乐琦和王成（2008）分析了我国乳品企业规模扩张与产品质量的关系。进入 21 世纪后，我国乳品加工企业生产规模快速扩张，但管理水平和生产技术水平并没有相应提升，在产品高度雷同的情况下，企业大打价格战，利润下降，压低原奶收购价格，奶农降低生产环境的卫生投入，乳品质量下降[④]。杨建青（2009）认为乳制品生产企业是寡头市场结构，原料奶生产者占绝对优势的是农户家庭养殖模式，产业链上下游生产者的生产能力不匹配，导致原料奶供应紧张，为争夺有限的原奶供应，乳品企业漠视奶站的掺杂使假行为[⑤]。

（4）国家的制度培育与政府食品安全规制绩效低效率

食品安全规制政策的制定是给定政治结构、经济结构下多种因素共同决定的结果。政策的变革受到法律、社会资源、经济发展程度和行政机构问题界定能力和制度能力的限制。一定时期政府规制低效率可能是一定约束条件下最优选择。随着外界条件的变化以及国家制度的培育和完善，食品安全规制绩效也将随之发生变化。在我国现有的食品安全规制体制框架是把公众参与排斥在外的，随着我国消费者联盟的兴起，公众参与性的增强，食品安全规制效率有望提高。在财政分权的背景下，地方政府和地方企业在利益上高度契合，地方政府放松对企业的规制，但是随着中央政府把地方政府食品安全规制绩效纳入地方官员的考核体系后，且随着考核权

① 李秀芳，施炳展．补贴是否提升了企业出口产品质量？［J］．中南财经政法大学学报，2013（4）．

② 王学君，朱灵君，田曦．食品安全标准能否提升出口产品质量？［J］．开放经济，2017（9）：41-50．

③ 许和连，王海成．最低工资标准对企业出口质量的影响研究［J］．世界经济，2016（7）．

④ 陈明，乐琦，王成．市场结构和市场绩效——基于我国乳业成长期的实证研究［J］．经济管理，2008（21）：46-52．

⑤ 杨建青．中国奶业原料奶生产组织模式及效率研究［D］．北京：中国农业科学院，2009．

重的加大，地方政府食品安全规制效率可能会提高。

1.3.3 政府食品安全规制拐点研究

（1）国外食品安全规制拐点期相关问题的研究

食品安全事件的集中爆发在不同国家爆发的时间不同，但是它们具有一些共性的规律。追溯世界食品安全问题的发展历史，古典时期就已经有食品掺假现象，美国、英国、日本等发达国家也同样发生过严重的食品安全问题，尤其是在工业化和城市化的不断推进的过程中食品安全问题泛滥成灾。各国纷纷通过立法措施并建立相应的政府规制体系对食品安全进行规制，有效地遏制了食品安全问题的进一步恶化，推动包括生产、储存、运输、消费等各环节在内的食品产业链逐步走向健康、安全的发展轨道。“以史为鉴”“他山之石可以攻玉”为了尽快地改变中国食品安全规制低效率的状况，众多学者对西方国家爆发严重食品安全危机时期的状况、治理措施进行了梳理。

① 对各国食品安全事件集中爆发状况的描述。

1820 年弗雷德里克·阿库姆出版了《论食品掺假和厨房毒物》一书，他以化学分析结果为依据揭露了食品掺假的严重程度和危险性[①]。1848 年出版的《论假冒伪劣食品及其检测手段》一书，再次深刻揭露了五花八门的食品掺假现象，在医学、化学、社会领域引起极大震撼，推动了英国纯净食品运动的兴起[②]。在 1850 年威克利组建了“卫生分析委员会”，委派阿瑟·哈索尔主持调查各阶层消费食品的质量，这标志着对食品掺假问题的揭露日趋组织化。哈索尔的调查结果表明：19 世纪中期英国食品的掺假现象令人发指，公众身体健康受到严重威胁。1855 年出版的《食品及其搀假：1851—1854 年“柳叶刀”卫生分析委员会的报告》[③]一书，该书大量的

① Frederick Accum, A treatise on adulterations of food and culinary poisons. London: Longman, 1820.

② John Mitchell, A Treatise on the Falsifications of food, and the Chemical Means Employed to Detect Them, 1848.

③ Arthur Hill Hassall, Food and its adulterations; comprising the reports of the analytical sanitary commission of ‘The Lancet’ forthe years 1851 to 1854. London: Longman, 1855.

显微镜分析数据显示食品中包含大量毫无营养的物质和有毒物质，该书为反掺假运动提供有力支持。《英国人的食物：500 年以来的英国膳食史》和《百年饮食：19 世纪中期以来的英国食品、饮料和膳食》等著作也探讨了英国在工业化早期中期阶段严重的食品掺假问题。

自 19 世纪到 20 世纪的中期，长达 100 多年的时间内，美国食品、药品领域的欺诈现象绵延不断，食品安全状况非常糟糕[①]。美国人厄普顿·辛克莱撰写了《屠场》，萨缪尔 · 霍普金斯 · 亚当斯撰写了《美国大骗局》，这两本书真实地揭露了美国食品药品行业中的诸多黑幕。值得肯定的是，《屠场》一书描述了芝加哥肉类加工厂大量令人作呕的卫生状况，该书引发了公众对食品安全状况的极大担忧，公众纷纷写信要求政府彻查芝加哥肉类屠宰场的卫生状况，该书直接推动了 1906 年《联邦肉类检查法》和《联邦食品与药品法》的通过。

赵璇（2014）介绍了日本在 20 世纪五六十年代食品安全问题频发的状况[②]。1955 年发生在日本森永公司的奶粉砷超标事件，造成 100 多人死亡、上万名儿童中毒[③]。1968 年 Kanemi 仓库株式会社在米糠油中混入多氯联苯，导致 1.3 万人中毒[④]。

② 发达国家食品安全监管立法演变历史的介绍。

魏秀春（2011）介绍了英国食品安全立法的演变过程[⑤]。严重的食品安全状况推动英国食品安全立法进展。19 世纪英国食品掺假问题非常严重，为了打击食品中掺假、掺毒行为，英国分别在 1860 年、1872 年、1875 年集中出台了几部法律，其中 1875 年出台的《食品与药品销售法》被认为是当时“英国及其他国家中最好的一部食品法”，它所确立的许多原则和措施，“被公认为是现代食品立法的基础”，其实施效果也非常好。在 1899

---

① 刘仰 . 美国历史上的食品药品安全乱象［J］. 中国经济周刊，2007（3）：53–54.

② 赵璇等 . 日本食品安全监管的发展历程及对我国的启示［J］. 农产品加工（学刊），2014（3）.

③ 戴笠琼 . 食品安全也曾是日本的痛［J］. 党政论坛（干部文摘），2012（8）：33.

④ 李超，杨江 . 日本环境公害的百年之痛［J］. 科技视界，2012（33）：17.

⑤ 魏秀春 . 英国食品安全立法研究述评［J］. 井冈山大学学报（社会科学版），2011（2）：122–130.

年修订了 1875 的法令。1938 年出台了《食品与药品法》，1943 年出台的《国防（食品销售）条例》进一步巩固了 1938 年的法令。1955 年英国再次制定了《食品与药品法》。1968 年后，英国食品安全法成为单一的专门立法。1988 年爆发的鸡蛋沙门氏菌事件，直接导致了《食品安全：保护消费者》白皮书在 1989 年的出台，《食品安全法》在 1990 年的出台。1996 年爆发的疯牛病事件，推动了英国食品监管体制再次变革、《食品标准法》的通过和独立食品安全机构的组建。

肖平辉（2007）① 介绍了澳大利亚原住居民期、殖民期、州 / 区各自立法期、统一立法、地区合作期四个阶段的食品安全状况和政府出台的相应的法律制度。赵璇（2014）详细介绍了日本食品安全法律法规建立和完善的历史进程。日本在经济高速增长的过程也多次爆发严重的食品安全事件，重大食品安全事件推动日本食品安全法律法规的建设。如 1957 年森永毒奶粉事件推动日本修改了《食品卫生法》。1955 年森永砒霜奶中毒事件，1966 年发生的新泻水俣病直接促使日本多部食品法律政策的出台。刘爱成（2008）② 介绍了美国食品安全立法的背景和历史。1820 年制定的《美国药典》是美国第一部标准药品法典。1902 年国会通过了《生物制品控制法》，并拨专款研究防腐剂和色素等化学物质对健康的影响。1906 年美国通过了第一部《食品和药品法》和《肉类检查法》。这两部法律的出台主要是源于当时肉类加工厂极差卫生条件、食品掺杂有毒防腐剂和染料的社会现象。1938 年国会颁布了《联邦食品、药品和化妆品法》。1944 年国会颁布了《公共健康服务法》。1945 年通过《青霉素修正案》，1983 年该法案被废除。此后美国又出台了一系列的法律，食品安全法律日臻完善。

③ 发达国家食品安全规制制度的介绍和对比。

王爱兰、储诚山（2013）③ 介绍了日本食品安全规制体制的特点及经

---

① 肖平辉 . 澳大利亚食品安全管理历史演进［J］. 太平洋学报，2007（4）：57-70.

② 刘爱成 . 你知道美国食品安全法的历史吗?［J］. 中国畜牧兽医报，2008-11-09.

③ 王爱兰，储诚 . 日本食品安全监管体制的特点及经验借鉴［J］. 东北亚学刊，2013（4）：52-54.

验。王浦劬、刘新胜（2016）[①]、于杨曜（2012）[②] 介绍了美国食品安全监管体系的核心机构的职权，以及核心机构与联邦政府其他部门，地方政府及外国政府之间的分工协作关系，以及食品监管体系的财政经费来源和相关法律体系安排。贾敏（2006）介绍了欧盟食品安全监管建设及其借鉴意义[③]。刘晓毅（2012）介绍了英国食品安全监管体制[④]。

（2）国内食品安全规制拐点期相关问题的研究

目前并没有食品安全规制拐点的明确说法，所以针对食品安全规制拐点的分析还没有。针对食品安全规制纵深阶段存在的深层次问题和有利因素，也有国内学者从不同的角度进行了分析。

① 环境规制问题。

农产品的产地安全对我国的食品安全具有至关重要的影响。多次重大食品安全事件之后，我国已经对食品规制体系、制度、食品安全标准、食品生产的产业组织、经营组织都做了重大改革，在国家的高度重视下，食品下游生产的安全是可以实现的，农业生态环境就成为制约食品安全的“瓶颈”。环境规制与农业生产的研究是近年来学者关注的重点问题之一。王彩霞（2016）[⑤] 分析了“四化协调”国家战略下，政府环境治理战略思维调整方向。李金龙（2009）[⑥] 朱平芳（2011）[⑦]，王海峰（2016）[⑧] 宋以（2017）[⑨] 分析了地方政府在环境治理中的悖论成因、提升规制绩效的路径

---

① 王浦劬，刘新胜 . 美国食品安全监管职权体系及其借鉴意义［J］. 科学决策，2016（3）：1-8.

② 于杨曜 . 比较与借鉴：美国食品安全监管模式特点以及新发展［J］. 华东理工大学学报（社会科学版）2012，1: 73-81.

③ 贾敏 . 欧盟食品安全监管体系及其借鉴意义［J］. 中国食品药品监管，2006（5）：56-59.

④ 刘晓毅 . 英国食品安全监管值得借鉴的几项机制［J］. 食品工程，2012（1）：3-5.

⑤ 王彩霞 . 环境规制拐点与政府环境治理思维调整［J］. 宏观经济研究，2016（2）：75-80.

⑥ 李金龙，游高端 . 地方政府环境治理能力提升的路径依赖与创新［J］. 求实，2009（3）：56-59.

⑦ 朱平芳，张征宇，姜国麟 . FDI 与环境规制：基于地方分权视角的实证研究［J］. 经济研究，2011（6）：133-145.

⑧ 王海峰 . 地方政府环境规制悖论的成因及其治理［J］. 行政论坛，2016（1）：72-77.

⑨ 宋以 . 地方政府环境治理中的“摆平策略”出路［J］. 齐齐哈尔大学学报（哲学社会科学版），2017（12）：58-62.

及其措施。朱德米（2010）[①] 分析了地方政府在环境治理过程与企业合作关系的形成方式和路径。郭峰、石庆玲（2017）分析了官员更替、合谋震慑与空气质量改善之间的关系[②]。石庆玲、陈诗一、郭峰（2017）分析了中央政府对地方政府约谈对环境治理的影响[③]。张彩云等（2018）分析了政绩考核与环境治理之间的关系[④]。王红建、汤泰劼、宋献中（2017）实证检验了省级官员任期考核与五年规划目标考核究竟哪个因素对企业环境治理的影响更大[⑤]。李子豪、刘辉煌（2013）（2017）分析了腐败和环境治理之间的关系[⑥]。

② 工商资本下乡问题。

食品的安全生产首先是初级农产品的安全性。农产品种植主体的特征，对农业的生产品质会有重要的影响。近几年农业生产领域一个重要变化是大量的工商资本进入农业生产领域。一些学者研究了工商资本下乡对农业生产的影响。王海娟（2015）认为工商资本与农业现代化的契合度更高，能够更好地完成国家农业现代化战略[⑦]。李博伟、张士云、江激宇（2016）[⑧] 研究了种粮大户人力资本、社会资本对生产效率的影响，分析结果表明大规模农户技术效率和规模呈现显著的“U”型关系，人力资本对中大规模农户技术效率有显著正向的影响，社会资本对中大规模种粮大户技术效率影响显著。孙新华（2013）[⑨]、龚为纲（2014）[⑩]、贺雪峰（2014）[⑪]

---

① 朱德米．地方政府与企业环境治理合作关系的形成——以太湖流域水污染防治为例［J］．上海行政学院学报，2010（1）：56-66.

② 郭峰，石庆玲．官员更替、合谋震慑与空气质量的临时性改善［J］．经济研究，2017（7）：155-167.

③ 石庆玲，陈诗一，郭峰．环保部约谈与环境治理：以空气污染为例［J］．统计研究，2017（10）：88-97.

④ 张彩云，苏丹妮，卢玲，王勇．政绩考核与环境治理——基于地方政府间策略互动视角［J］．财经计研究，2018（5）：4-19.

⑤ 王红建，汤泰劼，宋献中．谁驱动了企业环境治理：官员任期考核还是五年规划目标考核［J］．财贸经济，2017（11）：147-160.

⑥ 李子豪．腐败加剧了中国环境污染了吗［J］．山西财经大学学报，2013（7）：1-11.

⑦ 王海娟．资本下乡的政治逻辑与治理逻辑［J］．西南大学学报，2015（7）.

⑧ 李博伟，张士云，江激宇．种粮大户人力资本、社会资本对生产效率的影响——规模化程度差异下的视角［J］．农村经济问题，2016（5）：22-31.

⑨ 孙新华．农业经营主体：类型比较与路径选择［J］．经济与管理研究，2013（12）.

⑩ 龚为纲．农业治理转型［D］．华中科技大学博士学位论文，2014.

⑪ 贺雪峰．工商资本下乡的隐患分析［J］．中国农村发现，2014（3）.

等学者的研究却认为下乡的从事农业生产的工商资本的经营状况不佳，不能实现农业发展和现代化。

③消费者信任修复问题。

目前，我国食品领域已经进行了供给侧改革，从食品的生产领域来看，自2012年以来，我国的农业生产领域尤其食品加工领域产业组织状况发生了巨大变化。我国的食品生产者也从诸多方面改进了食品质量，但是消费者对国产食品的信任度依然不高。以乳制品为例，政府公开宣称的食品检测合格率比外国产品的状况还要好，但是我国消费者从国外购买乳制品的数量依然很多，消费者对国产乳制品的信任度并没有显著回升。消费者信任对食品产业的发展起到市场拉动的作用。如果没有消费者对国产产品的信任，我国食品领域供给侧的改革无法持久。

政府信任问题的研究。Brin和Oliver的研究表明，政府透明可以提升政府信任。Levi&Stoker的研究表明，如果政府的政策信息更加透明，公众对政府信任水平会更高。参与理论认为透明是信任的前提，政府公开透明，可以减少信息不对称，可以增强公众对政府的信任；强调公众参与到政府监督和管理活动中，可以提高公众对政府的信任。于文轩认为政府透明会恢复公众对政府的信任。缪婷婷、宋典（2015）对苏州居民的研究发现：政府透明对公众知晓起显著促进作用，公众知晓对政府信任起着正向的积极作用[①]。

消费者的安全食品信任评价。尹世久等（2014）的研究表明：消费者的个体特征、信息交流和认证知识对消费者信任具有显著影响，但是食品安全对消费者信任影响不显著[②]。刘艳秋、周星（2008）分析了QS认证与消费者食品安全信任关系[③]。王二朋，周应恒（2011）分析了城市消费者对

① 缪婷婷，宋典.政府透明能获得政府信任吗？——基于公众知晓的中介效应研究［J］.人力资源开发，2015（3）：25-26.

② 尹世久，王小楠，高杨，徐迎军.信息交流、认证知识与消费者安全食品信任评价［J］.江南大学学报（人文社会科学版），2014（5）：124-131.

③ 刘艳秋，周星.QS认证与消费者食品安全信任关系的实证研究［J］.消费经济，2008，24（6）：76-80.

于认证蔬菜的信任影响因素[①]。杨智等（2016）分析了绿色认证和论据强度对食品品牌信任的影响，绿色认证和论据强度都能显著提升消费者的绿色食品品牌信任[②]。宋晓兵（2011）[③]研究了网络口碑对消费者产品态度的影响机理。刘增金等（2016）分析品牌可追溯性信任对消费者行为的影响。陈卫平，李彩英（2014）以北京市的生鲜食品和加工食品为研究对象，研究结果显示，经验、年龄、对政府信任、对生产商信任和潜在惩罚力量对两类企业的食品安全信任都有显著影响，知识、收入和对零售商信任这三个变量影响加工食品安全信任，不影响生鲜食品安全信任[④]。罗丞（2013）分析了消费者对公共机构（政府机构、食品和农业企业、科学家和学术机构）信任度对消费行为的影响[⑤]。

重大食品安全事件后，消费者信任修复问题研究。高原（2014）研究了 2008 年“三聚氰胺事件”之后我国又多次出现食品安全事件，系列安全事件中众多的大企业、品牌企业及跨国企业卷入其中，大企业、品牌企业和跨国企业提供不安全食品严重摧毁了消费者食品安全信任。大企业、品牌企业在食品安全事件之前常规的做法是通过品牌宣传、加大广告投放量来传递产品质量信号，食品安全事件之后，大企业质量信号发送已经受到严重影响。在这样的背景下，整个社会要重建食品质量信任只能是回归食品安全供给源头生产，加工企业真正重视食品安全生产，整个社会构建以品牌食品加工企业为主导、企业员工全员参与、消费者积极响应、政府有效监管的食品安全信任机制[⑥]。熊焰、钱婷婷（2012）研究了产品伤害危

---

① 王二朋，周应恒．城市消费者对认证蔬菜的信任及其影响因素分析［J］．农业技术经济，2011（10）：69–77.

② 杨智，许进，姜鑫．绿色认证和论据强度对食品品牌信任的影响——兼论消费者认知需求的调节效应［J］．湖南农业大学学报（社会科学版），2016（3）：6–11.

③ 宋晓兵，丛竹，董大海．网络口碑对消费者产品态度的影响机理研究［J］．管理学报，2011，8（4）：559–566.

④ 陈卫平，李彩英．消费者对食品安全信任影响因素的实证分析［J］．农林经济管理学报，2014（6）：651–662.

⑤ 罗丞．消费者公共机构信任程度对安全食品购买行为的影响［J］．农业经济与管理，2013（1）：42–49.

⑥ 高原，王怀明．食品安全信任机制研究：一个理论分析框架［J］．宏观经济研究，2014，11：107–113.

机后消费者信任修复策略问题[1]。冯蛟、张淑萍、卢强（2015）分析了行业性多品牌危机后消费者信任修复问题，其结论是企业的约束策略、主动召回策略、信息交流策略都会正向影响消费者信任，政府加强监管、完善立法也会正向影响消费者信任[2]。徐彪、张媛媛、张珣（2014）分析了负面事件后消费者信任受损及其外溢机理[3]。

④公众参与食品安全管理研究。

公众参与食品安全质量管理能够有效提升我国食品安全规制绩效。李智刚（2015）[4]博弈分析的结论是企业的违规收益增加值、政府对违规生产的处罚力度、政府对公众举报的奖励额度、奖励发放概率、企业对举报者报复的概率、消费者的举报成本等因素都会影响消费者举报行为。毋晓蕾（2015）介绍了美国和日本激励公众参与食品安全治理的制度和经验[5]。韩丹（2011）从市民社会的角度分析了日本在食品安全治理背后的动力机制[6]。

1.4 研究方法和创新点

1.4.1 研究方法

马克思主义唯物辩证法是本书首要的研究方法。唯物辩证法包含两个重要的原则：第一，任何事物都在运动变化，必须以动态的观点发现问

① 熊焰，钱婷婷．产品伤害危机后消费者信任修复策略问题研究［J］．经济管理，2012（8）：114-119.

② 冯蛟，张淑萍，卢强．多品牌危机时间后消费者信任修复的策略问题研究［J］．消费经济，2015（4）：35-39.

③ 徐彪，张媛媛，张珣．负面事件后消费者信任受损及其外溢机理［J］．消费经济，2015（4）：35-39.

④ 李智刚．基于农产品安全有奖举报制度的公众参与农产品监管博弈关系研究［J］．管理科学，2014（2）：95-102.

⑤ 毋晓蕾．美国和日本两国激励公众参与食品安全监管制度及其经验借鉴［J］．世界农业，2015（6）：81-85.

⑥ 韩丹．食品安全与市民社会——以日本生协组织［D］．长春：吉林大学，2011.

题、研究问题才能有效解决问题，否则就是“刻舟求剑”。我国进入21世纪后发生了一系列的食品安全事件，食品安全事件后，国家高度重视并从多个角度进行了改革。如今食品安全领域内的主要矛盾已经发生变化，并非之前的规制体制、规制制度、财政分权背景下的地方政府偏袒资本问题等浅层次问题，这些浅层次问题已经逐个解决，现在的问题已经进入深层次，如食品安全源头治理时，如何以低成本实现环境治理？如何消除重大食品事件之后的消费者的低信任？如何实现消费者积极举报，实现公众积极参与？只有以动态的视角观察各个阶段的主要问题，才能真正解决问题。第二，主要矛盾决定次要矛盾的原则。任何事物都是多种矛盾的结合体，食品安全问题也是多种矛盾的结合，只有抓住主要问题，才能高效解决问题。目前，我国已经进行了多角度的改革，但是食品安全问题依然存在，这与我国宏观经济制度、产业发展阶段、产业技术发展水平、地方政府与中央政府目标的偏离、规制机构的规制能力、规制手段、公众参与状况都有联系，但是其主要的矛盾是地方政府如何在食品安全和经济发展之间平衡；环保技术和农业生态技术如何有效供给。目前地方政府食品安全规制绩效已经纳入地方官员考核指标，地方政府对食品安全高度重视，但是如果环保技术不提升，企业治污成本高昂，即使严厉规制，地方政府和企业依然会合谋在环保数据等方面造假以规避中央政府惩罚。

实证分析与规范分析方法相结合。如今，计量分析和数理分析已经是经济学研究的主要研究手段。精准的数理分析和计量分析可以观察到变量之间的变化关系，影响幅度，能为食品安全规制提供更为精准的分析。本书运用主成分分析法分析了重大食品安全事件后消费者信任问题。规范的研究是依据一定的社会价值标准，说明一个经济体系应当怎么样运行，并提出相应对策，规范分析具有高屋建瓴的宏观把控引领作用。本书运用规范分析分析了我国食品安全规制进入纵深阶段后的主要矛盾和对策。

案例分析方法。案例分析法在工商管理、规制经济学、公共管理等研究中具有独特魅力。在第五章本书就通过“记者举报‘问题菠菜面’”“毒豆芽”“医生吐槽鸿茅药酒是来自天堂的‘毒药’，被跨省抓捕”等生动的案例展示消费者举报面临的种种困境。

1.4.2 研究创新

（1）全局、前瞻性视角分析政府食品安全规制

不同时期政府的食品安全规制理念和规制手段受制于食品产业特点、产业组织状况、经济发展水平、市场水平、政治状况等复杂因素，它是一定外在限制条件下的选择。一旦外在条件发生了变化，中央政府和地方政府就必须抓住历史机遇，进行战略性、前瞻性调整，才能起到事半功倍的效果，如果错失这样的历史时机，食品安全规制的成本将会上升很多。政府是否对某个产业进行规制，采取什么样的手段进行规制，很多的时候是政府成本与收益综合权衡的结果，如果规制成本过高，政府规制可能就会在低效率状态均衡。如今国家实施的“四化协调”战略、生态文明建设战略为保证食品源头安全、为政府提升食品安全规制绩效提供了难得的契机。目前国家实施的城镇化建设必将涉及农村诸多生产要素在区域上的重新配置，城镇化建设与生态文明建设的众多基础设施具有兼容性、互通性，因此，生态文明建设思维应具前瞻性、全局性，生态文明建设理念应及早融入城镇化建设，一旦错失该时机，食品安全规制成本必将上升、规制绩效也难以提升。

（2）动态视角发掘食品安全规制不同阶段的关键问题

食品安全规制是一个动态过程，只有敏锐地抓住不同历史时期的历史机遇和关键问题才能够迅速有效地解决问题。首先，应敏锐地觉察到目前我国的食品安全规制正处于一个关键的拐点期。食品安全规制是政府、企业、公众、技术等多种因素作用的结果，单一因素很难推动食品安全的根本转变。目前这四大基本要素有利因素的同时出现为我国食品安全规制拐点的出现创造了千载难逢的契机。在国家层面上，国家实施的生态文明建设战略，把生态文明建设提升到了前所未有的高度，政府加大了环境治理的资金财政支出，同时把环境治理、食品安全治理纳入地方政府的考核体系、把治理绩效与地方经济发展项目的审批相结合。国家顶层制度设计的变化能够激励地方政府积极实施环境治理和食品安全规制。在企业层面上，企业因早期放松对产品质量的管理导致食品安全事件频发，市场惩罚

机制发挥作用后，企业的市场份额不断被侵占、利润不断减少，企业前所未有地重视食品安全。在公众层面上，进入全面建成小康社会后，公众的收入提高，中间阶层扩大，公众对食品安全的重视程度不断提高，愿意为高质量产品支付高的价格，同时，公众知识层面的提高，为公众参与食品安全治理提供了技术支撑。在技术层面上，农业生物技术和环境技术在生态文明国家战略和四化协调发展国家战略的推动下，这两种技术的市场需求不断拉大，技术水平提升很快。

其次，以动态视角挖掘食品安全规制纵深阶段的关键问题。目前我国食品安全规制已经进展到纵深阶段，主要矛盾已经发生变化。早期的主要矛盾表现为：我国食品安全规制体制的分段监管下的“九龙治水”“缺乏有力的协调主体”；食品检测标准落后；在财政分权和锦标赛官员制度下，地方政府官员重视经济指标的增长状况放松食品安全规制；食品产业链上纵向产业组织不匹配等问题，但是历经 10 多年的食品安全规制改革，上述主要问题已经解决。如今食品安全规制已经向纵深阶段发展，关键问题演化为如何提升农业生态技术和环境技术；如何修复消费者对国产食品的信任；中央把食品安全规制绩效纳入地方官员考核指标体系后，如何保证这一政策的有效实施；如何实现公众参与食品安全监管；如何实现工商资本在农业生产领域内的稳定发展。

（3）现有的分析多是把政府和被规划企业放在对立角度，研究视角局限于如何用规制制度约束企业。本研究把政府和被规制企业放在“共荣”的角度探寻提升食品安全规制绩效的路径和政策措施。行政性规制机制和市场化治理机制是治理食品安全并行的两种制度。现有的研究多集中于食品安全行政性规制机制的缺陷分析，缺少行政性规制机制的替代机制”研究。政府规制的成本高，有些领域可能不能有效实施，政府还应该让市场化治理机制发挥作用。本文也研究了食品安全规制的替代机制。

2 我国早期食品安全规制低效率的原因

2.1 食品安全规制体制弊端与食品安全规制低效率

2.1.1 我国食品安全规制体制的演进历史

食品安全规制体制涉及规制机构的设置、机构职能的配置、机构职权边界的划分与运行机制的规范。食品安全规制体制是食品安全制度的顶层的权力配置和运行方式，其对食品安全规制绩效具有决定性的影响[①]。

（1）新中国成立至1978年：计划经济时代下的食品卫生管理体制

在新中国成立初期，物质极端缺乏，食品短缺严重，粮食数量安全是食品安全的关键。卫生条件差造成的食品过期、发霉、中毒是当时比较集中的问题。食品卫生和食品数量安全是当时食品领域最关注的问题。卫生部负责食品安全管理工作。卫生部在各行政区划范围内设立各级卫生防疫站，卫生防疫站的卫生科具体负责食品安全。这一时期卫生防疫机构既负责卫生防疫又负责卫生监督，卫生防疫为主，卫生监督为辅。卫生监督包括环境卫生、劳动卫生、食品卫生等多项内容，所以食品卫生监督工作在整个卫生系统处于边缘化状态，并没有成为卫生部门的核心职能。

---

① 王彩霞.地方政府扰动下的中国食品安全规制问题研究［D］.沈阳：东北财经大学，2011.

同时，在计划经济体制下，我国众多的生产部门都承担了庞杂的社会化职能，部门都有自己的食品加工、经营部门，食品工商业依附于其主管部门，其主管部门负责食品安全的具体工作。在这一规制体制下，食品安全规制是按照食品企业的主管关系划分管理职责，这一阶段食品安全规制的特征是主管部门管控为主、卫生部门监督管理为辅[①]。

（2）1979—1992年：转轨时期的食品安全规制体制

从1979—1992年，我国的经济体制发生了重大变革，其深刻影响着食品安全规制体制。自20世纪80年代初期起，国家实施了"放权让利"的改革和企业所有制多元化改革，经济体制实施双轨制改革。宏观政策的变革促使私营、个体食品企业蓬勃发展。大量新生的个体、私营、集体食品生产企业没有上级主管部门管理。同时，卫生部门的资源和权力有限不能对数量众多的非公有制企业进行有效管理。计划经济体制下的规制体制不能对食品行业新生所有制成分进行有效规制。1982年颁布的《中华人民共和国食品卫生法（试行）》规定卫生行政部门主要负责食品卫生监督工作。

我国经济体制改革是渐进式改革，大量的计划经济部门是逐步推进企业改制的，公有制企业是当时社会经济活动的主体，因此，尽管法律强调卫生部门主要负责食品卫生管理，但是在各行业主管部门大量存在的情况下，各主管部门实际掌握着食品卫生监督权。《食品卫生法（试行）》的法律效力非常有限。需要指出的是，《食品卫生法（试行）》也赋予了其他管理部门（如农林牧渔部门、商业部、工商行政管理部门、国家进出口商品的检疫部门、国家技术监督管理局）在特殊领域的食品安全规制权力，这为多部门分段管理奠定了基础。

（3）1994—2003年：分段管理雏形乍现，以卫生部为主导的食品安全规制体制

1992年我国正式确立社会主义市场经济体制。中共十四大后，我国

---

① 刘鹏．中国食品安全监管——基于体制变迁与绩效评估的实证研究［J］．公共管理学报，2010（2）：63-78.

实施了价格双轨制改革。到1992年我国绝大部分轻纺产品价格已经放开。轻纺产品的市场化推动我国的机构改革，1993年国务院撤销了轻工业部等多个部委。轻工业部门被撤销后，众多的食品生产企业与轻工业主管部门分离，食品领域政企合一的模式被打破。食品企业的政企分离标志着食品安全规制体制从食品主管部门负责的体制转变为外部型规制体制。同时，在社会主义市场经济体制确立后，我国食品产业发展非常迅速，产业链不断延伸，食品安全问题更为复杂化、其涉及的领域更为宽广，而《食品卫生法》主要是针对餐饮环节、流通环节的食品卫生，《食品卫生法》亟须完善。1998年的国务院机构调整将更多的监管主体纳入食品安全监管体系，食品安全分段管理雏形显现。

（4）2004—2008年分段管理的食品安全规制体制

随着生活水平的提高，人们更注重健康，更喜欢追求美好事物，20世纪末期食品、药品、保健品的种类增加得非常迅速，市场更为细分，产品属性的交叉更为多样、交叉的维度更多，且这几类产品市场乱象丛生。在2003年，国务院决定由国家食品药品监督管理局负责食品安全的综合监督、协调工作，负责查处重大事故。此次调整的主旨是通过更为专业的机构进行规制。具体的食品安全规制体制如图2-1所示[①]。同时为了方便各食品规制主管部门之间的沟通协调，2004年国务院正式确立“按照一个监管部门监管一个环节的原则，采用分段监管为主、品种监管为辅的方式”。我国正式确立多部门分段规制的食品安全规制体制。

我国在实行分段监管的初期呈现出来了一些问题：食品药品监督管理局由于行政级别的局限协调能力有限；食品药品监督管理局内部暴露严重的监管问题；分段监管存在监管真空地带；垂直管理和横向监管不能有效兼容[②]。针对上述问题，2008年的《食品安全法》重新调整了规制体制：卫生部重新负责处理重大事故，负责综合监督协调食品安全工作；确定地方政府对县级以上的食品安全负总责。但是此次调整并没有改变食品安全

① 颜海娜．中国食品安全监管体制改革——基于整体政府的视角［J］．求索，2010（5）．

② 颜海娜．中国食品安全监管体制改革——基于整体政府的视角［J］．求索，2010（5）．

“多头管理、分段监管”的规制体制。《食品安全法》确立的食品安全规制体系如图 2-2 所示[①]。

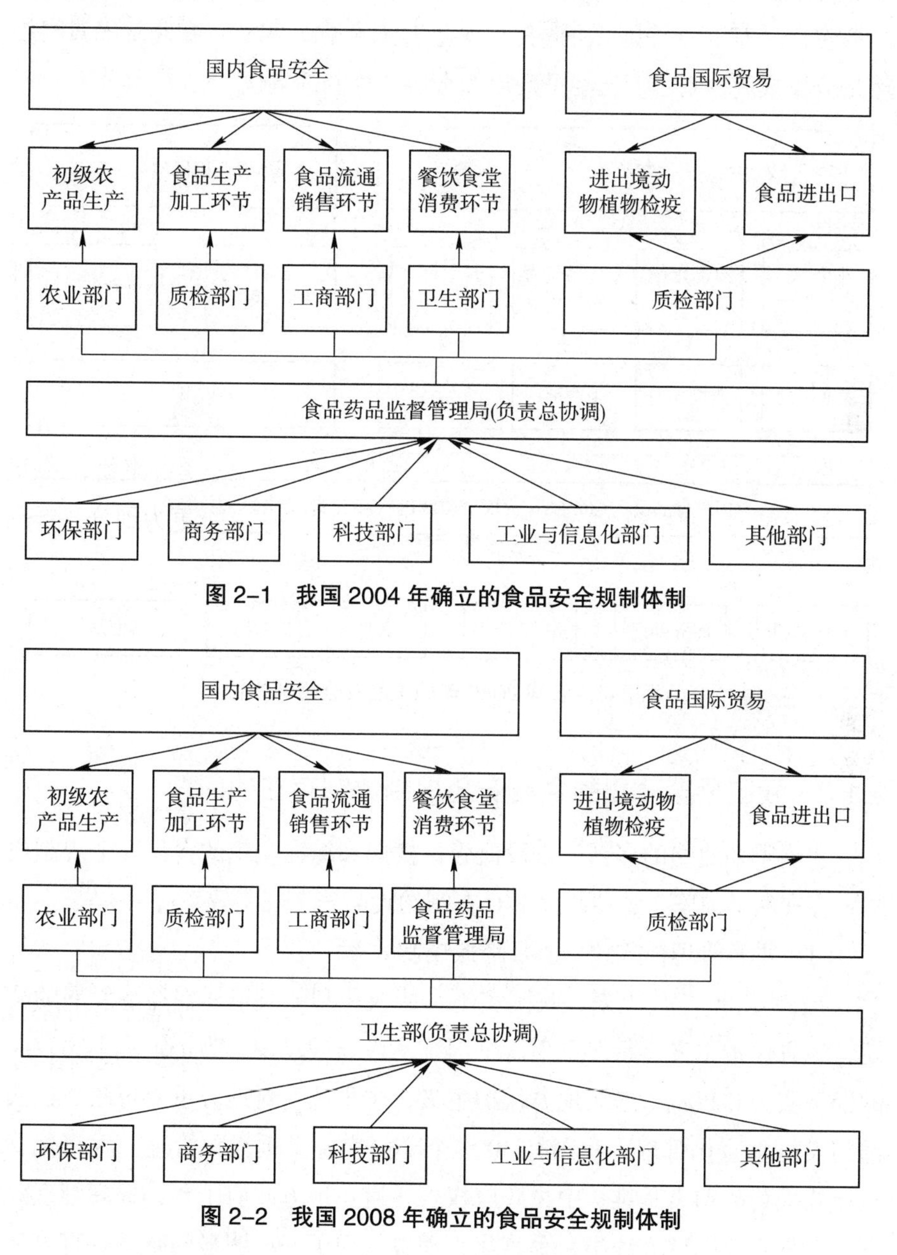

图 2-1 我国 2004 年确立的食品安全规制体制

图 2-2 我国 2008 年确立的食品安全规制体制

① 颜海娜．中国食品安全监管体制改革——基于整体政府的视角［J］．求索，2010（5）．

2008年“三聚氰胺”事件在整顿过程中暴露了一个严重问题：卫生部不能有效协调其他同属于正部级的食品安全规制部门。2010年我国成立了国务院食品安全委员会来协调食品安全工作（见图2-3）。在此阶段我国依然是分段规制体制，但已经呈现出综合协调规制的端倪。

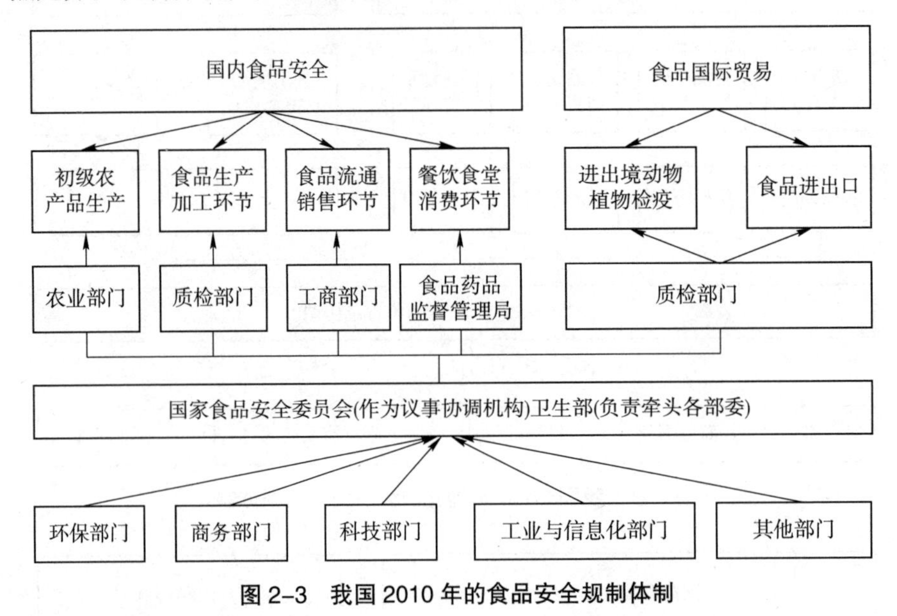

图2-3　我国2010年的食品安全规制体制

2.1.2　我国早期建立的食品安全规制体制存在的问题

我国早期建立的多部门分段监管、横向和纵向交织的食品安全规制模式，存在明显缺陷，这些缺陷的存在制约食品安全规制效率。

（1）垂直管理模式缺少监督降低规制效率

20世纪80年代以来，我国实施了放权让利的改革，在经济发展的早期，地方保护主义盛行严重阻碍全国统一市场的建设。为了维护中央政府的经济实力和权威，遏制地方保护主义，中央政府对地方重要行政、执法部门实行垂直化管理，我国有30多个部门实施了垂直化管理。垂直化管理模式推行的初衷是维护中央政府权威，避免地方政府干预，提高管理效率。在垂直化管理实践中，垂直化管理也出现了一些明显问题：垂直管理机构受多重目标约束，规制绩效不高；垂直化管理也是委托代理组织模式，也存在道德风险问题；人员编制固定，组织僵化，工作人员缺乏工作的激情和动力；垂直管理来自上级和地方政府的约束弱化，管理权限膨胀，管理部门内部出现寻租、设租现象，如“郑筱萸”事件、“山西假疫苗”事件；条块矛盾突出。

（2）横向规制机构分段管理模式降低规制效率

在分段规制模式下，各个规制部门共同努力才能够实现食品安全。食品安全规制风险多家共担，食品安全涉及问题多，食品属性、责任划分都存在困难，各规制部门在某些领域还存在交叉的情况，存在各部门“搭便车”的制度环境，各规制部门是有了利益一哄而上，有了问题相互推诿。多部门分段共同监管容易陷入“集体行动困境”和“反公地悲剧”。

2.2 财政分权制度与地方政府食品安全规制低效率

2.2.1 财政分权制度与地方政府规制低效率的内在机理

（1）财政分权导致地方政府偏袒资本

事物之间的主要矛盾决定事物质变方向。制度变迁推动了西方世界的兴起，制度对经济发展具有强的影响：好的制度变迁会推动经济发展，坏的制度能够使经济发展处于低效率均衡；同样经济状况是制度变迁的环境和基础，如果不具备相应的条件，就很难出现制度变迁。在更为广阔的视野下，制度是个内生变量。同时，制度变迁具有强的路径依赖性。我国早期制度变迁的基础是：计划经济体制、“一穷二白”资本高度稀缺。改革的初始条件决定了我国早期的制度规则，影响着我国改革的进程和方向。因此，我国食品安全规制绩效必须放在更广阔的视野来观察。财政分权是我国食品安全规制改革的一个重要的制度背景。

我国 21 世纪初期频繁爆发的食品问题充分暴露了食品安全规制的低效率。食品安全规制低效率是综合因素作用的结果，但其深层次原因是地方政府食品安全规制的低效率。财政分权是改革开放以来我国经济制度的一项重大的制度变迁。地方政府规制低效率因素众多，但关键原因是20世纪90年代实施财政分权政策以来，地方政府行为的异化。1994年国家实施的财政分权体制对地方政府的经济资源处置权、控制权产生了巨大影响。2008年的《食品安全法》规定辖区内的食品安全由地方政府负总责，地方政府的总体目标必将约束地方公共事务的管理行为，因此，我们需要从更宽广的视角审视食品安全问题。

新中国成立后我国的财政体制经历了三个阶段的改革，1994年实施的财政分权改革对地方政府的影响最为深刻。此次改革的关键内容是：重新划分中央和地方的事权、人权、收支范围。此次改革对地方政府产生了深远影响。

首先，中央政府和地方政府的收支发生重大变化，中央收入增加，地方收入减少。在此阶段的改革中，中央政府拓宽了税收范围、调高了中央在共享税中的比例，这些措施提高了中央政府的收入。随着经济总量的增大，地方政府的财政总收入增加，但相对收入下降。同时，大量国有企业改制、破产、社会性职能剥离，地方政府支出增加。

其次，地方政府预算外收入渠道变窄。在地方政府相对收入不断下降的情况下，地方政府积极地寻求扩大预算外收入的路径[①]。在财政改革的初期，地方政府设立各种名目向企业和个人征收预算外收入，通过融资平台或者是信托投资融资等方式增加收入。中央多次调整预算外资金的管理制度，自1997年开始，中央政府将政府性基金纳入预算内管理，同时，通过分设国税局和地税局，进一步规范财政收支管理，约束了地方政府不规范的做法。地方政府要想增加财政收入只能通过发展本地区经济扩大税源。因此，地方政府把招商引资当成头等大事[②]。

最后，地方政府成为区域经济竞争主体。布莱顿在《地方竞争纯理论》中最早提出来“竞争性政府”的概念。在财政分权实施之前，在条块

① 王文剑.中国的财政分权与地方政府规模及其结构——基于经验的假说与解释［J］.世界经济文汇，2011（2）.

② 王文剑.中国的财政分权与地方政府规模及其结构——基于经验的假说与解释［J］.世界经济文汇，2011（2）.

分割、中央统收统支的背景下，地方政府可支配资源有限，彼此间的竞争有限，在财政分权实施之后，财政分权是全方位的分权，事权和财权独立，地方政府要“量入为出”，只有多收才能多支，因此，地方政府发展经济具有强的内驱力。我国市场经济体制改革和财政体制改革是在资本严重稀缺的背景下推进的，在我国经济发展初期劳动力资源充裕，但资本严重稀缺，资本和劳动的配比严重失调，资本成为制约经济发展的瓶颈，因此，在改革初期地方政府对资本的争夺异常激烈。

财政分权初期地方政府主要通过税收优惠的方式吸引资本。东部沿海地区率先通过倾斜性税收优惠政策吸引到大量资本投资，巨量的资本注入推动了东部经济的快速崛起。为了实现经济崛起，中西部地区也建立了多层次的税收优惠政策，区域间税收优惠异常激烈。单纯的税收优惠起到扩大税基和税率下降的双向作用对总税收的影响是不确定的。同时，影响外商投资的核心因素有很多，如区域市场规模、劳动力的丰裕度、政策环境稳定性、配套设施等[①]，外商选择投资区域时最关注的三大要素是：区域市场大小、基础设施和优惠政策[②]。因此，在21世纪初期地方政府为吸引外资是大兴基础设施建设。

（2）“政治锦标赛”导致地方政府更为偏袒资本

信息不对称、契约关系、利益主体的利益的相容与冲突是多重委托代理三个必要条件。我国食品安全规制模式是典型的多重委托模式[③]。道德风险、逆向选择和“应声虫”现象是委托代理关系中的常见问题。但是跨国企业和上市企业频繁成为我国食品安全事件的主角，这种状况单纯用资产专用性等知识解释不通，需要从我国特殊制度环境角度进行深入分析。

新规制经济学中政企合谋需具备三个条件：信息不对称；规制机构具有相机抉择的权力；受规制企业具有抽取信息租金的动机。我国食品安全

---

① Barro, R.J. and Jong-Wha Lee, 2000, International Data on Education Attainment updates and Implications, NBER Working Papers, No, 7911.

② Cheng, Leonard K.and Yum K. Kwan, 2000, What are the Determinants of the Location of Foreign Direct Investment? The Chinese Experience, Journal of International Economics, 51,379-400.

③ 陈富良，王光新 . 政府规制中的多重委托代理与道德风险［J］. 财贸经济，2004（12）.

规制也具备这三个条件。食品安全规制也存在信息不对称：地方政府和地方规制机构处于食品生产环节之外，两者与食品生产企业之间存在信息不对称；地方政府与地方规制机构之间存在信息不对称；中央政府与地方政府之间存在信息不对称。受规制企业有获取信息租金的动机，因为生产不安全食品的生产成本低于生产安全食品的生产成本，可以获取的利润更多。规制机构或者是地方政府是地方食品安全信息的发布者，在信息发布上具有相机抉择的权力。

我国早期是在“一穷二白”的基础上发展经济的，资本极度稀缺，为发展经济地方政府表现出强烈的“亲资本”倾向。21世纪初期以来，我国实行的“政治锦标赛”的官员考核方式进一步助推了地方政府“亲资本的”倾向。在以经济建设为中心的发展环境中，各级政府都以GDP增长率为主要考核指标。同时，我国官员选拔采取“锦标赛”的方式，位列前茅的官员才能获胜。同时，干部选拔年轻化，一旦错失时机可能永远失去晋升高层的机会。在这样的选拔激励机制下，地方政府将会以一种持续狂热的状态来追求资本。“锦标赛”的考核方式和“以GDP为主要考核目标”的结合导致地方政府行为异化。地方政府支出项目的筛选会倾向于在短期内能导致GDP迅速增加的项目，如交通、能源、通信等基础设施建设，而那些在短期内不能为GDP增长做贡献但是能提升区域长久竞争力、改善民生的项目（如环境保护、文化教育、卫生保健、科技发展等）的发展资金经常被挤占[①]。地方政府会通过各种变通手段保护对当地GDP增长有贡献的产业。如近20年高速发展的房地产业。

财政分权和“政治锦标赛”的结合推动地方政府尽一切可能去发展经济，即使食品产业对GDP贡献不太大，地方政府也为食品企业发展提供各种支持和帮助。对于经济发展程度高的区域，食品产业对当地经济的贡献并不大，地方政府也可能会放松对食品生产企业的规制，如2014年上海的“福喜过期肉”事件；食品产业多选择在农业大省，农业大省对大型食

---

① Keen, Michael and Marchand,Maurice ,1996,Fiscal Competition and the Pattern of Public Spending, Journal of Public Economics,66(1).pp.33–53.

品生产企业的依赖性更强，地方政府更倾向于放松规制。如在瘦肉精的检测手段非常简单且检测项目已知的情况下还是爆发了“瘦肉精”事件[①]。如“三聚氰胺”事件在爆发前，地方政府已知相关情况，这充分说明了地方规制机构工作人员被俘获、地方规制机构对被规制企业的偏袒。再如“鸿茅药酒”事件中内蒙古警察跨省追捕。

食品安全规制机构对被规制企业的偏袒主要表现为：第一，“虚高”的食品安全信息。常见情况是公众并没有觉得食品安全状况有明显改善，食品合格率却居高不下。在日常规制中，中央政府依靠地方政府的自我报告来判断食品安全状况，由于居高不下的合格率，中央政府会放松食品安全规制。第二，发生重大食品安全事件时，地方政府在中央政府介入调查前，会竭力把事情控制在自己的能力范围内，隐瞒真相；当中央政府派驻调查组时才会配合调查；针对中央的处理决定可能会拖延处罚或者从轻处罚。第三，日常规制实践中规制机构放松对食品生产企业的规制。在财政分权的制度下，中央食品检测结构和地方食品检测结构，两级监管机构的目标函数都和消费者利益最大化无关[②]。通常情况下，中央政府质检机构的目标函数是总规制成本最小，地方质检机构的目标函数是 GDP 增长率的最大化[③]，其规制机构的规制目标服从于地方政府目标。地方政府质检机构的规制行为受到执法力量、执法能力等多种约束，但更多地受制于地方总体发展目标。因此，地方政府对食品企业尤其是大型企业放松规制是常态。

（3）失衡的博弈结构导致食品安全问题持续

我国地方政府“亲资本”的显著倾向还可以从失衡的权力制衡结构来说明。我国失衡的权力制衡结构也会助推地方政府对资本更为狂热的追求。在权力制衡结构中，最基本的三大主体是消费者、政府和企业。

---

① 简单的三种试纸（盐酸克伦特罗、莱克多巴胺、沙丁胺醇）即可查出猪肉是否含有瘦肉精。

② 王彩霞．地方政府扰动下的中国食品安全问题规制研究［D］．沈阳：东北财经大学，2011.

③ 戴志勇．间接执法成本、间接损害与选择性执法［J］．经济研究，2006（9）：94-101.

消费者是不安全食品的食用者，是不安全食品的最大、最直接的抵触者，如果消费者能够有效地抵制不安全生产行为，则食品安全状况也能够有效改善。在西方国家，政府也有偏袒生产者的内在驱动（施蒂格勒），但是西方国家消费者具有制衡资本和政府的有效渠道：首先，西方的选举制度能够抵制政府过分偏袒资本；其次，西方的消费者运动导致消费者联盟力量强大，公众可以直接对抗资本；最后，西方的市场机制比较完善，市场惩罚机制可以制约资本的投机行为。我国目前没有公众选举官员的机制[①]，在早期也没有评议官员的机制，所以在早期我国公众对政府没有实际的约束。在早期我国缺乏强大的消费者联盟组织，同时，在一些垄断性行业消费者没有多样化的产品选择，市场惩罚机制不能有效发挥作用，所以消费者抗衡资本的力量很弱。因此，在财政分权的背景下，政府、资本和公众之间的对抗力量失衡。图 2-4 为我国早期政府、企业、公众之间的权力制衡结构图[②]，地方政府和资本对公众都是强约束，资本对公众和地方政府的约束都是强约束，公众对资本和地方政府都是弱约束（虚线）[③]。

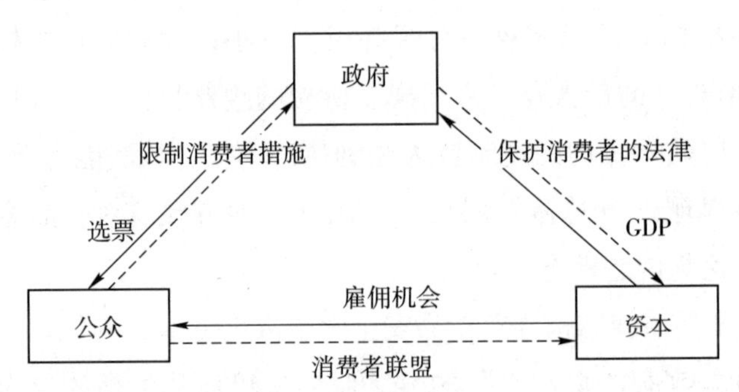

图 2-4　我国的公众、资本和政府权力博弈结构

我国低的食品安全规制绩效与失衡的权力博弈结构也有关。在食品

① 各国政治架构的建立都有其历史渊源和环境约束，我们并不需要建立与西方相同的政治架构，我们的政治制度具有我们制度的优越性。公众对资本和政府的约束路径有很多，我国可以通过其他的措施来约束地方政府和企业。这在后面的章节会介绍。

② 王彩霞．地方政府扰动下的中国食品安全规制问题研究［D］．沈阳：东北财经大学，2011.

③ 王彩霞．中国食品安全规制“悖论”及其解读与破解［J］．宏观经济研究，2012（11）.

安全方面，由于来自资本的约束是强约束，地方政府为推动当地经济发展，不惜容忍企业一些破坏市场秩序的手段，如纵容本地企业生产假冒伪劣产品。例如，由于假冒伪劣产品的大量生产严重侵害正规厂家的利益，正规厂家每年耗费大量的财物、人力去打假，由于企业没有执法权，很多时候企业把违规企业的犯罪行为、犯罪事实都固定好后，规制机构还是迟迟不出动执法队伍，纵容违规现状的存在。日常的放松规制更是常态了。

2.2.2 财政分权视角下地方政府规制低效率的实证分析[①]

"三聚氰胺"事件后，中央政府启动行政问责机制对国家质检总局局长等官员进行问责，对涉事企业及负责人实施了刑事处罚和经济处罚，要求各地彻查问题奶粉去向，颁布《食品安全法》、制定新的乳品标准等。"蒙牛""伊利"等知名企业也积极出台措施挽救市场恢复声誉，如企业领导的公开道歉、24 小时公开生产视频邀请公众监督、整顿奶站向奶站派驻质检员、开办专属牧场、到海外收购牧场和养殖场、扶持奶农更换奶牛品种等。全国媒体对事件进行了多方位的报道，并进行跟踪报道[②]。

"三聚氰胺"事件公开曝光的初期，消费者强烈抵制国产乳品，拒绝购买任何国产乳制品，市场惩罚机制极大地发挥了作用。各大知名企业在短期内出现巨额亏损，面临破产的威胁。一旦出现严重的产品质量危机，消费者信任修复便成为困难，但是在不到一年的时间，国产乳品行业的几家巨头又出现了超十亿元的净赢利（见表 2-1）。这说明消费者对国产乳品企业的信任迅速恢复了。但是"2008 年未被销毁的三聚氰胺奶粉重现市场"后，消费者的信任迅速回落，并一直在低位徘徊。本研究关注的焦点是什么因素导致消费者信任剧烈变化[③]？

---

① 王彩霞．政府监管失灵、公众预期调整与低信任陷阱——基于乳品行业质量监管的实证分析［J］．宏观经济研究，2011（2）．

② 王彩霞．政府监管失灵、公众预期调整与低信任陷阱——基于乳品行业质量监管的实证分析［J］．宏观经济研究，2011（2）．

③ 王彩霞．地方政府扰动下的中国食品安全规制问题研究［D］．沈阳：东北财经大学，2011.

表 2-1　2008—2009 年我国大型乳品企业的净利润　　单位：亿元

企业	蒙牛	伊利	光明
2008 年	-9.49	-16.67	-3.2
2009 年	11.16	6.48	1.22

资料来源：根据 2009 年、2010 年企业的年度公报整理得到。

单一角度的分析很难抓住问题本质。本研究采取了主成分分析方法来挖掘主要影响因素。主成分分析法是在不损失或很少损失原有信息的前提下，通过降维的方法，将原来庞杂的具有一定相关性的变量重新组合成新的少数几个互不相关的综合变量的统计分析方法。由于指标权重是通过多重性变换和数据运算获得的，所以该方法既避免了主观因素的影响，又消除了指标间信息的重叠问题，在不减少指标的背景下去粗取精抓住主要矛盾[①]。

主成分分析的数学模型为：

$$F_j=(a_1F_1^{(j)}+a_2F_2^{(j)}+\cdots a_kF_k^{(j)})/(a_1+a_2+\cdots a_k) \quad (4-1)$$

$F_1^{(j)}$，$F_2^{(j)}$，…，$F_k^{(j)}$表示第 j 层的 k 个因子得分；a_1，a_2，…，a_k 表示第 j 层的 k 个因子的方差贡献；F_j 表示第 J 层的综合得分[②③]。

为了确保各测量变量具有较高的效度与信度，在问卷的设计过程中采取了以下措施[④]：（1）多次论证后确定问卷设计；（2）试调查后及时修改问卷；（3）在调查中，选取郑州市的几个大型超市、社区进行随机调查；由于购买乳制品的主要是中年女性，所以问卷的发放偏重于这一人群。共发放问卷 180 份，回收有效问卷 166 份。下面的实证分析以 SPSS17.0 为分析工具。样本的特征信息见表 2-2。问卷中各题目的测量均为 1-5 的 5 点评价刻度，5 表示"非常有帮助"，1 表示"根本没有帮助"，中间依次类推。

---

① 刘旭红，揭筱纹．基于因子分析和 Malmquist 指数的中国区域包容性效率平价研究［J］．宏观经济研究，2018（2）．

② 陈洪凡，等．应用主成分分析法评价稻田生态系统稳定性［J］．应用昆虫学报，2017（9）．

③ 顾秋香，等．基于主成分分析甜樱桃储藏品质评价研究［J］．落叶果树，2018（9）．

④ 王彩霞．地方政府扰动下的中国食品安全规制问题研究［D］．沈阳：东北财经大学，2011．

表 2-2 样本特征信息

性别	男			女		
（比例）	34.15			65.85		
学历	中专及中专以下		大专、本科	研究生		
（比例）	3.66		57.32	39.02		
家庭收入	3 千元以下	3 千元～5 千元	5 千元～7 千元	7 千元～1 万元		1 万元以上
（比例）	36.59	37.80	13.41	4.88		7.32
年龄	20～25	26～35	36～45	46～60		60 岁以上
（比例）	37.80	54.88	4.88	1.22		1.22
职业	行政事业	企业管理者	企业一般员工	个体户	其他	退休
（比例）	34.15	4.87	18.29	6.10	31.71	4.88

资料来源：根据调查问卷整理得到。

为了确保每个多重量表测量特性概念的充分性与适当性，本文首先做了模型内部一致性信度与效度检验。① KMO 检验。KMO 检验结果为 0.775（如表 2-3 所示），大于 0.5 取值标准，适合因子分析。另外，从巴特利球型检验给出的相伴概率为 0.000，非常显著适合因子分析。②信度检验。经检验所有变量以及整体模型测量量表的克隆巴赫内部一致性系数 α 都大于可接收水平 0.7，显示了很好的内部一致性信度。

表 2-3 KMO 检验和巴特利球形检验

KMO 检验		0.775
巴特利球形检验	卡方值	373.931
	自由度	105
	相伴概率	0.000

表 2-4 为计算得到的影响消费者信任修复的主成分方差贡献率[①]，前 4 个主成分的方差贡献率达到 86.095%，原来的 15 个变量反映的信息可由前四个主成分来反映（见表 2-4）。通过删除各变量的因素载荷阵表中

① 王彩霞．政府监管失灵、公众预期调整与低信任陷阱——基于乳品行业质量监管的实证分析［J］．宏观经济研究，2011（2）．

loading0.5 的小载荷量后，变量与因素之间的关系变得更为清晰，然后，通过直角转轴法把载荷阵表中交叉、重叠的变量剔除后，可清楚地看到第一、第二主成分的累积贡献率达到了 67.600%（见表 2–5），这说明 2008 年食品安全事件后，消费者对大型乳品企业的信任能得以迅速修复，第一、第二主成分起到了最关键的作用。

表 2–4　影响消费者信任的主成分方差贡献率

成分	初始特征值			提取平方和载入		
	合计	方差的（%）	累积（%）	合计	方差的（%）	累积（%）
1	3.899	40.934	40.934	3.899	40.934	40.934
2	1.667	26.666	67.600	1.667	26.666	67.600
3	1.272	10.736	78.336	1.272	10.736	78.336
4	1.009	7.759	86.095	1.009	7.759	86.095
5	0.895	5.642	91.737			
6	0.391	3.537	95.274			
7	0.230	2.739	98.013			
8	0.186	1.987	100.000			

表 2–5　旋转成分矩阵

变量	问项	F1	F2	F3	F4
政府规制制度	中央成立专门的管理机构	0.777			
	主抓领导负责制和主抓领导的撤职	0.758			
	《食品安全法》和新标准的公布	0.680			
社会的全面监督（公众、企业、媒体、政府）	企业公开生产视频、邀请公众监督		0.666		
	媒体加强了监督		0.560		
	实行全面检查、敦促企业消除问题奶粉		0.536		
	废除免检制度、实行定期检查		0.525		
对奶制品的品质的追求	企业对奶农进行补贴、更换奶牛品种			0.748	
	企业建立自己的牧场			0.663	
	消费者不买他们的牛奶来惩罚企业			0.555	

续表

变量	问项	F1	F2	F3	F4
	三鹿的领导被抓走了				0.756
	企业整顿奶站，向奶站派驻质检员				0.609

资料来源：提取方法主成分分析法，loading0.5 的因素矩阵。

在主成分分析中，问项（可测变量）的相关系数的大小可以表示可测变量的重要性。第一主成分的方差贡献率反映了问项对所研究目标的贡献，该值越大说明问项与所研究问题的关系越密切。本研究的第一主成分为：中央成立专门的管理机构、主抓领导负责制和《食品安全法》和新标准的颁布。这些措施传达了中央政府强力治理的决心。长期的集权制管理体制使公众对中央政府高度信赖，中央政府强力打击的态势给了公众食品安全的预期。第二主成分包括：企业公开生产视频邀请公众监督、媒体监督、政府实行全面检查、敦促销毁问题奶粉、废除免检实行定期检查。它透射出的信息是：①在企业层面，公开生产视频透视了企业接受公众全面监督的决心；展示了大企业能够生产安全食品的实力；②在媒体层面，媒体的积极监督也是促成消费者信任恢复的重要因素；③在政府层面，政府加强了对违规企业的打击力度。总之，从 2010 年 4 月的调查数据来看，中央政府的强力打击是促使消费者信任修复的最关键因素。

地方政府与当地企业利益高度契合，地方政府目标与公众食品安全诉求并不一致，中央政府对重大食品安全事件的运动式打击之后，食品安全事件还会反复发生。在 2010 年再次爆发“对外宣称已经销毁的三聚氰胺奶粉重现市场”和“圣元奶粉雌激素疑似超标”事件。中央政府责令地方政府销毁问题奶粉，问题奶粉重返市场说明地方政府执行不力、对企业的庇护。销毁“三聚氰胺”奶粉不存在技术难题，在中央政府和公众高度关注的情况下，地方政府竟然能够违抗中央指示、违背民意，由此可以推断在日常工作中地方政府对中央政府政策执行不到位是常见现象了，它印证了地方政府规制失职，地方政府与地方企业的合谋。2010 年在多地出现的“2008 年的三聚氰胺奶粉重现市场”事件之后，地方政府集体选择沉默、封堵公众评价渠道，政府的消极行为和对企业的庇护，最终使消费者信任再次迅速下滑并长期低水平持续。地方政府对规制政策的认真执行是食品安全的重要保证。

2.3 地方食品安全规制机构缺乏努力规制的激励

2.3.1 食品安全规制机构缺乏努力规制的外部激励

在“政治锦标赛”模式下，在激烈的资本争夺战中，地方政府为吸引更多资本，尽量为企业发展创造宽松的外部环境（减税、为企业提供各种便利服务等）。如果规制机构频繁检查食品企业，与地方政府的目标存在非激励相容。地方政府对下属官员也采取锦标赛的选拔形式。规制机构只有通过办大案、抓典型案件、多办案才能出政绩，但这样的做法会波及大企业。食品加工企业多建立在农业资源丰裕、生态环境良好的农业大省，农业大省通常缺乏其他产业支撑对大企业的依赖更强。如果规制机构严厉查处违规企业，企业会对外宣称企业大环境恶劣，这会严重影响地方政府的招商引资。总之，规制机构严格查处食品安全问题的行为违背地方政府目标，存在激励不相容。所以，众多食品安全事件的最初报道者多是国外的检测机构、媒体，而非当地的食品检测结构，即使是被媒体曝光，地方食品安全规制机构依然会百般袒护食品生产企业。对小企业的食品安全规制对政绩贡献小，且规制成本高，地方规制机构主动规制的积极性不高。

2.3.2 食品安全规制机构缺乏努力规制的内部激励

早期食品安全规制机构内部缺乏有效的努力规制的激励，即规制机构在日常工作中几乎很少查处问题食品和问题企业[①]。我们以一个普通地级市的质量技术监督管理局为例进行说明。

---

① 陈思，罗云波，江树人．激励相容——我国食品安全监管的现实选择［J］．中国农业大学学报，2011（3）．

质量技术监督管理局日常工作主要由两部分构成：一部分是委托检验和发证检验，另一部分是抽查。企业要从事食品生产、加工、销售必须办理卫生许可证，同时生产的产品在投放市场之前要获得产品合格证。为了办理许可证和合格证，企业需要将自己生产的样品送检。由于送检产品是企业自己挑选，企业一定是挑选最好的产品。同时，检测机构最重要的一个经济来源就是委托检验费用，稳定的经济来源对检测机构很重要。如果企业可以自由选择检测机构，且检测机构众多，严格的检验会导致客户流失。这样通过委托检验和发证检验去发现企业的问题产品，几乎不可能。抽查是质检机构的另一项主要业务。理论上来讲，抽查具有随机性可以发现食品安全问题，但实际情况并非如此。抽查分为省抽和市抽，省抽的次数很少，一年才有两次左右，抽查率仅有2%，市抽的次数更少[①]。抽查不能向被抽查人员收取检验费用，不能增加检测机构的收入，同时抽查还会受到地方政府发展目标的约束，所以抽查很多时候就是走走过场，很难查处问题食品。"双汇瘦肉精"事件暴露出的问题更为严重：屠宰场自行盖章，食品规制机构放弃检查。绝大多数的食品抽查合格率都在90%以上，但是这一结果并不可信。总之，地方规制机构的主要工作内容与食品安全的相关性不足。

单个的规制工作人员也缺乏努力监管的制度激励。公务员激励分为物质激励和职务晋升激励。地方质检人员的工资是按照公务员薪酬体系设置发放的，数目固定和努力规制没有关联。在奖金方面，地方质检机构也设置了绩效奖金，但是在实行的过程中，很多质检机构是"以罚代管"，并不关注企业是否整改，因此奖金的多少和食品安全规制努力程度无关。质检机构是一个典型的梭形层级机构，职务晋升的空间有限。因此，质检人员缺乏努力规制的制度激励。

从惩罚的角度来看，严格的质量检查会加大企业成本，会让企业认为外部环境恶化，不利于政府招商引资，因此，地方规制机构工作人员的努

---

① 陈思，罗云波，江树人．激励相容——我国食品安全监管的现实选择［J］．中国农业大学学报，2011（3）．

力规制不仅会耽误了正常工作，还因“制造麻烦”“不识大局”受到批评。此外，规制人员的努力规制必然要与企业发生冲突，可能会遭受严重的人身攻击或者是迫害。如果能够为地方企业提供方便，自己也可能获得好处。规制人员努力规制的动力不足。多数情况是，规制人员对企业的违规生产行为采取纵容的态度，即使有人举报也以各种理由敷衍、拖延过去。只有发生重大食品安全事件，中央或上级部门知道后，上级督办的时候，才会对企业施以运动式的打击。在案件的查办过程，工作人员也可能会对企业手下留情。如在“三聚氰胺”事件中，在中央督促、海内外媒体、公众高度关注的情况下，2010 年依然出现了“2008 未销毁的三聚氰胺奶粉重现市场”的事情。

2.4 “经济人”本性导致食品规制机构放松对大小企业的规制

在存在市场失灵的情况下，安全食品的市场供给必将不足，但是食品安全生产关系消费者的生命健康安全，以维护社会公共利益为代表的政府就成为食品安全的供给者。地方政府和地方食品安全规制机构，虽然都同属于行政机关，但是它们的利益诉求不同；从成本—收益的角度分析，大规模食品生产企业和小规模食品生产企业对地方食品安全规制机构的成本—收益影响不同，地方食品安全规制机构对它们的规制行为也不同。因此，我们应分别构建地方食品安全规制机构与小规模食品生产企业的博弈模型和地方食品安全规制机构与大规模食品生产企业的博弈模型，来探寻不同规模企业都生产不安全食品的内在原因。下面我们首先分析地方食品安全规制机构与小规模食品生产企业之间的博弈[①]。

① 杨合岭，王彩霞．食品安全频发的成因和对策［J］．统计与决策，2010（4）．

2.4.1　地方食品安全规制机构与小规模食品生产企业之间的博弈分析

（1）模型的前提假设

为了简化分析过程，我们将涉及食品安全事故行为方分为两方，即私人经济方（小规模食品生产企业）和公共经济方（地方食品安全规制机构）。地方规制机构追求自身收益最大化，其收益由社会声誉和经济绩效共同组成，但进行规制要支付规制成本，在综合考虑规制收益和成本的基础上，决定是否进行规制。如果规制收益大于规制成本，规制机构将进行规制；如果规制收益小于规制成本，规制机构就不进行规制。小规模食品生产企业以利润最大化为目标，在综合考虑生产不合格食品的收益和规制机构惩罚的基础上做出是否生产合格食品的决定。如果生产不合格食品的收益大于成本，企业受到激励就去生产不合格食品；如果生产不合格食品的收益小于成本，企业就生产合格食品。在小规模食品生产企业与地方食品安全规制机构的博弈过程中，小规模食品生产企业的策略空间有两种行为选择：生产合格食品、生产不合格食品；地方食品安全规制机构的策略空间有两种行为选择：检查、不检查。

地方食品安全规制机构对小规模食品生产企业进行规制的检查成本为 C，且 $C>0$，规制机构确保了消费者的生命健康安全获得的声誉收益为 L，且 $L>0$。在正常情况下，规制机构检查的净收益为：$L-C$；如果企业生产了合格食品且规制机构不去检查，则规制机构的净收益为 L；如果企业生产了不合格食品被规制机构检查到并处以罚款，罚款额为 F（$F>0$），则规制机构的净收益为 $L-C+F$；如果企业生产了不合格食品且规制机构不去检查，则规制机构的净收益为 $-L$。

由于消费者不能完全区分合格食品和不合格食品，我们假定两种食品的价格都是 P，且 $P>0$，两种食品销售量都为 Q，且 $Q>0$。假定合格食品的每单位生产成本为 C_H，不合格食品的每单位生产成本为 C_L，并且 $C_H>C_L>0$，那么小规模食品生产企业销售合格食品和不合格食品的收益分别是：$R_H=(P-C_H)Q$ 和 $R_L=(P-C_L)Q$，且 $R_L>R_H>0$。假定企业生产合格食品比生产不合格食品多付出的安全生产成本为 a（如购买各种食品安全检测设备，防止食品不合格的各种投入费用等），那么 $a=(C_H-C_L)Q=R_L-R_H$。如果小规模食品生产企业生产了不合格食品被规制机构检查到，并被责令其生产合格产品，那么企业除了要支付食品安全生产成本 a，还得支付罚款额 F，企业总支付为：$a+F$；如果企业生产了不合格食品，但没有被规制机构检查到，企业的支付为零。

（2）博弈模型分析

基于上述假定与分析，地方食品安全规制机构与小规模食品生产企业的策略组合为：（检查，生产合格食品）、（检查，生产不合格食品）、（不检查，生产合格食品）、（不检查，生产不合格食品）。地方食品安全规制机构与小规模食品生产企业的支付矩阵如图 2–5 所示：

		小规模食品生产企业	
		生产合格食品	生产不合格食品
规制机构	检查	L–C, RH	L–C+F, RL–a–F
	不检查	L, RH	–L, RL

图 2–5　规制机构与小规模食品生产企业之间的博弈策略组合及收益

从支付矩阵中可以看出，当给定规制机构检查时，由于 $(R_L-a-F)<(R_H)$，企业的最优选择是生产合格食品；当给定规制机构不检查时，由于 $R_L>R_H$，企业的最优选择为生产不合格食品；当给定企业生产合格食品时，由于 $L>(L-C)$，规制机构的最优选择是不检查；当给定企业生产不合格食品时，规制机构的最优选择取决于 $(-L)$ 和 $(L-C+F)$ 值的比较，如果 $(L-C+F)<(-L)$，该博弈将是一个纳什均衡（不检查，生产不合格食品）；如果 $(L-C+F)>(-L)$，该博弈将不存在纯策略纳什均衡。

（3）现实状况与模型结论

中国广泛分布着大量的小作坊式的食品生产企业，据统计我国拥有 6 万多个传统菜点，2 万多种工业食品。同时，我国的食品种类多、更新快、烹调方式多样，食品安全生产存在大量隐患。但是由于生产不安全食品的小企业分布分散、隐蔽、流动性强、且其生产成本低利润高，被打击处理后易于死灰复燃，这些特点导致了地方食品规制机构查处小规模食品生产企业的成本 C 非常大[15]。同时，对这些企业的处罚金额 F 通常较小。再者，公众对小规模食品生产企业可能会生产不安全食品具有心理预期，因此食品规制机构从查处小规模食品生产企业中获得的声誉收益 L 也较小。综上所述，食品规制机构查处小规模企业的收益将会小于不检查的收益，即（$L-C+F$）<（$-L$），因此，食品安全规制机构没有激励去检查小规模食品生产企业，市场将会出现（不检查，生产不合格食品）的纳什均衡。这也就是为什么小规模食品生产企业普遍生产不安全食品的经济原因了。

2.4.2　地方食品安全规制机构与大规模食品生产企业之间的博弈分析

在一般化对等分权原则下，中国地方食品规制机构受地方政府和上级主管部门双重领导，上级主管部门多局限于业务领导，地方政府的领导更为直接[14]。在唯 GDP 至上的背景下，地方政府收益和地方大企业收益高度相关，而地方政府收益与地方小企业收益之间的关联微弱，因此，当地方食品规制机构对大企业做出不利的规制时，通常会受到地方政府的强力阻挠，而对小企业进行规制时，通常不会受到地方政府的阻挠。如在此次三鹿奶粉事件中，尽管三鹿奶粉早已经暴露出严重问题，但是三鹿企业的各种证照齐全，各类奖项齐全，三鹿奶粉检查结果的官方公布一拖再拖，地方政府保护地方企业的行为可见一斑。

（1）模型的前提假设

为了简化分析过程，我们将涉及食品安全事故行为方分为两方，即私人经济方（大规模食品生产企业）和公共经济方（地方食品安全规制机构）。在两者的博弈过程中，大规模食品生产企业在综合考虑企业利润和规制机构惩罚的基础上，做出生产合格食品还是不合格食品的决定。地方食品安全规制机构在综合考虑规制收益和规制成本的基础上，做出规制还是放弃规制的决定。因此，大规模食品生产企业的策略空间有两种行为选择：生产合格食品、不生产合格食品；地方食品安全规制机构的策略空间有两种行为选择：检查、不检查。

我们将地方政府与地方食品安全规制机构区分开来，地方食品安全规制机构受地方政府领导，但在履行检查职责时又有一定的独立性。我们假定地方政府可以从本地大规模食品生产企业中获得利益 r（如增加地方政府辖区居民就业率，增加地方税收，促进地方经济发展）。地方食品安全规制机构的检查成本为 $C(r)$，并且 $C'(r) \geqslant 0, C''(r) \leqslant 0, C(0) > 0$。由于地方政府能从大规模食品生产企业获得利益，因此其有动力为企业实施保护并阻止地方食品安全规制机构检查，这就增加了规制机构的检查成本。地方政府从食品生产企业中获益越多，对企业的保护力度越大，规制机构的检查成本就越高，因此，C 是 r 的正相关函数，即 $C'(r) \geqslant 0$；随着 r 的增加，成本增长率越来越低，即 $C''(r) \leqslant 0$；即使地方政府无法从大规模食品生产企业中获益，规制机构的检查成本仍然是存在的，即 $C(0) > 0$。假定地方食品安全规制机构通过对食品生产企业的检查确保了消费者的生命健康安全获得的声誉收益为 $L(r)$，并且 $L'(r) \geqslant 0$，$L''(r) \leqslant 0$，$L(0) > 0$。因为，即使大规模食品生产企业生产一些不合格食品，地方政府出于地方利益考虑也会向公众隐瞒对食品生产企业不利的信息，如果地方政府从大规模食品生产企业中获益越多，对企业不安全生产的保护力度越大，对企业的包装越完美，地方食品安全规制机构所获得的声誉收益也会相应增加，因此规制机构在没有受到其他外在约束的情况下，其声誉收益 L 将和 r 正相关，即 $L'(r) \geqslant 0$；但是声誉收益增长率越来越低，即 $L''(r) \leqslant 0$。在正常情况下，规制机构检查的净收益为：$L(r)-C(r)$；如果大企业生产了合格食品，规制机构不去检查，规制机构的净收益就是 $L(r)$；如果大企业生产了不合格食品，规制机构发现并对其处以罚款，罚款额为 F，规制机构净收益为：$L(r)-C(r)+F$；如果大企业生产了不合格食品，并对规制机构官员进行贿赂，贿赂金额为 R，规制机构不去检查并向公众隐瞒对食品企业不利的信息，但由于不合格食品的出现，规制机构的声誉收益降为零。

由于消费者不能完全区分合格食品和不合格食品，我们可以假定两种食品的价格都是 P，且 $P > 0$，两种食品销售量都为 Q，且 $Q > 0$。假定合格食品的每单位生产成本为 C_H，不合格食品的每单位生产成本为 C_L，

并且 $C_H > C_L > 0$，那么大规模食品生产企业销售两种食品的收益分别是：$R_H=(P-C_H)Q$ 和 $R_L=(P-C_L)Q$。假定大规模食品生产企业生产合格食品比生产不合格食品多付出的安全生产成本为 a（如购买各种食品安全检测设备，防止食品不合格的各种投入费用等），那么 $a=(C_H-C_L)Q=R_L-R_H$。如果企业生产了不合格食品，且不去贿赂规制机构官员，规制机构发现不安全食品后责令其生产安全食品并处以罚款 F，那么企业的净收益为 R_L-a-F；如果企业生产了不合格食品，且去贿赂规制机构官员，规制机构官员接收贿赂，贿赂金为 R，$R > 0$，那么企业的净收益为 R_L-R。

（2）博弈模型分析

基于上述假定与分析，地方食品安全规制机构与大规模食品生产企业的策略组合为：（检查，生产合格食品）、（检查，生产不合格食品）、（不检查，生产合格食品）、（不检查，生产不合格食品）。于是，我们得到地方食品安全规制机构与大规模食品生产企业的支付矩阵，见图 2–6。

		大规模食品生产企业	
		生产合格食品	生产不合格食品
规制机构	检查	$L(r)-C(r)$, RH	$L(r)-C(r)+F$, $RL-a-F$
	不检查	$L(r)$, RH	0, $RL-R$

图 2–6 规制机构与大规模食品生产企业之间的博弈策略组合及收益

在地方食品安全规制机构的收益与损失中，食品安全规制机构对大规模食品生产企业食品健康检查的成本应该小于声誉收益以及从大规模食品生产企业中获得的罚款额之和。否则，食品安全规制机构就会因为检查成本过高而放弃检查，大规模食品生产企业也不会对食品健康安全生产进行投资。因此，我们得到：$C(r) \leqslant L(r)+F$。于是，我们可以求解 $C(r) \leqslant L(r)+F$ 条件下的纳什均衡。

我们用 δ 代表地方食品安全规制机构对大规模食品生产企业的检查概率，用 ρ 代表大规模食品生产企业生产合格食品的概率，求解上述博弈的混合策略纳什均衡。

给定ρ，对地方食品安全规制机构而言，选择检查（$\delta=1$）和不检查（$\delta=0$）的期望收益分别为：

$$\pi_G=(1,\ \rho)=\rho[L(r)-C(r)]+(1-\rho)[L(r)-C(r)+F]$$

$$\pi_G(0,\ \rho)=\rho L(r)+(1+\rho)0$$

解 $\pi_G=(1,\ \rho)=\pi_G(0,\ \rho)$，得到：$\rho=1-\dfrac{C(r)}{L(r)+F}$。即如果大规模食品生产企业食品合格率大于$1-\dfrac{C(r)}{L(r)+F}$，地方食品安全规制机构的最优选择是不检查；如果大规模食品生产企业食品合格率小于$1-\dfrac{C(r)}{L(r)+F}$，地方食品安全规制机构的最优选择是检查；如果大规模食品生产企业食品合格率等于$1-\dfrac{C(r)}{L(r)+F}$，地方食品安全规制机构随机性的选择检查或不检查。

给定δ，对于大规模食品生产企业而言，选择生产合格食品（$\rho=1$）和不合格食品（$\rho=0$）的期望收益分别为：

$$\pi_F=(\delta,\ 1)=\delta R_H+(1+\delta)R_H$$

$$\pi_F=(\delta,\ 0)=\delta[R_L-a-F]+(1+\delta)[R_L-R]$$

解 $\pi_F=(\delta,\ 1)=\pi_F(\delta,\ 0)$，得到：$\delta=\dfrac{a-R}{a-R+F}$。即如果地方食品安全规制机构检查的概率大于$\dfrac{a-R}{a-R+F}$，大规模食品生产企业的最优选择是生产合格食品；如果地方食品安全规制机构检查的概率小于$\dfrac{a-R}{a-R+F}$，大规模食品生产企业的最优选择是生产不合格食品；如果地方食品安全规制机构检查的概率等于$\dfrac{a-R}{a-R+F}$，大规模食品生产企业随机地选择生产合格食品或不合格食品。

因此，混合策略纳什均衡是：$\rho=1-\dfrac{C(r)}{L(r)+F}$，$\delta=\dfrac{a-R}{a-R+F}$。即

地方食品安全规制机构以 $\dfrac{a-R}{a-R+F}$ 的概率检查，大规模食品生产企业以 $1-\dfrac{C(r)}{L(r)+F}$ 的概率选择生产合格食品。

（3）模型结论及其现实启示

① 在上述混合策略纳什均衡中，用 ρ 对 C 求偏导数，得到：$\dfrac{\partial\rho}{\partial C}=-\dfrac{1}{L(r)+F}<0$，即 C 越大，ρ 越小，反之亦然。而 C 与 r 正相关，这样，r 越大，C 越大，ρ 越小，反之亦然。于是，我们有：

推论 1：地方政府从大规模食品生产企业中获利越多，地方食品安全规制机构检查大规模食品企业时来自地方政府的阻力越大，检查成本越高，大规模食品生产企业生产合格食品的概率越小，食品安全事故发生的概率越大。反之亦然。

②在上述混合策略纳什均衡中，用 ρ 对 L 求偏导数，得到：$\dfrac{\partial\rho}{\partial L}=-\dfrac{C(r)}{(L+F)^2}>0$，即 L 越大，ρ 越大，反之亦然。而 L 与 r 正相关，这样，r 越大，L 越大，ρ 越大，反之亦然。于是，我们有：

推论 2：食品安全规制机构对大规模食品生产企业进行安全规制所获得的声誉收益越大，对食品企业检查越严格，企业生产合格食品的概率也越大，食品安全事故发生率越小。反之亦然。

地方政府从大规模食品生产企业中所获得的收益越多，当企业生产不合格食品时，地方政府出面保护企业的积极性越高，掩盖食品不安全信息，甚至会对企业进行完美包装的动机越强，地方政府的保护最终营造了企业安全生产、食品安全状况良好的假象。食品安全状态良好的假象在短期内也会提升地方规制机构的社会声誉，但这只是短期内的一种虚假繁荣。

③ 在上述混合策略纳什均衡中，用 ρ 对 F 求偏导数，我们得到，$\dfrac{\partial\rho}{\partial F}=\dfrac{C(r)}{\left[L(r)+F\right]^2}>0$，即是说，$F$ 越大，ρ 越大，反之亦然。于是，我们有：

推论 3：当地方食品安全规制机构对生产不合格食品的企业罚款越多，食品生产合格率越大，食品安全事故发生的概率越小。反之亦然。

④ 在上述混合策略纳什均衡中，用 δ 对 a 求偏导数，得到：$\frac{\partial\delta}{\partial a}=\frac{F}{\left[(a-R)+F\right]^2}>0$，即 a 越大，δ 越大，反之亦然。于是，我们有：

推论 4：当大规模食品生产企业的安全生产成本越高时，企业逃避安全生产的积极性越强，地方食品安全规制机构检查的必要性越大，检查概率也越大，反之亦然。

⑤在上述混合策略纳什均衡中，用 δ 对 R 求偏导数，得到：$\frac{\partial\delta}{\partial R}=\frac{-F}{\left[(a-R)+F\right]^2}<0$，即 R 越大，δ 越小，反之亦然。于是，我们有：

推论 5：当地方食品安全规制机构官员接受大规模食品生产企业贿赂金越多时，规制机构对食品生产企业进行检查的概率越小，反之亦然。

⑥在上述混合策略纳什均衡中，用 δ 对 F 求偏导数，得到：$\frac{\partial\delta}{\partial F}=\frac{(a-R)}{\left[(a-R)+F\right]^2}<0$，即 F 越大，δ 越小，反之亦然。于是，我们有：

推论 6：当对生产不合格食品的大规模食品生产企业罚款越多时，企业违规生产的风险成本越高，罚款的震慑作用越大，企业提供安全食品的积极性越高，规制机构检查的必要性越小，检查的概率越小。反之亦然。

综上所述，地方食品安全规制机构重视消费者的生命健康安全，不断对大规模食品生产企业进行食品安全检查，同时，对生产不合格食品的企业进行罚款，有力地遏止了食品安全隐患。在这种情况下，企业为了确保食品生产合格，所进行的食品安全成本投资越多，合格食品的生产就越有保障。但是，地方政府在大规模食品生产企业中存在利益，形成地方食品安全规制机构对企业进行食品安全检查的阻力，食品安全风险增大。当规制机构官员与食品生产企业串谋时，必然导致食品安全事故频繁发生。

2.5 食品安全标准与食品安全规制低效率

2.5.1 食品安全标准存在的问题

食品安全标准是食品生产经营、食品风险监测和评估、食品检验、食品进出口、食品安全事故处置、食品安全法律责任划分的重要依据，因此食品安全标准在食品安全规制中具有重要地位[①②]。

我国的国家标准化管理委员会成立的时间晚，该组织成立后统一食品安全标准、多次调整丰富食品安全标准，从原来重视产品的视觉、触觉、理化指标发展到更加重视食品的安全性指标，且努力与国际标准接轨。我国食品安全标准的制定更加规范系统，但依然存在问题：

（1）实践发展与食品安全标准不同步

在化学产业迅速发展后，物质合成速度更快，在规制不严格的情况下，食品在生产过程中被普遍性非法添加了某种不安全物质后，众多消费者食用后造成了严重的身体损害，国家只有在认识到危险性后，才会制定新的食品安全标准或者修订原有的食品安全标准。典型的案例就是“三聚氰胺”事件爆发时，众多的婴幼儿已经出现了严重的中毒症状，检测结果仍然是合格，原因是“三聚氰胺”并不包含在检测项目中。需要强调的是，如果某项食品检测项目不包含在检测目录中，食品检测机构会以此为理由拒绝检测，导致食品安全问题得不到重视而持续。这一现象在食品添加剂领域也非常普遍，据统计，目前我国仅有不到 400 种的食品添加剂有相应的检测标准，而实际使用的食品添加剂高达 2000 多种。这一现象在农药残留限量方面也比较典型。目前我国农村经常使用的农药品种已经有 260 个品种，3000 多个制剂产品，还有大量外国农药，但是我国农药残留

---

① 高忠霞，高彦伟 . 食品安全标准在稽查办案中的应用［J］. 食品界，2018（6）.

② 陈尊俊，宋美英，乐丽华 . 食品安全标准在检验中的应用［J］. 食品与发酵科技，2018（4）.

限量国家标准方面仅覆盖了100种污染物，覆盖范围明显过窄。同时，我国针对国外农药的限量标准几乎为空白。

（2）多套食品安全标准

我国食品安全相关标准的制定由来已久，但是由于历史的原因，我国早期的食品生产部门并不是独立的生产部门都依附于其主管部门，不同的主管部门都成立了自己的检测队伍，制定了自己的检测标准，因此我国食品安全标准多且混乱。因此，我国早期具有多套国家级食品标准，对同一食品而言，具有多套强制性的标准，有食品卫生标准、产品质量标准、农产品质量安全标准等。由于制定单位不一样，同一个指标，按照不同的标准认定结果可能就不同。多重的认定标准可能会造成弹性执法，降低规制效率。2013年，国家已经开始了食品安全标准的清理工作，但是在食品标准清理工作稳步推进的过程中，原有的多家标准依然有效。同时，同一检测指标在不同领域要求的检测方法不同。例如蛋白质的检测方法，在20多个领域都有标准规定，但是标准不同。

（3）新的食品安全标准，指标明显低于国际水平

我国原有的乳品标准每毫升牛奶中的菌落总数为50万/毫升，2010年新出台的乳品新国标为菌落总数为200万/毫升，该标准远远高于欧盟、美国标准。蛋白质含量指标对比是：1986年旧国标的标准是2.95克/100克，新国标2.8克/100克，国际标准为3.0克/100克[①]。因此，新国标出台后有人惊呼："中国乳品新国标一夜倒退25年。"

（4）我国食品标准与食品安全国际标准接轨程度低[②]

目前，我国的食品行业仅有14. 63%的食品标准与国际标准接轨，在20世纪80年代初期，英、法、德等国家有80%与国际标准接轨，日本国家标准中有90%以上与国际接轨[③]。

① 王彩霞.地方政府扰动下的中国食品安全规制问题研究［D］.大连：东北财经大学，2011.

② 涂永前，张庆庆.食品安全国际标准在我国食品安全立法中的地位及其立法完善［J］.社会科学研究，2013（3）：77-82.

③ 江虹.国际食品法典标准的趋同——兼论我国食品安全标准体系的应对［J］.湘潭大学学报（哲学社会科学版）2016（1）：34-37.

（5）推荐的标准多，强制性的标准少

截至 2013 年我国食品安全标准清理工作启动前，我国食品标准共有 5264 项。国家标准有 2248 项，其中推荐性国家标准 1521 项，强制性国家标准 722 项，指导性国家标准 5 项；行业标准有 2931 项，其中强制性行业标准 781 项，推荐性行业标准 2150 项[①]。

2.5.2　食品安全标准领域的规制困境

食品安全标准存在的诸多问题制约了我国食品安全规制效率。其原因主要表现在以下几个方面：

①我国食品安全检测设备落后，众多食品检测机构都没有相应的检测设备。②我国标准种类众多，规制难度大。标准多样且国家标准的归口单位复杂，国家标准委、国家质量监督检验检疫总局、卫生部、国家粮食局等各大部委都出台有相应的标准。众多的标准共存必然造成规制困境。③新的食品安全标准在制定的过程中就是多方妥协的结果，这就意味着食品安全标准可能不能与食品安全状况完全契合，这将降低规制效率[②]。④食品安全标准定位不清晰，食品安全标准体系建设理想化。制定食品安全标准的目的是为了防范和矫正食品市场可能存在风险，因此，其标准应是国家最低强制标准，但是在实际的制定过程中存在功能定位不清晰，标准的制定脱离实际难以有效执行[③]。⑤监管人员不能熟练掌握食品安全标准降低规制效率。我国的工作人员尤其是基层工作人员缺乏专业的、系统学习，不熟悉食品安全标准，降低规制效率。⑥在负向激励为主的激励模式下，宽松的弹性的食品安全规制标准能够给规制部门免责提供理由，规制部门严格规制的积极性减弱。

---

① 雷兰兰 . 我国食品安全标准的现状及改进与存在问题的讨论［A］. 第 13 届中国标准化论坛论文集，2016.

② 吕宗恕 .“中国食品标准就是妥协产物”——访国家食品安全标准审评委员会副主任委员陈君石［J］. 南方周末，2011-12-29.

③ 高军，许方霄 . 完善食品安全标准体系是食品监管重中之重［J］. 首都食品与医药，2015（4）.

2.6 行政问责制度弊端与食品安全规制低效率

规制工作人员的努力规制是实现食品安全的重要保证，有效的行政问责制度可以约束规制工作人员的违规行为和不作为，能够提高规制人员规制积极性。《国务院关于特大安全事故行政责任追究的规定》是我国正式实施行政问责制度的标志。该规定出台后，在地方层面上，2003 年长沙市率先出台了我国第一部行政问责的地方性规定，各级地方政府纷纷建立完善行政问责制度。我国行政问责制度受到周围其他制度环境的制约，因此，早期的行政问责制度发挥的效果有限。具体到食品安全方面，由于受到行政问责制度自身的制度缺陷制约，行政问责制度的约束力有限。其主要缺陷表现为：

2.6.1 行政问责制度法律位阶低，效力有限

我国没有行政问责方面的专门法律，近年来，对重大公共安全事件问责的法理依据多是《行政机关公务员处分条例》《行政监察法》等[①]。由于没有专门的法律制度，在实施行政问责时，会出现两个问题：第一，随意性大，认定责任的弹性空间大。经典案例是 2009 年的“济南火车相撞事件”，该事件发生于 2009 年 4 月 28 日凌晨，早晨 8 点多就启动了问责机制。“行政问责”的速度非常高效，高效的问责告慰了民心，但也暴露了制度的随意性，破坏了制度的权威性和稳定性。第二，处罚依据多样、标准不一。在 2004 年在阜阳劣质奶粉事件中，依据《中国共产党党内纪律处分条例》和《国家公务员暂行条例》对马明业、周毅生问责。在 2008 年三鹿奶粉事件中，对吴显国（石家庄市委书记）和李长江（国家质量监督检验检疫总局局长）问责的依据是《国务院关于特大安全事故行政责任追究的规定》《党政领导干部辞职暂行规定》。2009 年通过的《关于实行党

① 李野．中国行政问责值得现状分析及完善路径研究［D］．长春：吉林财经大学，2013.

政领导干部问责的暂行规定》适用于全国范围，但是该规定并不是严格意义的法律范畴，法律位阶较低。低的法律阶位，必然意味着行政问责不是“制度问责”，是“风暴式”问责。而“风暴式”问责具有非稳定性，能否问责具有很大的偶然性取决于公众反应的激烈程度。如果中央立法和地方立法存在冲突，低的法律位阶很难解决两者之间的冲突。如在以 GDP 增长率为主要考核指标的前提下，地方政府常常漠视公众利益，积极发展能够为 GDP 做贡献的产业。如果地方政府以局部利益为重，地方政府很容易拿地方行政法律为自己行为寻求庇护。如果没有高阶位法律，中央政府很难对地方政府进行问责。

2.6.2 行政问责制度设计存弊端，行政问责难

（1）同体问责效率有限，同体问责和法律规定冲突

现有的地方行政问责暂行规定、条例都是上级对下级的同体问责。同体问责可能会和法律规定冲突。在阜阳假奶粉事件中，安徽省政府罢免了马明业的职务，但是依据《宪法》和《地方各级人民代表大会和地方各级人民政府组织法》，应由人大选举和罢免副市长。依据越权无效的制度设计原则，省委、省政府问责行为的政治合法性就存在质疑。

（2）笼统的制度设计与问责之难

有法可依，有据可依是行政问责的前提。目前各地的行政问责的条文规定都非常笼统，可操作性差，问责的结果容易流于形式。问责的另一前提是政务透明，但是我国的政府行政事务不公开，公众无从察觉行政人员是否失职，问责的事件多集中于全国性、重大恶性事件才可能被问责，但是恶性重大事件的发生具有偶然性。责任能够明确划分，才能有效问责。在很多情况下，行政机关内部责任难以明确划分：第一，行政机关内部现任和前任之间的责任难以划分，有些事件的发生可能是历史遗留问题。第二，难以划分决策者和执行者之间的责任。行政机关内部同时实行行政首长负责制和民主集中制，如果发生重大事故，行政首长被问责，行政首长会以集体决策之名为自己脱责。第三，政府部门内部权力有交叉和重叠现象，责任不能完全划分，相互推诿责任。政府缺乏有效的绩效评估机

制，失去了问责的依据。

（3）行政问责后果轻微威慑力弱

严厉的惩罚才能对失职行为起到震慑作用，遗憾的是我国现有的问责制度很难起到震慑作用。第一，同体问责多，异体问责少。来自国家行政系统内部的问责是同体问责，来自行政系统之外的问责是异体问责。据统计，我国绝大多数的问责是同体问责。一般情况下同体问责的效果微弱。首先，行政工作是整体共同努力的工作，且一项行政工作会涉及多个部门，一个问题的发生可能责任根本不在本单位而出自其他单位，所以难以对单个人进行问责。其次，行政系统内部信息的通透性高，且各部门利益交织，官官相护是明智选择。如果事件影响广，超出本单位的控制范围，此时行政问责多是形式大于内容，问责效果轻微。最后，同级问责可能会暴露行政系统内部的沉疴，容易引起外界的非议，不可控因素增多，所以行政机关一般不公开问责。第二，问责范围狭窄，问责概率低。各级行政首长和一般行政公务人员都是行政问责的对象。在各级制定的行政问责文件中，行政首长都不在问责范围之内，对行政首长的问责来自更高级别的政府，通常只有发生重大事故才可能被问责。而对于一般行政人员的问责，由于行政机关内部责任难以划定、信息通透等原因，问责的概率很低且问责责任轻微。第三，问责方式单一，避重就轻。政府的责任多样，但在实践中行政追责的方式却非常单一。实践中常用行政法律责任规避刑事责任、法律责任和经济责任。第四，虚假问责。在实际的行政问责实践中，只有极少的人员在特殊时刻被问责，问责的责任轻微，被问责期限短，甚至还有“虚假撤职，应对上级机关”[①]，更有甚者被问责的人被供为英雄给以多种方式的补偿，部分人员短暂问责之后迅速复出。以举国关注、国务院总理重点批示的安徽阜阳劣质奶粉事件为例，很多的撤职是虚假撤职，只对外宣布对内根本不执行。国务院总理批示的案件尚且如此，“管窥一斑”可见问责之轻微，最终只能是中央政府和地方政府信用受损。

① 吴海峰.劣质奶粉责任人虚假撤职，假处分唬了国务院［N］.人民日报，2004-06-29.

2.7　市场化治理机制缺失与食品安全规制低效率

“柠檬市场”的治理可以借助市场化治理机制和行政性治理机制。由于诸多因素的限制，我国行政性治理机制的效果不佳。遗憾的是，我国市场化治理机制在早期效果也不佳。双重治理机制缺失引发我国早期食品安全问题的发生。市场化治理机制不能有效发挥作用的原因有以下几个方面：

2.7.1　产品质量信息不对称

“柠檬市场”出现的主要原因是信息不对称，治理“柠檬市场”的关键措施是消除或者是减小信息不对称。信息不对称不可能完全消除，我国早期食品质量信息存在严重不对称。如果消费者不能辨别产品质量，高质量产品就不能获得高市场价格的回报，企业不会费力去提升产品质量，而是寻求高质量之外的因素来获取高利润，如巨额广告，巨额广告能够在短期内迅速大面积锁定客户，能够在短期内迅速通过增加销售而获取高利润。如蒙牛乳业集团在央视的黄金时段大量投放广告迅速成长为乳业巨头。企业、消费者、政府和第三方质量认证组织都会影响产品质量信息。在我国食品安全规制拐点出现的前期，这四类主体依然没能有效地消除产品质量信息不对称。

（1）企业不能消除产品质量不对称

直接披露和间接披露是企业披露产品质量信息的两种路径。直接披露的路径有直接定期向消费者公布自我检查的产品质量、抽检的产品质量、其他有关企业的产品质量认证信息，或者直接公开生产过程。间接披露的路径有销售额、市场占有率、资产规模、广告规模、许可证等。如果是让企业自行披露其产品质量，企业在通常情况下是大张旗鼓地宣扬有利的质量信息，隐匿不利信息。即使 24 小时公开生产过程，对于信任品来说，消费者通过观看视频依然不能知道产品质量，只能观察到在生产过程中是否违规添加。在2008年"三聚氰胺"事件的初期，"蒙牛"曾经在网上24小时直播生产视频，这个做法对蒙牛企业在短期内迅速恢复消费者信任起到了很好的作用。但是现在常见的是企业一段生产视频的播放，很少有企业通过某个渠道常年无间断播放生产视频。如果是剪辑的、间断的视频对于产品质量的显示作用也不大。在间接的产品质量披露方面，企业的市场销售额、市场占有率、专用性资产的数量、资产规模和广告规模等都能够传递产品质量信息。如Nelson（1998）的研究结论为：可以通过广告投放量的信号显示作用来判断经验品的产品质量，因为低质量产品无法通过消费者的消费检验，消费者不会重复购买，企业无法收回巨额的广告成本。对于信任品特征突出的产品，产品质量和广告规模、资产规模的关系就不确定，不能从大的资本规模、广告规模推定企业产品高质量[①]。如"三鹿"企业投放巨额广告，但仍然存在严重的产品质量。

（2）政府多元化的目标不能消除产品质量信息不对称

如果产品质量检测技术成熟，各级政府质检机构只有以消费者利益最大化为目标，它们才可能真实、及时发布食品检测结果。目前，我国中央层面的检测机构的目标是总体执法成本最小，地方质检机构的目标函数是职务晋升，两者都偏离了消费者利益最大化。在财政分权背景下地方政府追求地方短期GDP增长率最大化，地方质检机构隶属于地方政府，所以地方政府质检机构检验结果是否公布、公布什么、公布多少都要配合地方政府的利益需要[②]。

中央政府明确地方政府规制属地食品安全。在信息不对称的条件下，在多重目标的约束下，地方政府会选择对自己最有利的解决办法。在突发的、社会影响恶劣的食品安全事件发生的初期，地方政府希望通过自己的努力把事情控制住，此时通常向上级隐瞒相关信息。当事态发展超出其能力范围了，才会向中央政府汇报。另外是日常的产品质量检测。如果这类企业的发展在短期内有利于地方经济发展，即使它具有负外部性，地方规

① 平新乔，郝朝艳．假冒伪劣与市场结构［C］．经济学（季刊），2006（9）：357-376.
② 戴志勇．间接执法成本、间接损害与选择性执法［J］．经济研究，2006（9）：94-101.

制机构可能会放松其规制。如“化学火锅”“激素番茄”问题，虽有媒体、“内幕人士”多次揭露，但是依然长期在市场存在。

（3）消费者无从检验产品质量

消费者最关注产品质量。随着合成食品越来越多的情况下，单凭消费者的感官已经很难判断食品的安全性了，必须借助专业机构的专业设备才能判定。在产品鉴定方面存在的问题是：一般情况下，政府质检部门不接受个人提供的产品检测，会根据消费者反映的情况，对批量产品随机检测；对个人提供的产品进行检测，检测费用高昂。食品安全网 2006 年 3 月 26 日的一篇报道比较典型，三亚市的张先生发现自己喝的康师傅绿茶瓶里有不明絮状物，张先生投诉后，工商部门和卫生部门同意检验，但是坚持“先付费、再检验”“谁主张，谁付费”的原则，鉴定费用为 720 元，最终张先生放弃鉴定。在发生重大食品安全事件的时候，地方质检机构更是拒绝个人委托的产品质量检测。

（4）第三方提供的产品质量报告并不可靠

目前从事第三方质量认证和产品质量检测的单位很多，但是在早期这两类机构发布的信息的精准性值得怀疑。在第三方质量认证市场上，存在着多种形式的共谋：认证机构之间的共谋、认证咨询公司和认证机构之间的共谋，认证机构和企业之间共谋[①]。如果产品质量认证包含的认证因素多、认证技术复杂，各方主体之间就会产生严重的产品质量信息不对称，就存在共谋的可能性。在信息不对称，高质和高价不能挂钩的情况下，很多企业去做质量认证并不是是为了提升产品质量，而是为了冠以产品质量过硬的噱头、获取国家强制检测的销售通行证，所以，企业选择认证机构时更关注认证通过率。认证机构如果放松产品检测，在行业内就会拥有高通过率的口碑，业务量可能会源源不断地增加，认证机构和认证企业之间实现共赢。同样，在产品检测方面，很多的产品检测业务已经通过国家检测机构委托给了第三方，规制机构、第三方社会检测企业、食品生产企业

① 王新平，万威武，朱莲．中国质量认证市场的共谋与预防共谋均衡研究［J］．科技管理研究，2007（5）：30-33.

之间它们之间由于有常年的业务联系，三者的关系更为紧密，在外部监督环境不严的情况下，就容易形成共谋。例如，近年来重大食品安全事件的主角都有品类齐全的合格证书。总之，在早期的规制环境下，第三方提供的质量信号并不完全可靠。

2.7.2 双边交易中的 KMRW 声誉模型条件不具备

声誉模型有很多，KMRW 模型更适合信任品的分析。针锋相对战略和触发战略是 KMRW 模型中的两个基本策略，这两个策略强调一旦消费者发现商家存在质量欺诈，消费者就采取不合作战略且坚持到底。一旦消费者实施严格、持久的报复，有欺骗行为的企业必然遭受严重损失，商家会生产安全食品去维护声誉。在实际消费中消费者并没有很好地实施针锋相对战略和触发战略。原因有：第一，中华民族是个信守“仁义礼智信”的民族，很多的时候是忍让、以德报怨。例如，2008 年“三聚氰胺”事件爆发的初期，我国公众坚定地以“用脚投票”的方式报复不良商家，几大乳品企业遭受巨额亏损，后来在企业的努力和国家的干预下，消费者出于对中央政府的信任和大企业的信任，2009 年下半年又开始大规模购买国产乳制品，乳品企业重新获取巨额利润。（见表 2–6）第二，如果可供选择的食品不多，即使知道购买的食品不安全，消费者依然会去购买，没有办法实施针锋相对策略。如媒体多次报道“有毒化学火锅”“激素番茄”问题，但是消费者依然会去消费。

表 2–6 大型乳品企业的净利润　　单位：亿元

企业	蒙牛	伊利	光明
2008 年净利润	–9.49	–16.87	–3.2
2009 年净利润	11.16	6.48	1.22

资料来源：各乳品企业 2008、2009 年年度公告整理得到。

2.7.3 多边交易型契约关系的惩罚条件不具备

在多边交易中，惩罚机制发挥作用的关键条件是：一是产品质量信息搜寻成本低；二是信息可以低成本快速传播。如果具备这两个条件，分散的消费者就变成消费者联盟，就变成了一个整体，随机匹配的多边契约关系就变为双边契约型关系，双边关系型契约下的惩罚机制也可以在多边契约关系中发挥作用。企业为了维护声誉，会主动供给高质量商品。但是在多边交易中信息低成本快速传播具有多种困难：第一，传播企业违约信息具有正外部性，单个交易方缺乏提供违约信息的激励；第二，传播企业违约信息，存在可能被企业报复的危险；第三，信息发布具有部门垄断特征，产品信息残缺不全；第四，在网络不发达的环境中，消费者传播产品质量信息的渠道有限，多是在有限的熟人之间传播。在多边交易中，实施集体制裁的难度大：人数多，不易联合，交易成本高；不同人需求不一样，对产品质量的要求不一样；没有替代品，别无选择。

3 我国食品安全规制拐点凸显的多重有利因素

3.1 政府规制制度历经多次改革，食品安全规制的浅层问题已解决

我国的食品安全规制具有明显的阶段性特征，在不同的阶段，食品安全问题表现出来的主要矛盾也不同。在21世纪初期，我国食品安全领域出现了一系列的食品安全事件，食品安全事件的爆发凸显了政府规制低效率和食品领域内各大主体存在的诸多问题。食品安全成为公众在21世纪初期最为关注的问题之一。在众多的食品安全事件爆发后，中央政府和地方政府对食品安全高度重视，中央政府出台了一系列的改革措施。这些改革措施的出台从体制、制度上保证了政府规制能力的提升，改善了食品安全规制的大环境，为食品安全规制效率的提升奠定了良好的基础。

3.1.1 食品安全规制体制的完善

食品安全规制体制属于食品安全规制制度的顶层制度，其对食品安全规制绩效具有方向性的作用。食品安全规制体制受制于国家经济体制。新中国成立后，在经济体制改革大背景下，食品安全规制体制历经多次改革，到2010年我国确立了“多部门分段监管、横纵交织的食品安全规制体制”。

尽管多部门分段监管、纵横交织的食品安全体制与社会环境的契合度更高，但仍存在较多问题。在大部制改革背景下，我国食品安全规制体制再次调整。2018年十九届三中全会通过了《深化党和国家机构改革方案》，此次改革方案的一个重要内容是：组建国家市场监督管理总局，撤销国家工商行政管理总局、国家食品药品监督管理总局、国家质量监督检验检疫总局。国家市场监督管理总局整合上述三家的职责以及国家发展和改革委等多家职能机构的部分职能[①]。国家市场监督管理总局成立后，实施市场综合监督管理，综合执法，统一登记市场主体信息，实现信息共享，同时将实现几个“统一”：统一管理人员归属，打破部门狭隘利益和职能交叉的局面；统一信息管理，打破了信息壁垒实现信息共享；统一执法标准，组建联合执法队伍，改变了单一部门执法背景下，执法力量分散薄弱的局面。在该规制体制下，将变原来的“碎片化”管理为“全链条管理”，有望解决食品安全监管领域内的“九龙治水”“十个大盖帽管不住一个破草帽”的尴尬局面，食品安全综合规制能力增强。国家市场监督管理总局的成立是推进国家治理体系和治理能力现代化的迫切需要，也是基层实践成功经验的推广，更是适应当前市场经济发展的客观需要。国家市场监督管理总局的成立将推动国家市场监管进入新阶段。

3.1.2 食品安全规制具体制度的完善

（1）考核指标调整，地方政府规制积极性提升

我国进入21世纪以来多次爆发的食品安全事件，引发了各界人士的积极研讨。食品安全问题的产生具有多种因素，但是地方政府规制低效率是共识。地方政府规制低效率的关键原因是中央政府把GDP的增长率作为考核地方官员的主要指标。严重的食品事件之后，中央政府将食品安全规制绩效作为地方领导班子和领导干部的主要考核指标。中央政府强化地方政府食品规制责任，强调地方政府规制责任回归，防范政企合谋。具体表

① 李涛，牛春安．国家市场监督管理总局组建 工商、质检、食药监“多合一”［N］．中国食品安全报，2018-03-15.

现为：中央政府在2012年发布的《国务院关于加强食品安全工作的决定》首次将食品安全规制绩效作为地方政府领导班子和领导干部的年度绩效考核的重要指标。单纯的绩效考核指标本身并不是解决问题的“万能药”，但是在时下的行政架构下，绩效考核绝对是“风向标”和“指挥棒”，在2012年以后各地方政府积极响应中央的政策方针，纷纷出台食品安全工作评议考核办法，明确了考核指标、考核目标，并在工作实践中调整食品安全绩效考核权重。

（2）规制机构和规制人员努力规制得到正向激励

食品安全规制机构和规制人员的努力程度对政府食品安全规制绩效起着决定性的作用。在我国早期的食品安全规制实践中，影响食品安全规制机构和工作人员努力规制的因素有：首先，“财政分权”和“官员锦标赛”的大格局是影响规制机构规制绩效的深层制度因素。“财政分权”和“官员锦标赛”的大格局决定了我国地方政府具有强烈的“亲资本”的内在冲动，食品安全规制机构重要官员要想出政绩，必须办大案，查处具有影响力的案件，但是这样的做法必将危及地方大企业，阻碍地方政府经济发展目标的实现。即使是食品安全规制机构实施垂直管理，在实际工作中也难以抵制地方政府的阻碍或牵制，这是影响规制机构规制绩效的深层次制度原因①。其次，食品规制机构内部缺乏对食品安全有效规制的激励②。规制人员的日常工作内容与食品安全的相关性弱，甚至是出现了严重偏离；最后，规制者努力规制的成本收益不对称③。

中央政府为改善食品安全状况，出台了多项措施：首先，在中央政府对地方政府的考核指标体系中，中央政府增加了对地方政府食品安全规制绩效的考核，如果地方政府食品安全规制绩效不合格，在“文明城市”等项目的评选中取消其评选资格。这样的政策措施，在顶层设计上诱导地方政府关注食品安全。其次，各级地方政府响应中央政府的政策要求，省级地方政府把食品安全规制绩效纳入对其所管辖辖区内规制机构的考核体

---

① 王彩霞.地方政府扰动下的中国食品安全规制问题分析［D］.大连：东北财经大学，2011.
② 王彩霞.地方政府扰动下的中国食品安全规制问题分析［D］.大连：东北财经大学，2011.
③ 王彩霞.地方政府扰动下的中国食品安全规制问题分析［D］.大连：东北财经大学，2011.

系，而且考核体系指标中包含社会公众对规制机构规制绩效的考核。这一政策为激励相容的政策，因为规制机构在食品安全方面的努力规制能够为地方政府做贡献，规制机构和规制人员努力规制都能得到正向的激励机制，规制机构努力规制和地方政府目标趋于一致，提升了规制机构和规制人员积极规制的主动性，食品安全低效率规制状态有可能会改变。最后，针对我国市场上一些重点食品，食品规制机构拓宽了抽检产品范围，增加了抽检了次数。以生鲜乳品的抽查为例，自 2009 年以来，农业部抽查的对象覆盖所有奶站，抽查次数超过 15 万批次，抽查次数显著增加，同时抽查了所有的违禁添加物[①]。最后，我国新出台的《食品监督抽检管理办法食品安全抽检实施细则》明确规定了参加监督抽检的食品药品监管部门、抽样单位、承检机构及其工作人员违规抽检行为的行政处罚、法律处罚、刑事处罚规定，该规定将对抽检中的违规行为起到震慑作用。

（3）统一、完善、优化食品安全标准，与国际标准接轨

食品安全标准是食品安全生产、食品检验、食品规制的重要依据。在食品安全标准领域我国早期存在诸多问题，这为地方规制机构低效率规制提供了制度借口。针对食品安全标准领域内的诸多问题，中央政府已经做出了如下调整。

首先，化解标准冲突，实行单一食品安全标准。《食品安全法》规定“食品安全标准是强制执行的标准，不得制定其他的食品强制性标准”，这就意味着我国食品领域将坚持单一标准。2013 年 1 月卫生部主持召开食品标准清理工作会议，会议的主要议题就是在两年的时间内清理完各个领域内的食品安全标准。

其次，根据需要调整食品安全标准，提升规制效率。如我国 2015 年 8 月颁布实施的《有机产品认证管理办法》中很多标准的要求比发达国家还要严苛，其标准已经成为全球最严格的标准。以农药残留标准为例，以前的制度规定，国家食品卫生标准规定限值的 5% 是有机产品中的农药残留的上限；新制度规定变为 20 多个农药残留指标不能检测出农药。

---

① 中国奶业协会 . 中国奶业质量报告 2016［R］. 2016-08-16.

再者，扩大了食品检测的范围和品种。我们以食品中农药最大残留限量指标为例，2014 年我国发布的《食品中农药最大残留限量》(GB 2763—2014) 标准，与 2012 年的标准相比，新增了 65 种农药、43 种（类）、1357 项限量指标，包含了 387 种农药在 284 种 (类) 食品中 3650 项限量指标。同时，2014 年的新标准覆盖面更广，新增了水果、蔬菜等鲜食农产品的限量标准，百姓经常消费的食品种类，农业生产者经常使用的农药都覆盖到了。同时，新标准基本与国际标准接轨，且有近 2000 项国家标准严于或等同于国际标准。严苛的标准为我国实施严格监管、严厉处罚、严肃问责，提供法定的技术依据。同时，它的出现可以强制农业生产者安全生产，诱导农业生产方式改变，为食品安全提供了技术保障。

最后，积极推进第三方委托检测检验制度。第三方检验制度的大范围推进可以减少地方规制机构的自由裁量权。

(4) 加大行政问责力度和渎职行为的打击力度

2008 年的“三聚氰胺”事件，受害的儿童众多，国际影响恶劣。同时，重大食品安全事件导致外国农产品大举进入中国，国产农产品在市场领域严重受挫，我国在农业现代化、规模化种植养殖领域每年投入巨额扶持资金，由于国产农产品不能有效打开国内市场和国际市场导致我国在 2015 年底出现大量的“宰鸡”“宰牛”“倒奶”的现状，造成资源的严重浪费。食品安全规制的低效率严重影响到我国国家战略的实现、中央政府和地方政府总体目标的实现。食品安全的有效规制是食品安全的重要保证。当前食品安全犯罪的频繁发生与一些部门规制不力、行政不作为，与规制人员玩忽职守、包庇纵容有着较大关系。只有加大对规制人员的惩罚力度才能有效提高规制绩效。为了改变目前食品安全规制的低效率状态，中央政府加大了对食品安全领域内的行政问责的力度。

首先，完善行政问责制度，强化行政问责。近年来国家高度重视廉政建设和权力监督体系建设，不断加大打击腐败的力度，强化行政问责，在行政问责方面主要有三个特点：其一，强化主体责任，切实追责。十八届三中全会再次强调“落实党风廉政建设责任制，党委负主体责任，制定切实可行的责任追究制度”。新修订的《中国共产党纪律处分条例》加入了

“从严主体责任”的规定；其二，问责呈现常态化的趋势，各地拓宽投诉渠道，落实责任追究；其三，加大治庸问责，加大对行政不作为官员的追责力度。同时，在食品安全领域，国务院办公厅印发的《2015年食品安全重点工作安排》强调“强化督查考评”“严格责任追究”，还重点提及2015年将根据食品安全法等法律法规，严肃追究失职渎职工作人员责任。贵州、广西、甘肃等多地的食药监局也均对辖区食品药品监管和党风廉政建设做出部署。

其次，真实打击食品安全领域规制人员的渎职行为。自2008以来中央政府加大了对食品药品领域内的规制人员渎职的打击力度[①]，并在重要媒体公布了近几年食品领域反腐涉案企业及公职人员的部分名单。在2011年食品药品生产流通和监管执法领域查办的职务犯罪共有202人，2012年查办的人数为465，2014年查办的人数为2286人[②]。

（5）加大对食品领域内违法生产销售行为的打击力度

我国频繁出现严重的食品安全事件以后，国家的监管机关决定以重典惩治食品安全犯罪。为了保障国家食品安全，最高人民法院在2013年出台了《关于办理危害食品安全刑事案件适用法律若干问题的解释》（以下简称《解释》）。《解释》出台以后，全国范围内掀起了加大针对食品领域内的食品违规生产违法行为打击力度的运动。上海、北京探索设立跨行政区划人民检察院，重点办理跨地区的重大食品药品安全刑事案件[③]。同时，为了提高办案效率，多省市专门设立了“食药警察”。同时检察院、食品药品监管总局、公安部等部门为提升食品安全领域内的工作效率，还建立健全了线索通报、案件移送、信息共享等机制。这些制度的实施大大提升了食品安全领域内对违法犯罪行为和人员的打击力度。在2012年判处犯罪人数共计2万人。2013年1月1日到2014年8月22日，涉及毒豆芽的案件就达709起，918人获刑。2014年全国共有16428人因制售有毒有害

① 食品行业年度猜想：反腐改善食品安全？[N]. 新京报，2015-03-17.

② 食品行业年度猜想：反腐改善食品安全？[N]. 新京报，2015-03-17.

③ 曹建明. 最高人民检察院工作报告——第十二届全国人民代表大会第三次会议[N]. 检察日报，2015-03-12.

食品、假药劣药被检察机关起诉，在食品药品生产流通和监管执法等领域共有 2286 因职务犯罪被起诉，最高法审结食药安全相关犯罪案件共 1.1 万件[①]。2015 年起诉福喜公司生产销售伪劣产品案、王少宝等 44 人销售假药案等危害食品药品安全犯罪 13240 人，公安机关立案 877 件（具体每年食品领域内查办的案件数据见表 3–1）。同时，国家级重要媒体还曝光了大量因生产有毒有害食品被判刑的重大典型案例，对于生产者具有巨大的震慑作用，对消费者信任修复起了巨大的推动作用。

表 3–1　2008 年以来我国食品药品领域查办的案件数据

年份	起诉制售有毒有害食品、假药劣药等犯罪单位（人）	食品药品生产流通和监管执法领域查办的职务犯罪单位（人）	最高法审结食药安全相关犯罪案件单位（件）
2008	3320	没有记录	21674
2009	507	没有记录	没有记录
2010	没有记录	没有记录	没有记录
2011	1562	202	278
2012	11251	465	1.4 万
2013	10540	没有记录	2082
2014	16428	2286	1.1 万
2015	13240		

资料来源：2009—2016 年最高人民法院工作报告，最高人民检察院工作报告。

3.2　市场化治理机制的外部条件日益完善

3.2.1　市场惩罚机制发挥作用

在我国近几年频繁爆发的食品安全事件中，大企业和跨国企业卷于其中，成为食品安全事件的主角。大企业和跨国企业的食品安全问题使消费

① 江南大学国家社科重大招标课题组 . 食品安全风险社会共治研究［R］. 江南大学食品安全风险治理研究院，2014.

者对国产食品的安全产生了严重质疑，甚至对企业所在行业和整个食品产业产生信任危机，消费者的不信任对整个行业造成重创性的影响。

（1）重大食品安全事件后，当事企业受损严重

南京冠生园食品有限公司因为“月饼陈馅”事件成为我国首例因食品安全问题而破产的企业。我们重点分析2008年三鹿“三聚氰胺”事件的影响。2006年的数据显示：2006年三鹿奶粉市场份额为10.72%，三鹿集团是我国最大的奶粉生产销售企业。三鹿奶粉连续十四年荣获全国市场同类产品销售第一名。2006年三鹿集团在《福布斯》杂志评选的“中国顶尖企业百强”名录中在乳品行业排名第一。2006年“三鹿”的品牌价值为149.07亿元[①]，伊利的品牌价值为152.36亿元（位居行业之首），“蒙牛”的品牌价值为88.54亿元，“三鹿”在2006年时在业内还具有很大的品牌和市场影响力。但是2008年出现的“三聚氰胺”事件直接导致“三鹿”奶业巨头破产。蒙牛、伊利、光明等知名大企业的净利润急剧下滑，出现了巨额亏损，伊利的净利润为-16.37亿元，蒙牛的净利润为-9.49亿元，光明的净利润为-3.2亿元。遗憾的是，在“三聚氰胺”事件之后，蒙牛在2011年接连被爆出冰激凌代工厂脏乱差、牛奶被篡改日期、牛奶中的黄曲霉超标140%等事件。这些事件的出现，导致蒙牛股价剧烈下跌，冰激凌和液态奶两大业务的收入明显下滑[②]，2012年的净利润下滑到12.57亿元，被伊利企业超越，并与伊利企业的净利润差距逐年拉开，见表3-2。

表3-2 各大乳品企业2005—2016年的净利润 单位：亿元

年份	企业				
	三鹿	伊利	蒙牛	光明	前三家净利润和
2005	不详	2.9	4.57	2.11	9.58
2006	不详	3.45	7.27	1.53	12.25
2007	不详	4.39	9.36	2.13	15.88

① 国家统计局中国行业企业信息中心．三鹿奶粉销量连续14年居全国第一［R］．全国商品销售信息发布会，2007-03-18.

② 负面消息缠身影响业绩 蒙牛去年净利润跌两成－搜狐网，http://roll.sohu.com/20130328/n370772637.shtml.

续表

年份	企业				
	三鹿	伊利	蒙牛	光明	前三家净利润和
2008	破产	−16.87	−9.49	−3.2	−29.56
2009	0	6.48	11.16	1.22	18.86
2010	0	6.45	13.56	1.94	21.95
2011	0	14.23	15.89	2.38	32.5
2012	0	17.17	12.57	3.11	32.85
2013	0	32.01	16.30	4.75	53.06
2014	0	41.67	23.51	5.68	70.86
2015	0	46.54	23.67	4.18	74.39
2016	0	56.62	−7.52	6.75	55.85

资料来源：根据各大企业年报公告数据整理得到。

（2）负面影响在长期内难以消除，国产乳品市场不断被侵占

还以乳品中液态奶为例，消费者更看中产品的新鲜，在“三聚氰胺”事件发生之前，消费者更愿意相信国产液态奶。相对于国外液态奶而言，国产液态奶临近销售市场，其新鲜度更高，消费者更愿意消费国产液态奶。数据显示，2008 年时我国液态奶的进口量仅有 0.83 万吨。但是，“三聚氰胺”事件后，进口鲜牛奶的进口量激增，常温奶进口增长率高居乳制品类第一。具体数据见表 3–3。

表 3–3　2009—2016 年中国鲜奶、奶粉的进口的实际装船量、实际到港量

单位：万吨

时间	进口实际装船量		实际到港量	
	鲜奶	奶粉	鲜奶	奶粉
2009 年第四季度	1434.22	86277.44	1120.14	23315.93
2011 年第二季度	2135.64	64209.71	855.38	35097.72
2011 年第四季度	9436.82	77361.54	4116.53	56716.6
2013 年第一季度	33021.83	178872.62	16062.73	86087.6
2013 年第三季度	19714.22	106837.86	14423.11	78652.13
2014 年第二季度	33886.06	122860.4	35415.71	90810.54
2014 年第四季度	40175.69	138651.7	38614.96	59836.92
2015 年第一季度	34704.18	73779.95	32866.94	92507.18

续表

时间	进口实际装船量		实际到港量	
	鲜奶	奶粉	鲜奶	奶粉
2015 年第二季度	38132.94	54816.69	41799.5	46406.1
2015 年第三季度	84646.93	82125.17	54028.84	55637.88
2016 年 11 月			47171.26	43547.46
2017 年 3 月			44026.37	50029.13
2017 年 7 月			45196.7	59908.08
2017 年 8 月			60871.82	69360.87

资料来源：中华人民共和国商务部对外贸易司（国家机电产品进出口办公室）网站，http://wms.mofcom.gov.cn/，部分来源于其他网站。

更为遗憾的是，“三聚氰胺”事件之后，国产乳企已经进行了多方面的努力，不断改进国产乳品的质量，但是消费者并不买账。农业部奶产品质量风险评估实验室（北京）在 2015 年在全国 23 个大城市，抽检了进口品牌的液态奶 50 批次，国产品牌的液态奶 150 批次，检测了黄曲霉素 M1、兽药残留、重金属铅等指标。抽检结果显示[①]：①国内外液态奶诸多指标无明显差异，且远低于欧盟、美国的限量指标。②进口液态奶活性物质营养不及国产奶。③国产原奶质量达到最好水平。以国产生鲜乳中各项安全指标如菌落总数、黄曲霉素 M1、重金属含量的监测平均值远低于国家限量标准，且严于国外产品。以 2013—2015 年生鲜乳中黄曲霉素 M1 为例，欧盟标准限量值是 0.05，我国是 0.5μg/kg，韩国是 0.031，日本是 0.085，而我国抽检的平均值仅为 0.015。2015 年全国乳制品抽检合格率 99.5%，乳制品已经成为最安全的食品。遗憾的是，即使乳品企业进行了诸多努力，国产乳品的质量确实提高，且部分指标优于国外乳品，但是消费者对国产奶粉的疑虑仍未消除，自 2008—2016 年，国外奶粉和液态奶的进口量仍然不断激增。

（3）重大食品安全事件导致整个产业链遭受影响，产业发展受限

食品安全事件的负外部性非常强，会产生共振性影响，会对整个产业

① 中国奶业协会 . 中国奶业质量报告 2016［R］. 2016-08-18.

造成致命性打击。一旦大型企业发生产品质量事故，消费者立即会减少甚至放弃同类产品的消费，因此优质生产厂家也难以独善其身。以乳品行业为例，在“三聚氰胺”事件爆发的初期，很多消费者放弃饮用乳产品，乳制品销售量锐减，原奶滞销，养殖业的凋敝，在2008—2010年整个产业链处于低迷状态中。频发的食品安全事件，消费者信任严重下滑，更多的消费者去抢购进口奶粉，海外代购热行。2012年境内消费者通过支付宝海淘消费的规模同比增长117%，奶粉是海淘最火爆的商品[①]，洋奶粉在我国奶粉市场的占有率已经达到了80%。更为惨痛的是，为提升国产乳品质量，我国从2008年开始逐年加大对奶牛规模化养殖的扶持力度，在政策激励下，全国规模化养殖场的数量不断增加，奶牛存栏量激增，但是由于在终端市场国产乳品销售困难，导致在2014年底，全国出现了大范围的“倒奶”“宰牛”的现象，产业发展受阻。很多乳企无奈只好到国外去收购牧场，进口国外的原奶。

3.2.2 市场惩罚机制发挥作用后，大企业积极自救

对于大型的食品生产企业，其资产投资规模大，资产专用性强，沉淀成本高，大企业不能像小企业那样在市场交易中采取“打了就跑”的战略，只能通过长期的交易才能使其投资得到补偿。在全球购物越来越方便，消费者能够自由选择交易对象的情况下，对于替代品较多的食品，一旦发生重大食品安全事件，消费者对不能生产安全食品的企业的市场惩罚必将长期持续。消费者“用脚投票”的严厉的惩罚方式使我国的食品生产企业逐步正视食品安全问题，谨记教训，严守质量，积极开展自救活动。

还以乳品行业为例，在“三聚氰胺”事件之后，乳品行业几大巨头通过各种途径强化对产品质量的管理。第一，重视奶源质量，提高奶源质量的可控性，建立自己的专属牧场。2013年，蒙牛乳业出资35亿元建立自有牧场。飞鹤、圣元、伊利、完达山等知名乳制品企业都建立了自己的专

---

① 章薪薪. 食品安全事件对乳制品产业的影响及其溢出效应研究［D］. 杭州：浙江财经大学硕士学位论文，2014.

属牧场。其次，企业整合重组，行业集中度不断提高，奶牛养殖模式向集约化和标准化方向发展。2010 年 10 月蒙牛乳业（集团）股份有限公司持有君乐宝乳业有限公司 51% 的股份；2013 年 6 月完达山集团认购了贝兰德乳业 51% 的股份；2013 年 11 月，蒙牛乳业集团认购原生态牧业 3.657 亿元的股份；2013 年 11 月，西部牧业与伊利乳业集团达成战略合作协议，合资建设千头牧场；2014 年 1 月，飞鹤乳业收购艾倍特乳业。第二，转变销售模式。目前，国内乳制品的销售主要在超市、母婴店和网络三个渠道，占比分别为 45%，42% 和 13%，而欧美国家主要通过药店销售奶粉。国家对药品的监管更为严格。为提高消费者信任度，自 2013 年开始，我国也开始试行在药店专柜销售婴幼儿配方奶粉[①]。第三，加大整治国内乳品市场和奶站、加大市场建设、强化渠道管控。第四，与国外企业合作，到海外成立研发中心、收购国外的乳品企业。蒙牛集团在 2014 年与美国的 WhiteWave 合作，伊利与美国的 DFA（Dairy Farmers of America）进行合作，光明收购了新西兰新莱特乳业公司 51% 的股份和澳大利亚玛纳森食品公司 75% 的股份。第五，企业到国外建立专属牧场。第六，定期邀请媒体和公众来工厂参观，了解产品生产工艺流程以及对产品的质量控制，消除消费者的不信任。

3.2.3　市场机制其他制度条件的完善

市场化治理机制是治理柠檬市场的有效机制之一。在早期，由于上述诸多的条件的不完善，市场机制并不能有效发挥作用。在行政性治理机制也失效的情况下，就造成了我国早期食品安全事件频发的状况。市场化治理机制要求的外部环境更为复杂，要求国家整体宏观经济环境、政治环境、文化环境等诸多因素的共同配合，所以它的完善可能是一个漫长的过程。但是，近年来我国的一些环境的变化，对于市场机制的发挥起到了一定的推动作用，如：①随着我国总体发展水平的提高，中等收入

① 章薪薪 . 食品安全事件对乳制品产业的影响及其溢出效应研究［D］. 杭州：浙江财经大学，2014.

阶层的扩大，购买力越来越强大，会对高质量产品形成强大的市场需求；②网络的普及、淘宝、天猫等消费者购物评价平台的完善，消费者之间的信息交流更充分，传播速度更高，消费者联盟更容易建立；③海外代购、欧亚直通车的开通，消费者有更多的产品选择，对企业的约束更强，企业自觉维护高质量的内在驱动增强；④国家廉政建设的深入持续推行，监管被俘获的风险增加，规制机构和规制企业合谋的动力减弱；⑤提升消费者的赔偿力度、完善消费者有奖奖励政策。消费者直接食用食品，最关心食品安全，但是消费者是分散的群体，目前还没有形成能够与政府、企业相抗衡的势力，所以众多的消费者即使在消费中消费权益受到侵害，消费者也很少积极进行抗争。因此，政府能否设置有效的激励机制，对于我国食品安全状况的改善具有重要意义。我国政府激励消费者维护自身利益、捍卫食品安全的激励措施主要有：提升消费者的赔偿力度和实施有奖举报制度。我国 1994 年颁发的《中华人民共和国消费者权益保护法》规定是：如果消费者发现经营者提供的商品或服务具有欺诈行为，消费者可以按照“退一赔一”的标准要求赔偿。职业打假人的出现增强了公众与违规生产的抗衡力量，为了鼓励职业打假人的打假行为，2013 年我国最高法在法律层面上肯定了“知假买假”行为。2014 年新实施的《消法》，将“欺诈行为”的赔偿额度从“退一赔一”提高到“退一赔三”，最低 500 元的赔偿额度。2015 年我国出台了“史上最严”新广告法，该法明确将“商品和服务与允诺的情况不符的，对消费行为有实际影响的”可以认定为欺诈。2015 年新修订的《食品安全法》明确了“退一赔十”“千元保底”的赔偿标准[①]。我国多数的食品生产企业小而分散，同时从事违规生产的企业或作坊通常会选择隐蔽的方式进行生产，这些因素的存在加大了规制难度。公众的积极参与能够提高规制效率。尤其是对于隐蔽的违规的企业生产，企业内部人士、企业周边的群众，更能提供精准的违规生产信息。为了鼓励公众参与到食品安全规制活动中，国务院在 2011 年发布《关于建立食品安全有奖举报

---

① 揭秘职业打假人：恶名在外易被拉黑 打假 30 万元起步［EB/OL］. 中国搜索财经，http://finance.chinaso.com/detail/20160315/1000200032880141458005677919144837_1.html.

制度的指导意见》，31个省、自治区和直辖市也相继制定食品安全有奖举报制度。有奖举报制度对于公众参与食品安全治理、激励公众同违规生产行为做斗争起到了积极作用。

总之，食品安全事件爆发的时间节点具有世界共性，在工业化的中期阶段是食品安全的高发阶段。同样我国在21世纪初期也爆发了严重的食品安全事件。事件爆发后，国家对食品安全问题高度重视，无论规制体制、规制的具体制度、市场机制的发挥条件等，我国都做出了重大的调整。在共同努力下，我国食品安全规制浅层次问题都得以解决，食品安全状况发生了显著改变。

3.3 国家重大发展战略为食品安全规制拐点实现提供契机

规制制度绩效与规制环境密切相关。实现我国食品的长久安全是众多学者研究和政府食品安全规制的终极目标。食品安全规制制度设计固然重要，但规制制度绩效与规制环境密切相关，只有把握住规制环境变化拐点并及时调整规制战略才能起到高屋建瓴的作用。

我国的食品安全问题与地方政府规制效率、农业产业组织不合理、信息不对称、生态农业发展落后、高质量产品供给成本高等系列问题都有关系。而农业产业组织的变化、信息不对称、高效生态农业的发展，这些状况的改变需要重大力量的推动。有时候如果外在规制环境达不到，单纯依靠政府的强制性政策很难达到预期目的。但是一旦碰到大的历史机遇，抓住了这一历史机遇，众多的困难都可能迎刃而解。而目前积极推进的“四化协调战略”等国家战略为我国食品安全规制拐点实现恰恰提供了千载难逢的历史契机。

还需要特殊强调的是，政府的规制改革是否推进在很多情况下是规制的“成本和收益”综合权衡的结果。食品安全是全产业链的安全，如果规制的重点仅集中于食品的产后环节，食品的生产环节不能保证提供安全食品，那么后续的改革即使大力推动也不能从根本上改变食品安全状况。源头食品的安全是食品安全的重要保证，因此，产地的生态布局必须与新农村社区建设和城镇化建设同步进行甚至是提前进行，一旦错失该时机食品安全规制成本必将上升、规制绩效也难以提升。而我国目前正在推进的“四化协调发展”战略，为农业产业组织优化、产品集中度的提升、信息不对称状态的改变、规制重点的前移提供了千载难逢的机会。

3.3.1 国家生态文明建设战略为食品产地安全提供保障

近年来，食品安全事件层出不穷，原因是多方面的，但生态环境恶化是显而易见的重要原因之一，而且是其中最难治理的原因之一。首先，水污染问题日益严重。据《2015 中国环境状况公报》的资料显示：在 5118 个地下水水质监测点中，水质为优良级的检测点所占比例仅为 9.1%，而水质为较差级的监测点所占比例高达 42.5%，水质为极差级的监测点所占比例为 18.85%。全国地表水水质总体上不容乐观，有近 1/10 的地表水控断面已经丧失了水体使用功能，全国 1/3 以上的水域都受了不同程度的污染。水是生命之源，是人类发展不可缺少的重要资源，水直接作用于人体和其他诸多食品生产工程，水源污染，水质恶化必将导致食品污染，引发食品安全问题。其次，土壤污染问题不容忽视。据 2014 年发布的《全国土壤污染调查报告》显示：我国土壤污染状况不容乐观，全国土壤总超标率达到 16.1%，耕地土壤污染问题突出，土壤点位超标率达到了 19.4%[①]，污染物有铬、镍、铜、汞、铅、滴滴涕和多环芳径等多种重金属。土壤中的有害物质累积必然导致粮食、蔬菜、瓜果等农产品中的有毒有害物质增加，直接或间接作用于食物链动态平衡系统，引发食品安全问题。再次，农药、化肥、兽药污染问题突出。为了提高产量和使卖相更好看，农药在我国农产品生产过程中被广泛使用，甚至过度使用，导致的直接结果就是

---

① 姜德波，彭程．城市化进程中的乡村衰落现象：成因及治理——“乡村振兴战略”实施视角的分析［J］．南京审计大学学报，2018（1）．

农药残留超标，据有关部门的检测数据显示，北京市场的蔬菜农药残留超标的比例已经达到了50%以上，生产基地、批发市场和农贸市场的残留超标比例分别达到了22.2%、56.2%和65.5%。[①] 兽药和饲料添加剂也被广泛地应用到畜类产品的生产中，造成动物性食品污染问题日益严重，市场上有近1/4的猪肉和猪肝中检测出瘦肉精，近1/5的禽肉和水产品中检测出激素，超出10%的奶粉中亚硝酸盐超标[②]。不解决农药、化肥和兽药的过度使用问题，食品安全问题就无法彻底解决。

生态恶化是引发食品安全的重要原因，必须把食品安全问题纳入生态文明的框架下解决。从“九五”以来，为了改善生态环境，我国进行了大规模的生态环境建设，如实施水土流失的治理、天然林的保护、水污染的防治以及退耕还林还草等生态项目工程，这些生态环境项目的实施对于生态环境的改善起到了一定的作用，但并没有改变我国生态环境进一步恶化的势头，最根本的原因在于，这些项目工程还是在工业文明的框架下寻求环境可持续发展的路径，并不能从根本上解决我国的生态环境问题。在对工业文明的负面效应进行反思的基础上，我国先后提出了“生态良好的发展道路”“新型工业化道路”“建设资源与环境友好型社会等一系列战略思想[③]，在这一系列战略思想的理论准备和实践探索中，党的十七大报告第一次明确提出“生态文明建设”的概念，党的十八大报告再次强调生态文明建设的重要性，强调要把“生态文明建设融入经济建设、政治建设、文化建设和社会建设的全过程，建设美丽中国”，生态文明从哲学概念上升为国家的经济社会发展战略。生态文明相对于工业文明来说是更高层次的文明状态，强调人与自然、人与人和人与社会的和谐发展。生态文明也表现为一种全新的消费意识和发展意识，并不是所有的动物和植物都可以成为食品，必须维持生态系统的平衡，保护环境、保护生态，这样也是保护

① 谢建治，等．保定市郊土壤重金属污染对蔬菜营养品质的影响［J］．农业环境保护，2002（4）：325–327.

② 许忠明，薛全忠．生态文明语境下的食品安全溯因［J］．自然辩证法研究，2014（1）：100–104.

③ 宋华．对生态文明建设国家战略落实的初步研究［J］．经济体制改革，2008（6）：58–61.

人类自己。生态文明上升为国家战略对政府、企业和社会公众都形成了显性压力，政府政策制定必须向公众健康倾斜，更加关注生态建设和生态治理，2015年5月，国务院发布《关于加快生态文明建设的意见》，这是就生态文明建设作出全面部署的第一个专题文件。企业必须在政策指导下，努力采用更环保的技术来生产食品，将食品质量安全放在第一位，才能求得长远的发展；社会公众必须改变消费方式，采用更健康更环保的消费模式，倒逼企业重视食品安全，督促政府加强食品安全质量监管。

3.3.2 全面建成小康社会战略目标促使政府政策向公众健康倾斜

“民以食为天，食以安为先”，食品安全是关系到国计民生的重要物质基础，食品安全既有要“量”的安全也要有“质”的安全[①]。改革开放以来，我国农业迅速发展，农业劳动生产率不断提高，粮食单产不断提高，目前已经解决的食品安全“量”的安全问题，而“质”的安全问题则更加突出，诸多有毒有害物质进入食品生产过程，严重损害了人民群众的身体健康，而居民健康则是小康社会建设的重要衡量指标。

“小康”一词最早来源于《诗经》：“民亦劳止，汔可小康”，作为一种理想的社会模式，反映了我国古代思想家的社会理想。改革开放以后，邓小平同志将这种朴素的社会理想同我国的现代化建设相结合，用“小康”来诠释我国的四个现代化，并提出：“所谓小康，就是20世纪末，国民生产总值达人均800美元”，20世纪末，我们已经实现了这一目标。2002年11月，党的十六大提出：“要全面建设小康社会”，同时丰富了小康社会的内涵[②]。党的十八大报告正式提出“到2020年全面建成小康社会”，进一步发展了小康社会的内涵和意义。而要实现这一目标，我国仍面临着诸多的困难和挑战，其中食品安全问题频发引致的公民身体健康损害和诸多食源性疾病就是其中重要的一项。因病致贫，因病返贫现象将制约全面建成小康社会目标的实现。因此，全面建成小康社会战略目标的提出对政府形

---

① 吴永宁．从科学发展观看小康社会建设中食品安全与经济发展的关系［J］．首届中国生态健康论坛（会议论文），2014（12）：83-88.

② 张战胜．城市全面建设小康社会的环境指标体系研究［D］．长春：吉林大学，2004.

成了更加强大的显性压力，使政府的政策向公众健康倾斜，多管齐下，加强食品安全监管，提升食品安全质量，以期不断提高人民的营养和健康水平，最终到 2020 年，实现全面建成小康社会的目标。

3.3.3 “工业反哺农业”的国家战略推动社会资本进入农业领域

（1）工商资本进入农业的原因

① 国家战略的变化。

工商资本进入到农业领域具有深刻的时代背景。“三农”问题关系到我国现代化、工业化、城镇化、共同富裕、可持续发展的重大问题。目前我国农业发展虽有长足发展，但依然是国民经济的薄弱环节。农业的滞后发展成为阻碍我国经济持续发展的因素。由于农业生产要素价格的上升，农业基础设施的荒废等原因，我国农业生产的效益普遍较低，有数据显示，一个劳动力种植一亩玉米的年纯净收入仅有 190 元，种植小麦的年纯收入是略有收益，甚至是入不敷出。党的十七届三中全会强调为了更好地解决十三亿人口的吃饭问题，保障国家粮食安全调动广大农民种粮积极性，取消了农业税并制定了多种补贴政策，对种粮农民直接补贴、农机具补贴、良种补贴、农业保险补贴等。但是种粮收入与农民外出务工的非农收入相比还是相差较大，农业的相对收益低成为耕地撂荒的主要原因。因此，“在家种田，不如外出挣钱”“要想奔小康，必须背井离乡”，外出务工成为青壮年农民的首要选择。在城镇化进程加快的背景下，进城务工的农民工数量急剧增加。国家统计局网站公布的数据显示：2013 年全国农民工数量达到 2.69 亿人，2017 年全国农民工总量达到 2.87 亿人，但是外出务工农民工打工的前景不确定，在社会保障制度不完善、国家对农业补贴不断增多、农地收益增多的背景下，进城务工的农民仍然不愿放弃土地，仍把土地作为老年后退守农村的基本保障。因此，随着我国城镇化快速推进，全国土地撂荒严重或者处于低效率生产状态，农业的非稳定生产必将威胁国家的粮食安全和国家经济政治稳定。同时，随着居民收入水平的提高，消费者对农产品的要求更高，希望有质量更高、品种更为丰富的食品，而我国传统的农民提供的产品，产品结构单一，农产品结构性供需矛盾突出。为了确保国家粮食安全、调整农产品结构、提高农业生产效率，国家多次出台政策鼓励工商资本下乡从事农业规模化生产。因此，我国连续 12 年中央发布的一号文件都是聚焦“三农”。在我国经济历经 30 多年的高速增长后，中央政府启动了“工业反哺农业，城市支持农村”的国家战略。

农业的发展将依靠农业现代化来实现。农业的规模化经营是农业现代化的重要的前提基础。近几年中央一号文件多次把农业现代化和土地规模流转提到重要位置。地方政府为响应中央政府号召，也努力把农业现代化的规模化经营打造成为“区域发展亮点”的重要利器。但是传统的农民具有弱质性特征，农民由于缺少抵押物、缺少资金、缺乏现代企业的要素运转能力，也没有参与市场竞争的积极性和渠道，因此弱质性的农民难以在自然成长的环境下在短期内成为国家发展农业现代化的依托主体。为了加快改造传统农业，走中国特色农业现代化道路，我国试图通过培育新型农业经营主体以及推广农业产业化等手段实现农业现代化[①]，重视提高农业生产中的资本、技术等现代生产要素的比重，因此，国家特别加大了对大田示范项目、种粮大户、专业大户、家庭农场、农民合作社、新兴农业经营主体、主产区的倾斜政策，尤其鼓励工商资本的发展。十八届三中全会的《决定》和 2016 年国务院发布的《关于完善支持政策促进农民持续增收的若干意见》都明确鼓励工商资本进入农业领域，发展农业多种经营。国家的战略调整为工商资本进入农业生产领域提供了巨大的政治支持。

② 资本逐利的本性是推动工商资本进入农业的根本动力。

农业一直是一个低收益的产业，但是目前农业的内外部环境的变化，农业的收益正逐渐提高，高的利润率是吸引工商资本进入农业的根本动力。这主要有以下几方面的原因。

第一，从产业链来看，由于科技水平和生产技术的提升，农业产业链拉长，农业利润率提高。传统农业的农产品多为初级农产品和初级加工农

---

① 杨小燕 . 建设现代农业产业开发区助力农业农村经济发展——关于设立阳曲现代农业产业开发区调查分析报告［J］. 农村经济与科技，2018（5）：193-196.

产品，其附加值小，同时，由于是初级产品，产品的相似度高同质性强，产品市场接近于完全竞争市场，产品的售价低，所以利润率低。但是由于科技力量的发展，农产品的开发向纵深发展，产品的附加值不断增加。例如，以我国常见的农作物玉米为例，玉米的产业链不断被拉长，玉米深加工项目不断增多。玉米不仅是人们的口粮和“饲料之王”，同时通过采用物理、化学方法和发酵工程等工艺技术对玉米进行深加工，以玉米为主要原料加工成的工业产品已经高达3000多种。我国玉米深加工产品的种类很多①：淀粉及其衍生物系列；食用酒精、燃料乙醇等酒精系列产品；饲料系列；食品系列；替代石油的化工醇系列。随着加工层次的不断加深，形成了玉米经济系统。玉米深加工后的附加值比原来要高出很多。2015年标准水分玉米进厂价每吨1800～2000元②，加工成玉米淀粉后，每吨的价格更高。2015年11月27日部分地区一级食用玉米淀粉市场价格为：黑龙江绥化地区2340～2360元/吨，吉林四平地区2380～2400元/吨，山东潍坊地区2550～2580元/吨，河北邢台地区2480～2500元/吨，广东广州地区2680～2700元/吨③。玉米食用酒精的价格为4800元/吨④。玉米也可以深加工为玉米色拉油，其利润率约为30%，如果将脂肪酸转化为生物柴油利润空间更大。生态农业利润率可达60%。总之，随着农产品深加工的推进、产业链视角下的农业投资收益还是较高的。在目前房地产库存大、工业产能过剩的背景下，农业对工商资本的吸引力明显加大。

第二，在食品安全事件频繁发生后，公众对安全食品的需求不断增多，公众愿意为安全食品支付更高的价格，高的价格可能会扭转原有农业领域内的低利润率状况。从京东商城的价格来看，以有机蔬菜为例，有机短豆角30元/斤，有机上海青11.25元/斤，有机白菜10元/斤，有机

---

① 李志云.玉米的加工转化及利用［J］.山西农经，2012（12）.

② 2015年玉米收购价格：受雨雪天气影响 用粮企业灵活调整玉米收购价格［EB/OL］.玉米信息网，http://www.cnjidan.com/news/750715/.

③ 2015玉米淀粉价格预测：后市玉米淀粉价格上涨幅度受限［EB/OL］.玉米信息网，http://www.cnjidan.com/news/744612/.

④ 长期供应优级玉米酒精，食用酒精价格［EB/OL］.志趣网，http://www.bestb2b.com/business_64742068.htm.

塌菜 21 元 / 斤[①]，这些菜的价格都是普通蔬菜的几倍，高的高达 10 倍。很多的工商企业进入农业领域后，选择的经营品种多为有机食品种植或者养殖。比如恒大集团正式进军现代农业、乳业和畜牧业，投资将超过 1000 亿元，其产品就是有机产品。河南天和绿色蔬菜生产基地全国的种植面积高达 2 万亩，其进军领域为蔬菜行业，主要生产绿色有机蔬菜。河南君源生态农业有限公司种植面积高达 3800 多亩，其产品主要为有机蔬菜。

第三，在目前城镇化加速的情况下，原有种植农产品的土地，由于房地产等产业的侵蚀，种植面积减少，农产品的供给量减少。同时，大量的农民工流入城市，农民工与土地的分离状态更为明显，农产品的需求增多。在供求机制下，农产品的价格将持续走高。

第四，从整体产业链的角度出发，由于工商资本的进入，工商资本通过纵向一体化等多种方式将产业链上的生产、加工、储存、销售等多个环节融合在一起，减少了中间环节，将降低交易成本，增加其利润。同时，由于种植或者养殖规模变大，下乡工商资本在原材料采购、产品销售等环节都可能降低费用，提高其费用。有些大型企业采用自己独立的物流渠道、销售渠道，甚至是采用网上直销，让生产基地和消费者直接对接，采取订单销售。中间环节的减少，将减少交易费用，提升生产利润。

第五，在土地大量撂荒的背景下，土地最初在亲朋好友之间进行无偿流转或者低价流转。城镇化和工业化的快速发展为最初工商资本进入土地流转、进行农业生产提供了关键基础。

第六，中央对下乡工商资本的政策激励降低了农业生产风险。对于人口大国而言，农业是立国之本，强国之基。历年来我国对农业都是高度重视。政府的政策扶持和资金补贴大大降低了农业生产风险。自 2004 年中央一号文件以来，我国连续 14 年中央发布的一号文件都是聚焦“三农”。为了实现农业现代化，我国开始大力培育新型农业经营主体、鼓励农业产业化，加大资本、技术等现代生产要素在总投入的比例，因此农业部、国

---

① 有机蔬菜 - 搜狗购物［EB/OL］. 京东商城报价，http://gouwu.sogou.com/shop?p=40251500&query=%D3%D0%BB%FA%CA%DF%B2%CB.

家发展改革委、财政部、商务部、科技部、工信部、扶贫办等多个部门，对农业的种养类、加工类、流通设施类、基本建设等进行了立体式多门类的补贴。国家特别加大了对粮食主产区、大型现代化种植基地，以及新兴农业经营主体如种粮大户、专业大户、农民合作社等倾斜性政策支持力度。为了增加农民种粮收入、提高农民种粮积极性，中央在多年前已经对农业实施“四补贴”政策：①种粮农民直接补贴；②农资综合补贴，即国家对农民购买农业生产资料（包括化肥、柴油、农药、农膜等）实行的一种直接补贴制度；③良种补贴，良种补贴资金全部直接补贴给种植的农户（农场职工）；④农业机械购置补贴。补贴资金向粮食作物种植大县、农机化示范区（县）、保护性耕作示范县、病虫害防控重点县适当倾斜。党的十八届三中全会明确鼓励工商资本发展现代种养业。

中央对农业的补贴金额也在不断增加。2002 年中央用于农业的补贴资金为 1 亿元。2012 年国家对农业的补贴金额达到 1600 亿元。2013 年国家的农业补贴金额达到 2000 亿元，直接补贴的主要四项政策为：种粮直补、农资综合补贴、良种补贴和农机购置补贴。2014 年中央拨付各种农业补贴 1222 亿元。2015 年中央拨付的农业补贴金额为 1434 亿元，财政资金拨付的重点向新型经营主体倾斜，目的是提高粮食集约化水平、社会化水平、转变粮食生产和发展模式。2016 年我国的农业补贴金额高达 2011 亿元，创历史新高。近年来，我国经济增长幅度下行，财政收入不断减少的背景下，中央还继续增加对农业的投入，充分说明了中央对农业发展的重视。

③ 现代农业建设和发展本身需要资本投入。

从经济学边际产量递减规律来看，长期以来我国的农地—资本比例一直不合适，所以农业生产效率低。因此，要推动传统农业向现代农业的转变，增加资本的投入量，扭转资本与土地、劳动要素配置失衡状态是重要的解决路径。2011 年“十二五”规划纲要提出加快发展现代农业。资本是我国发展现代农业的关键。与传统农户相比工商业资本在人力资本、社会资本等多方面具有先天优势，由于资金、资本方面的优势，工商资本在建设农业基础设施、采用新型农业机械、开发新型生产方式经营方式、开发新品种方面都具有优势。同时，工商资本可以进入农业的全产业链生产、提高各个环节的衔接效率、有利于降低市场风险。同时，工商资本还可以扩展到农村经济、社会生活的方方面面，为农业、农民和农村的全面发展奠定基础。

④ 地方政府政治力量推动是工商资本大量进入农业领域的最重要推力。

我国是一个中央集权制国家，中央政府和地方政府在经济社会发展中具有重要地位，政府是国家现代化变迁的主要推动主体。在我国经济历经 30 多年的高速增长后，中央政府启动了“工业反哺农业，城市支持农村”的国家战略。近几年中央一号文件多次把农业现代化和土地规模流转提到重要位置，农业现代化的规模化经营成为打造“区域发展亮点”的重要利器。规模化种植成为政府考核农业现代化的重要指标，甚至成为中央政府考核地方政府的政治指标，地方政府自然将规模农业发展作为当前重要的政治任务，农业规模发展这一经济发展问题自然就转变为政治问题。在我国“锦标赛”“干部年轻化”的考核晋升方式下，地方政府必将竭尽全力推进农业规模化经营，各级地方政府必将层层放大上级所设定的目标值。目前农村主要的经营主体为家庭农场、合作社、农业企业、散户农民等。农民具有弱质性特征，农民由于缺少抵押物、缺少资金、缺乏现代企业的要素运转能力，也没有参与市场竞争的积极性和渠道，因此弱质性的农民难以在自然成长的环境下在短期内配合地方政府完成规模农业的政治任务。同时，我国自古以来多是依靠行政体系和基层农村组织同农民打交道，但几乎没有通过市场化组织体系给农民打交道，地方政府如果直接组织农户进行规模化经营，由于交易对象人数众多，交易成本高昂，而现代农业企业却具有规模大、资金雄厚、成熟有效的组织体系和组织模式等诸多特征，从治理体系的角度来看，政府与现代农业企业打交道能够有效地减少组织成本、交易成本，提高政府工作效率。因此现代农业企业受到地方政府青睐，成为地方政府推广规模化经营的主体[①]。因此，地方政府通过工商资本下乡的方式，发展规模经济变成为目前土地流转的主导形式。由于土地规模流转与地方政府的政治任务、政绩相连接，地方政府通常是不

① 王海娟 . 资本下乡的政治逻辑与治理逻辑［J］. 西南大学学报，2015（7）. 47–53.

计成本地支持工商资本下乡，支持工商资本在土地流转中发挥主体作用。中央政府制定了一系列的惠农支农政策，而这些政策在地方政府的实施过程中，政策支持和资金支持多向工商资本大户、专业大户、家庭农场、农民合作社、农业标准化示范县、国家现代农业示范区倾斜。2015 年农业补贴政策第六条、第十六条和第十七条都对此做了详细说明。同时，农业综合开发办公室、财政部、农业部、供销合作社、国家扶贫办、各省的科技厅、科委都出台了一系列针对规模农业种植大户、养殖大户的各种方式的资金支持政策。这些政策的出台必将推动我国农业的规模化发展、并带动农业现代化的实现。

（2）工商资本进入农业生产领域的现状

① 工商资本大规模进入到农业种植领域。

在一系列政策鼓励下，大量的“资本下乡”。资本的来源既有村庄内部的农村资本，又有农村外部资本（包括工商资本和跨国资本）（仝志辉、温铁军，2009）。早期工商资本主要是售卖农业生产资料、加工农产品，此次下乡的工商资本直接进入农业生产环节，直接从事蔬菜、粮食、畜牧业生产。在国家政策的推动下，此次工商资本上百亩上万亩地流转土地，农业规模化经营迅速在全国推广开来。据农业部统计，截至 2012 年 12 月底，工商企业流转的耕地面积高达 2800 万亩，占流转地总面积的 10.3%[①]。截至 2016 年 6 月底，在全国中流入工商企业的耕地面积为 4600 万亩。

在农业种植环节农业企业采取的经营方式有：第一种是从村集体组织中承包土地或者直接从农民手中承包土地。第二种是以公司 + 农户、中介组织 + 农户、农产品交易所 + 农户等经营方式间接进入农业生产环节，这些方式以技术推广、资金融通、销售保障等为主要特点。

从公司的层面来看，很多大公司早已在农业领域投入重金。联想集团通过收购其他农业企业，在 2012 年先后在山东、辽宁、四川、湖北等地建立了 1.5 万亩的规模化的蓝莓基地。2013 年联想集团建成全国最大的猕

① 董俊．中央一号文件鼓励“资本下乡”［EB/OL］．2013-02-15.

猴桃种植企业。2014 年恒大集团投资 1000 多亿元在东北大兴安岭建立有机生态圈，正式进军现代农业、乳业和畜牧业。

② 大规模进入畜牧养殖业领域。

国家为了提高农产品品质，鼓励畜牧业的规模化养殖。在每年的农业补贴中，国家逐年加大了对畜牧业的补贴力度。自 2007 开始，国家在全国范围内每年出资 25 亿元扶持生猪标准化养殖场（小区）建设。从 2008 开始，国家在全国范围内支持奶牛标准化养殖场（小区）的建设，2008 年、2009 年、2013 年国家的投资金额分别为 2 亿元、5 亿元和 10.06 亿元，国家的扶持力度不断加大。同时，自 2012 年开始中央财政每年新增 1 亿元支持内蒙古、四川、西藏、甘肃、青海、宁夏、新疆以及新疆生产建设兵团肉牛肉羊标准化规模养殖场（小区）开展改、扩建。2014 年国家继续支持畜禽标准化规模养殖[①]。国家除了对养殖场的基础设施进行支持外，还加大了规模养殖场养殖的牲畜的补贴力度。养殖规模越大，国家的奖励资金越多，具体见表 3-4。国家对规模养殖场的扶持，促使大量的社会资金进入到畜牧养殖业，推动了规模养殖场的蓬勃发展。在这里我们以农业大省河南省为例进行分析。

表 3-4　2016 年和 2017 年国家对标准化、规模化养殖小区的补贴[②③]　单位：万元

生猪的补贴	奶牛的补贴	肉牛的补贴	养羊的补贴
3000 头以上补贴 80	1000 只以上补贴 170	100 至 299 头补贴 30	1000 只以上补贴 50
2000 至 2999 头补贴 60	500 至 999 头补贴 130	300 头以上补贴 50	700 至 999 头补贴 35
1000 至 1999 头补贴 40	300 至 499 头补贴 80		500 至 699 头补贴 20
500 至 999 头补贴 20			300 至 499 头补贴 15

资料来源：国家官网公布的养殖业畜牧业补贴政策整理得到。

① 2015 年国家对于生猪养殖业的补贴政策汇总［EB/OL］. 中商情报网，http://www.askci.com/news/chanye/2015/02/02/14638nwi.shtml.

② 2016 年有哪些畜牧业补贴最新政策［EB/OL］. 土流网，http://www.tuliu.com/read-34488.html.

③ 2017 年养殖业补贴政策 2017 国家农业养殖项目补贴标准［EB/OL］. http://www.xuexila.com/zhishi/fagui/2151532.html.

①畜牧养殖业现状——生猪产业的规模化发展状况。

河南省是养猪大省，养猪业在整个畜牧产业中的地位举足轻重。近年来河南省规模养猪业的发展非常迅速，我们以河南省的数据为例进行说明。2015年的统计数据显示：河南省年出栏量1万头以上的猪场有583家，出栏量占生猪出栏总量近18%；年出栏500～1万头猪的养户有3万多户，出栏量占生猪出栏总量的62%；年出栏500头猪以下的养户约106万户，出栏量占生猪出栏总量的19.6%。生猪的养殖散户正在加速退出，同2011年相比，2015年河南散养户相比减少了9万户。万头以上的养猪场的数量却不断增加，其规模比重也明显上升，已经从2007年的52%上升为2016年的78%。2016年以后河南省的养猪产业会逐步控制在6500万头出栏左右[①]。河南省生猪规模化养殖的趋势已经非常明显，如表3–5所示。

表3–5 河南省历年来生猪发展状况

年度	存栏量（万头）	出栏量（万头）	万头以上猪场（个）	规模比重（%）
2007	4185.5	4488.8	254	52
2008	4462	4847.9	370	58
2009	4528.9	5143.6	460	62
2010	4547	5390	481	69
2011	4569	5361.2	524	75
2015	4376	6171.2		
2016	4284.1	6004.6	583	78
2017	4390	6220		

资料来源：由中国产业信息网提供。

河南省生猪规模化养殖的快速扩张，是雏鹰、牧原、正大、正邦等省内外畜牧业龙头企业加速产业布局和社会资本不断进入的结果[②]。雏鹰集团率先投资40亿元在三门峡实施100万头生猪产业化项目，截至2012年8

① 河南省畜牧局副局长杨文明在2016年河南省养猪行业协会“牡丹之约会议上的发言。

② 11月26日，河南省畜牧局畜牧处处长任心俊在2016年河南省养猪行业协会“牡丹之约会议上的发言。

月底，项目已完成投资5.3亿元，建成生猪养殖单元320个，存栏生猪达3万头。该集团在襄城县建设的年出栏30万头生猪产业化集群项目、在卫辉市建设的100万头生猪项目、在尉氏县建设的60万头生猪项目都已陆续开工。河南牧原食品股份有限公司平均每年至少建成2个万头养猪场。截至2012年10月，牧原公司已经拥有30个万头猪场，年可出栏生猪105万头。牧原公司在唐河建设了存栏1万头母猪项目、出栏30万头生猪项目，在邓州市建设的年出栏100万头生猪养殖项目已开工建设。正大集团在河南的生猪全产业链发展项目拟投入200亿元，规模定为500万头，2012年11月投资2.7亿元的洛阳正大食品有限公司正式建成投产，年屠宰生猪量150万头，是正大集团在我国投资的第一条生猪屠宰生产线。正大集团还将在延津县投资2.5亿元建设种猪场和配套育肥场、在内黄县建设600头曾祖代种猪场，在新安县投资5.5亿元建设2400头祖代种猪场和6600头繁育场。河南省畜牧局与正邦集团签署了400万头生猪产业化战略合作框架协议，按照战略合作框架协议，正邦集团将累计投资80亿元，完成在河南省400万头生猪的产业大布局。河南省畜牧局与雨润集团签署了500万头生猪养猪战略合作框架协议。众品集团为实现从“源头”到“餐桌”的全程食品安全系统管控，联合饲料公司、种猪场、金融机构、政府畜牧部门以产业联盟的形式开展规模扩张，该公司拟投入100亿元，已经建成了480多家规模化养殖场，年出栏生猪近400万头。

河南省已经成为全国的第二大生猪养殖大省。河南省的畜牧业正由传统畜牧产业向现代畜牧产业转型，布局区域化、养殖规模化、品种良种化、生产标准化、经营产业化、服务社会化趋势已经非常明显。

②河南省畜牧养殖业的现状——肉鸡产业规模化发展状况。

随着这几年社会资本的进入，河南省的肉鸡规模化养殖的趋势逐渐显现。河南大用集团、河南永达食业集团、河南固始三高集团是河南省本土大型规模化养殖企业。在2012年的时候，周口大用项目计划总投资近35亿元。一期工程已经建成投产了一个年屠宰1亿只肉鸡加工厂，年出栏300万只肉鸡的养殖小区30个；二期工程的规划建设规模更大，每年可供应肉鸡2.2亿只，周口大用项目全部落成后，将成为国内最大规模的白羽肉鸡生产和加工基地。河南永达食业集团是“农业产业化国家重点龙头企业”“中国肉类行业五十强企业”，该集团在2012年在滑县投资16亿元建设新项目，该项目可年孵化鸡苗1.5亿只、存栏商品肉鸡1440万只、屠宰加工肉鸡1亿只。洛阳利华公司在伊川县投资5亿元特色肉鸡项目。河南省肉鸡规模化养殖比重快速发展，年出栏10万只以上的规模养殖比重快速增加。河南省省畜牧局2012年第三季度统计数字显示：河南存栏肉禽超过8亿只，肉鸡规模化程度达97%。

③ 河南省畜牧养殖的现状——肉牛产业规模化发展状况。

随着我国社会经济的快速发展和人民生活水平的不断提高，高档牛肉的市场需求量逐年增加。河南作为全国肉牛生产第一大省，实施高档牛肉生产开发、提升肉牛业生产水平、增强牛肉产品在国际市场的竞争力、带动肉牛产业良性循环发展势在必行。2011年12月27日，全省优质高档牛肉生产开发启动会在渑池县举行。据了解，今后一个时期，河南将以安格斯杂交牛生产高档“雪花牛肉”，以皮埃蒙特杂交牛生产高档“红牛肉”，以南阳牛、郏县红牛和夏南牛生产高档特色牛肉，打造优质高档牛肉产业链[①]。

表3-6 2010—2015年河南省及全国肉牛产业状况

年份	河南肉牛年末存栏头数（万头）	全国肉牛年末存栏头数（万头）	河南省占全国百分比（%）	河南牛出栏数量（万头）	全国肉牛年末出栏头数（万头）	河南省占全国百分比（%）
2010	1010.2	10543.0	10	551.94	4150	13
2011	955	10626.4	9	545	4450	12
2012	908.21	10360.5	9	534.65	4800	11
2013	905.11	10343.4	9	535.5	4880	11
2014	918.2	10300.0	9	546	4790	11
2015	934.0	10045.0	9	548.2	4900	11

资料来源：智研咨询发布的《2017—2022年中国肉牛养殖市场分析预测及发展趋势研究报告》。

河南肉牛饲养的历史悠久，具有良好的发展基础，每年的肉牛存栏头

① 陈岱辉.郏县红牛肉用新品培育和高档牛肉开发思路［J］.中国牛业科学，2014（3）.

数和出栏头数都占全国的 10% 左右（见表 3–6），牛肉产量也居全国前列，河南省是全国的肉牛生产大省。近年来在国家扶持肉牛政策的激励下，肉牛市场刚性需求的拉动下，肉牛的饲养收益增加，肉牛养殖户和养殖企业投资的积极性增高，肉牛产业的呈现良好的发展态势。

恒都集团、科尔沁集团、皓月集团等国家级现代农业产业化重点龙头企业纷纷在河南省布局。2012 年 1 月恒都集团在驻马店泌阳设立河南恒都夏南牛开发有限公司，恒都集团在泌阳县投资 6.5 亿元建设了 3.8 万头夏南牛饲养基地，投资 2 亿元建设了年屠宰 15 万头肉牛生产线。2007 年科尔沁集团在南阳市新野县独资兴建了科尔沁牛业南阳有限公司。集团公司计划投资 5 亿元，在新野县建立一个一体化的肉牛产业集聚区。在新野县国家现代农业肉牛产业集群示范区，南阳科尔沁牛业公司目前已建成万头畜位肉牛育肥场 1 个、千头畜位肉牛育肥场 10 个、500 头畜位肉牛育肥场 36 个。该公司负荷生产年产值可达到 13 亿元。皓月集团在 2005 年在河南省开封市成立了河南省中原皓月清真食品有限公司，该公司主要从事肉牛饲养、种牛繁育等项目，目前已经发展成为河南省百户重点工业企业。产业规模明显扩大。本土企业也通过拉长产业链、精深加工提升市场竞争力。在这些龙头企业的带领下，河南省肉牛产业的产业规模不断扩大、规模效应日益显著。同时，这些企业着眼高端，走高端发展之路。

④ 河南省畜牧养殖业现状：奶牛产业跨越发展。

“十二五”以来，河南省奶业持续稳定发展，自 2010 以来奶牛存栏量一直稳居全国前六名，奶类产量稳居全国第四名（见表 3–7）。政府先后投资 5.22 亿元，社会投资 18.5 亿元，用于大规模场区标准化改造和奶业的转型升级。截至目前已经实施标准化改造奶牛场区 332 个，新建 200 头以上奶牛养殖场区 155 个，全省规模比重达 87%，其中存栏 100 头以上奶牛规模养殖比重达到 58.7%，高出全国平均水平 13.7 个百分点，规模化标准化水平显著提高。同时，郑州花花牛、焦作蒙牛、济源伊利、南阳三色鸽、商丘科迪、洛阳巨尔等乳品加工龙头企业，通过兼并重组、战略合作，逐步形成了河南省十大奶业产业化集群，集群的产业组织水平得到提升，生鲜乳加工能力占到全省加工能力的 81%，2016 年总产值合计达到149亿元。2014年河南省出台了《沿黄区域绿色奶业发展专项规划（2014—2020年）》，拟建沿黄绿色奶业基地，在提升奶业集聚度的同时以绿色生态的方式推进河南省畜牧业的健康发展[①]。

表3–7 2010—2016年河南省奶业发展情况

年份	奶牛存栏数量（万头）	全国位次	奶类产量（万吨）	全国位次	奶类产量占全国比重（%）
2010	98.5	5	307.9	4	8.22
2011	96.1	6	321.1	4	8.43
2012	100.6	6	330.4	4	8.53
2013	100.7	6	328.8	4	9.01
2014	103.2	6	342.4	4	8.91
2015	107.8	6	252.3	4	9.31
2016	99.0	6	337.0	4	9.36

资料来源：河南省畜牧业信息网。

（3）工商资本下乡后农业资产专用性增强助推食品安全规制拐点实现

资产专用性是指为了某种交易进行的长久投资最终成为一种具有专用性的资产。专用性资产的重要特征是沉没成本高。专用性资产的多少对于企业安全生产具有重要的影响。在通常情况下，交易双方资产专用性的强弱对比对交易稳定性具有决定性作用。在双边交易中，如果在交易前交易双方的资产专用性都很强，契约具有较强稳定性；如果交易双方资产专用性的强弱具有显著差距，弱的一方毁约的倾向性强，契约具有非稳定性，如果解除契约资产专用性强的一方遭受的损失多[②]。同时，在一般情况下，资产专用性越高，企业进行安全生产的积极性越高。当农业实现规模化种植或养殖后，资产专用性进一步增强．为避免巨额损失，企业必然重视其声誉，重视食品的安全生产。同时企业还会针对市场上的仿冒、假冒产品进行打假，肃清市场不良行为，维护品牌声誉。例如，食品调料生产企业王

① 卢松：河南拟建沿黄绿色奶业基地2020奶牛存栏110万头［EB/OL］. 大河网，2014–12–07.

② 朱涛，李陈华 . 农产品流通的资产专用性、机会主义及其治理研究［J］. 农村经济，2011（11）.

守义十三香集团近10年来拿出了数千万元进行打假。同时，资产专用性提升后，如果交易双方的资产专用性不对等，资产专用性高的一方有可能被“敲竹杠”，会影响企业的稳定性发展。朱涛、李陈华（2011）实证的结果表明：在农业生产机械技术水平不高的情况下，在农忙季节农民工就会对农业企业“敲竹杠”，农民工的日工资从平时的几十元急剧上升到几百元。在农业生产经营中，资产专用性主要表现在以下几个方面。

①农产品的自然属性与资产专用性。

资产专用性的大小与农产品的自然属性密切相关。农产品的生长周期越长、体积越大，专用性越高；农产品的销售范围越小，市场需求越小，资产专用性越大；如果农产品能够存放的时间越短，其资产专用性越大。农业的规模化种植导致农产品的资产专用性进一步放大。

在我国土地流转的初期，在工商资本和种粮大户没有大规模出现之前，土地流转多是在亲戚朋友之间无偿地转让或低价转让，但是随着中央政府对规模化种植的倾向性鼓励政策出台后，大量社会资本到农村去大规模流转土地，导致短期内土地需求激增，土地流转价格迅速推高。多数土地的流转价格都高达一亩地一年1000元左右，有些还附加了分红等系列收益。为了增加土地收益，土地流转大户尤其是实力雄厚的大户多改变种植品种，由原来的粮食种植改为经济作物种植。例如，一亩水稻的年纯利润约为300元，但一亩苗木的年收益可达到5000元左右[①]，在高经济利润诱惑下，少量土地在流转后，由大田作物的种植变为经济作物的种植。有些租种户为提高收益并不改变大田作物的类型但是对原有的大田作物进行市场细分，细分种植使种植品种更为细化。有些地区大力发展设施农业、观光农业、高效农业。各地利用资源禀赋，发展品牌农业和特色农业。农业的规模化导致农产品在成熟期大量集中上市，且市场也由原来的分散市场变化为区域专业市场，消费者与市场的距离更为遥远，本地的狭小范围将难以销售大量的农产品，需要运送到外地去销售。集中大量上市的易腐烂的农产品的资产专用性就更强。农业的专业化市场、细分市场导致购

---

① 单幼英，顾新爱. 农村土地流转后种植苗木探讨［J］. 现代园艺，2012（12）.

买主体小众，市场范围小。不同的农作物的土地专用性强弱不同，如蔬菜的土地专用性弱，水果的土地专用性强。下乡的工商资本通过大规模流转土地，进行单一产品的种植，会针对种植产品进行土壤改良，资产专用性增强。

② 农业基础设施现代化将增强资产专用性。

为了保障农业高效生产，企业会增加农业基础设施投资。同时，当农业规模化生产后，龙头企业为了节省交通费用，多在农业生产基地建立工厂，建立仓库、存放农具和机械的厂房、办公场所设施等，这些设施由于在农村地头不能像城市房屋那样快速流转。这些场地设施投资越大，资产专用性就越强。

③ 农业生产机械化广泛使用增强资产专用性。

通用机械的专用性低，专用性设备的专用性强。在传统农业生产中，小农由于生产规模小，农业收入在家庭收入中所占比例不大，农户不愿意在农业生产工具上巨额投资。当农业生产规模变大后，农业生产者必须借助大型生产工具才能有效率地进行生产，在生产的机耕、起埂、育秧、播种、定苗、除草、中耕、灌溉、施肥、喷洒农药、收获各个阶段都需要借助生产工具。所以，当生产规模扩大后，农业机械的资产专用性提高。农业实现规模经营后，农业生产中的资产专用性进一步强化。刘荣茂（2006）等分析的结果是家庭耕地面积每增加 1 亩，农户会增加 25% 的投资[①]。

④ 农业人力资本专用性增强。

在小户经营模式下，农业收入少，农户投入的人力资本必定少。当农业实行规模经营后，农业企业投资巨大，如果经营不善遭受的损失也非常大，因此农业生产者会大幅度地增加人力资本投资，去学习专业的生产、储运、销售知识。同时，随着生活水平提高，公众不断提高对环境、食品安全的要求，环境友好型农业、生态农业必将成为农业发展方向。这种情

① 刘荣茂，马林靖 . 农户农业生产性投资行为的影响因素分析——以南京市五县区为例的实证研究［J］. 农业经济问题，2006（12），22-26.

况下，农业生产企业或种植大户必须与科研部门合作，聘请专家、咨询服务，建立实验室，培训农业生产工人等。因此，规模化生产后农业的人力资本专用性也得到增强。

⑤ 销售过程中的资产专用性。

在农业生产规模扩大后，产品生产量大，产品在短期内销售出去对企业持续发展至关重要。为了提高销售效率，农业生产企业不断拉长产业链，发展了“农超对接”“农贸对接”“农校对接”“农机（关）对接”“农馆对接 ”“农 + 消费者直接对接”的农产品销售模式。这些渠道的建设和维护需要投入大量资金。

⑥ 农产品品牌建设的资产专用性。

品牌本身的建立投资巨大。同时，一个地区的主打产品品牌一旦形成，该区域再建立其他品牌难度就会增加。由于品牌的核心价值对应的是一个具体的产品实体，所以之前的品牌越响，新品牌的建立难度越大。“中国大葱产业第一县”“中国土豆生产基地”“阳澄湖螃蟹”等这些地域特色显著的品牌建立后，该区域再建立其他的具有区域特色的品牌就更为困难。

⑦ 瞬时性专用资产。

农产品不易储存易腐烂，当农业实现规模化生产后，一次收获大量的农产品，如果不能快速销售、有效储存，损失巨大。与小规模经营的农户相比，农业规模化生产企业面临的瞬时专用性更强，经营风险更大。

3.3.4 城镇化国家战略为农业产业组织优化、农业生态布局奠定基础

（1）城镇化有助于有效的纵向产业组织的形成

食品安全问题的产生与产业的纵向产业组织关系和产业的动态发展阶段有密切关系。Mazé 等人的研究表明：食品质量与企业治理结构具有相关性；Weaver 等（2001）和 Hudson（2001）的研究建立在交易理论和不完全契约理论的基础上，他们研究了治理结构中的纵向契约协作和

纵向一体化机制对食品安全供给的影响。陈明、乐琦和王成（2008）以S-C-P范式为研究基础，以中国乳业为研究对象，其研究结论是：市场结构和市场绩效具有关联性，进入壁垒对内部效率有负向影响。我国的乳品企业为了实现生产的规模经济效应，企业快速扩张生产规模。在企业的扩张过程中，企业内部管理水平并没有提升，企业也不重视企业的技术，仅仅是通过“OEM”贴牌的方式扩张产量，低效率的管理水平和低的技术水平不能与激增的生产要素相吻合。同时，企业只追求扩张速度，企业新技术研发跟不上，乳品市场的产品高度雷同，产品的雷同导致企业之间展开残酷的价格竞争，产品价格降低后乳企降低了原料奶的收购价格，奶农为获取正常利润，必然减少对奶牛、生产环境卫生的投入，乳品质量下降①。杨建青（2009）从纵向产业组织形式不匹配的角度分析了食品不安全的原因。下游的乳制品生产企业经过兼并重组，其市场结构接近于寡头的市场结构，而上游原料奶生产者的生产组织方式虽然有多种模式，如农户家庭养殖、养殖场、养殖小区、新型合作社等，但农户家庭养殖模式仍以97.6%比例占据绝对优势。下游企业规模的快速扩张导致上游的原料奶生产者不能适应其发展，导致原料奶供应紧张。在政府监管不力的条件下，严重的原料奶供求矛盾诱发乳品企业勾结、漠视奶站的掺杂使假行为②。

随着我国城镇化进程加速，城镇化率已由1978年的17.92%提高到2014年的54.77%。农村劳动力向城镇的迁移，农村“空心村”的现状较为普遍，农村大量土地被撂荒或者处于低效率生产状态。农村的土地流转最初在亲朋间低成本流动，这为农业现代化、食品安全规制提供低廉的交易成本。同时，由于大量农村劳动力向城市的流动，对农业的依赖性减弱，社会资本才能低成本进入农业土地流转和进行农业生产。最后，政府大力推进农业现代化建设，鼓励社会资本进入到农业生产中，工商资本的大量进入，导致我国农业的规模化生产日益显著，大型农业企业的生产能

---

① 陈明，乐琦，王成．市场结构和市场绩效——基于我国乳业成长期的实证研究［J］．经济管理，2008（21）：46-52.

② 杨建青．中国奶业原料奶生产组织模式及效率研究［D］．北京：中国农业科学院，2009.

力明显增强。这样农业的上下游企业之间的产业组织匹配度更为契合，这为食品安全奠定了产业基础。

（2）产业集聚区的重新布局为农业生态环境改善提供契机

农产品的产地安全是食品安全的首要保障。但是在我国改革开放的早期，工业化快速推进的过程中，农业生产环境遭受了严重的环境污染。工业生产中产生的大量的废水、废气、废渣直接就排放到周围环境中，对土壤、地下水、河流、空气都造成了严重污染，农业生态环境遭受严重破坏。

工业生产对农业生产的污染部分原因与早期工业企业散乱的工业布局有重要的联系。在散乱的工业布局下，由于企业之间的距离比较远，企业的治污设备只能由企业自行提供。如果仅有一家企业使用治污设备，巨额的设备分摊成本就会加重企业的生产成本，另外可能由于仅有一家企业使用，处理的废物量少，不能达到治污设备的最优运行量，这些都会加重企业的治污成本。在这样的情况下，可能即使企业买了治污设备，企业也可能因为运营成本高而放弃治污设备的使用。在这轮的城镇化建设过程中，很多的生产要素重新大规模调整，这其中重要的一项是很多的地区都建立了产业集聚区，辖区内的新建企业要集中到产业集聚区进行生产。实行产业集聚区后，多数企业在产业集聚区内是按照类别进行区域划分的，新建的产业集聚区通常都会配备集中的治污设备，所有园区内的废物集中处理，能够实现治污的规模经济效应，能够降低治污成本。当治污成本下降后，企业自觉进行治污的积极性就会提升。同时，企业在园区内的集中能够缩小监管者的监管范围，降低监管的难度，提升监管的效率[①]。同时，企业在园区内的集中生产，可以实现外部规模经济效应，促进企业之间的竞争、提升了技术传播的速度，企业生产技术的提升意味着相同生产要素的产量增加，也可以间接减少污染。最后，工业生产企业在产业集聚区内的重新布局都会考虑当地的风向、河流走向等周围环境因素。总之，产业集

① 梁流涛．农村生态环境时空特征及其演变规律研究［D］．南京：南京农业大学博士学位论文，2009.

聚区的重新布局为生态农业的发展和食品安全质量的提升提供了契机。

（3）农业内部生产要素的重新布局为农业生态环境改善提供契机

目前在产地要提高农产品的质量品质，主要的思路是减少化工产品对农业的污染，最大限度地在农业内部实现生态循环发展。在我国传统的农业生产方式下，农田包产到户，每户的农田面积少而且分散，农户自家产生的有机肥的数量非常有限，在这种情况下，农户多是放弃农业有机生产。如今在城镇化和农业现代化的政策推动下，种植业和养殖业的规模都不断扩大，两者之间实现生态循环就具有了现实基础。微观个体实施生态循环发展的重要驱动力是生态活动收益。合理的生态布局是增加生态活动收益的前提，大型农业种植基地离养殖场很远，如果生态布局不合理，农业种植基地不能就近获取农家肥，或者是以很方便的方式以低廉的价格买到农家肥，就会放弃农家肥的使用而继续使用化肥。这样会造成两个严重的后果，一方面是养殖业规模化发展后产生的大量的粪便不能被有效利用，只能是随意丢弃，而粪便由于其量大不能被环境自然分解必然造成环境污染；另一方面农作物由于施用大量的化肥和农药，农产品的品质不能提升。如果是标注的高档生态农产品消费者会质疑其质量，会减小对生态农产品的消费，生态农产品如果不能获得市场拉动，其后续发展将非常困难，农产品种植者努力改良生态环境的积极性就会受挫，生态环境难以根本改变。而如今推行的“四化协调”战略，将会推动农村众多生产要素的大规模重新调整，做好两者的合理布局，为农业的生态发展奠定良好的布局。

（4）城镇化基础设施建设的优化布局有助于农业生态布局

环境治理和生态文明建设都需要借助相应的设施和装备，如果不具备相应的设施和装备，环保治理和生态文明建设将会困难重重，难以进展。城市建设与生态文明建设的众多基础设施具有兼容性、互通性，如果在新城镇建设过程中能够提前考虑两者的兼容性、互通性，加上相应的设备和措施就能够以非常低的成本推进生态文明建设，这样生态文明建设的步伐将会大大加快。如沼气罐建设。牲畜粪便、枯枝败叶、大量植物秸秆的随意堆积和燃烧是造成农村环境污染的重要原因，而沼气的制作原料正好就是人或动物的粪便、植物茎秆、树叶等。沼气罐的建设工艺简单，城市、乡镇都可以安装。在大规模城镇化之前，农村家庭人口多，农作物秸秆简单易寻，所以在政府的大力推动下，农户安装的数量也比较多。但是随着农村青壮年劳动力的外出，常住人口的减少，家庭用沼气池的使用量开始减少。在新农村社区建设过程中，建设了大量规模庞大的社区，大型社区建成后将产生大量的粪便。如果农村新建小区在铺设楼房污水处理管道时能够在管道上增加一个与沼气罐连通的粪便流通管道，把粪便引流到沼气罐，沼气罐就可以轻松建设使用；如果在社区建设过程中没有加装这样的管道，沼气罐就因没有粪便来源而无法使用。如果安装了这样的管道，将会消耗大量的秸秆，可以解决农村垃圾随处乱堆乱放的问题，也会解决夏收、秋收季节秸秆焚烧污染环境的问题，还可以为农业生产者提供营养丰富的沼液，为绿色农业、生态农业的发展提供充足的肥料供应，这一政策的实施会推动农村生态环境的极大改良。

（5）新型农村社区的建设为生态农业的布局和发展提供了新的契机

新型农村社区既不同于原有的传统的行政村和自然村，也不同于城市社区。它既不是单纯的村庄重建，也不是单纯的人口聚集，而是根据本地特点，依据人缘、地缘和业缘，通过对原有村庄的统一规划、统一布局和统一建设，形成的具有生产、服务、休闲、文化等多项社会功能的农村聚居区，是一种新的能够使农民享受高质量社会服务，有利于农业进步和农村发展的社会生活形态。新型农村社区建设根本目的是提高农民生活水平和生活质量，使农民在不远离土地的基础上也能享受到像城市一样的高质量社会公共服务。[①] 新型农村社区建设的重要环节和主要目标就是实现土地资源的优化配置和可持续利用，通过土地、人口等生产要素的聚集节约土地资源，提高土地生态效率，为生态农业的发展提供契机，从源头上有助于食品安全质量的提升。

新型农村社区建设有助于保护耕地、节约土地，实现农村集约生态发

① 杨迅．农村社区化：农村改革发展的模式取向［J］．社会工作，2006（7）．

展。新型农村社区建设首先表现为人口的集聚，集中建房，尽可能利用荒坡荒地或非良性耕地建房，住房向高层或多层发展，引导农村人口集中、科学居住。可以在一定程度上避免农村基础设施的重复建设，杜绝混乱、浪费土地的现象，更好地保护耕地、节约土地。如河南省新乡市的七里营镇原有的几十个村子整合为12个新型农村社区，通过对新型农村社区的科学、统一、集中规划建设，共节约了土地100000亩左右。河南省焦作市中站区依据本地特点，因地制宜，统一规划建设了10个新型农村社区，共节约土地8500余亩。新型农村建设通过对集约节约的土地进行整体、统一规划，合理安排土地使用，可以大大提高土地利用效率，实现规模经济。土地集中之后，一些农业资源优势比较明显的社区，可以依据本地特点，发展特色农业和生态农业，走专业化和规模化的道路，建设特色农业生产基地。靠近城镇的农村社区可以发挥地缘优势，重点建设蔬菜、瓜果、花卉等城市需求旺盛的农产品，也可发挥城郊旅游资源旺盛的优势，整合旅游资源，发展休闲观光农业。如河南省新密市岳村镇在新型农村社区建设的过程中通过集约土地，调整农产品种植结构，集中种植了油桃、葡萄等产品，成了远近闻名的特色水果种植基地。地缘相近的几个社区也可以联合规划，互通有无，整合资源，集约发展，发展生态农业和循环经济。如将农产品种植和家畜养殖结合起来，养殖业产生的动物粪便可以为农产品种植提供有机肥，减少化肥使用，提高农产品安全质量；同时，生产出的农产品也可为家畜养殖提供安全饲料来源，改善目前家畜养殖大量使用饲料的现状，提高肉制品安全质量。目前，全国多地都已经出现了利用新型农村社区建设契机发展生态农业、绿色农业的实验点，如河南省长葛市在新型农村社区规划中把腾出来的土地用于发展高效生态农业和新兴产业，取得了一定的成效。

新型农村社区建设有助于农业产业化发展，实现农业现代化。现代农业是高效、优质、绿色、生态农业，必须走规模化、产业化和标准化的道路。新型农村社区建设通过人口和土地等生产要素集聚，有助于规模化的实现，避免分散家庭经营所导致的“细碎化”。新型农村社区建设必须有产业支撑，农业产业化是新型农村社区建设的基础。新型农村社区建设可以引导农业产业结构调整，强化农业龙头企业和生产基地建设，可以采用“龙头企业 + 生产基地 + 农户”等多种产业化经营模式[①]，大力发展优质高效农业，完善农业产业体系，使农业产业结构向更高层次发展。在新型农村社区建设的过程中，可以围绕农业生产的各个环节，采用产业大户带动和营销大户联动等方式，提高农业生产的专业化和产业化程度，注重发展农产品加工业和服务业，延伸农业产业链条，建立起产前、产中、产后各个环节的跟踪和追溯机制。如河南省焦作市中站区在新型农村社区建设的过程中，以西部工业集聚区为基础，推动产业结构优化升级，在以新型工业化发展工业经济的同时，还建立了63个农民专业合作社，使农业生产向专业化和产业化转变。

3.3.5 农业现代化国家战略为食品安全规制拐点实现提供技术支撑

目前我国食品安全问题的一个重要的问题是农产品在生长过程中农药、激素、抗生素等物质使用量太大。我国食品安全的改变首先是农产品生产过程中减少其使用量。要减少这些违规物质的使用必须是有更为高效、安全、低价的替代品的出现。这些替代品的出现一方面需要国家科技水平的提升，另一方面需要市场的有力拉动。而我国“四化协调发展战略”“生态文明国家战略”的推进，促使政府的政策目标向公共健康、生态环保倾斜，政府的政策、资金和市场拉动能够推动我国农业生态生产技术和环保技术的发展，促进食品安全规制拐点的实现。目前，生物技术在食品行业中的应用刚刚处于起步阶段，随着未来生物技术更广泛的使用，其所带来的社会收益和经济收益都是无法估量的，生物技术在提升食品质量、保障食品安全等方面将发挥出越来越重要的作用。

（1）生物技术应用于养殖业

在养殖业中，养殖户普遍使用饲料喂养牲畜，而目前的饲料中多添加

① 王征．新形势下建设新型农村社区的有效路径［J］．中共山西省直机关党校学报，2015（4）：21-26.

有抗生素等对人体有害的物质，虽然饲料上会标明休药期，但很多养殖企业并不按规范操作，在牲畜出栏当日，如果仍使用这种饲料，肉食含有的抗生素会危害人体健康，而采用生物技术用生物菌种代替抗生素添加到饲料中，则可以避免这种危害，提高食品安全状况。建始县红岩寺镇使用生物饲料的实验证明：这种生物饲料可以有效调控营养水平，降低饲料成本，同时可以增强牲畜免疫功能，减少腹泻等病症的发生①。

（2）生物技术应用于种植业

在种植业中，化肥和农药的大量使用对食品安全的危害首当其冲，因此用生物有机肥替代化肥是保障食品安全和人类健康的重要举措。有专家研制出含铜、铁、锌、锰等微量元素以及氮、磷、钾等营养成分的生物有机肥，经农户使用这种肥料种植蔬菜、花卉的实践证明：生物有机肥能够更好地被植物吸收利用而且肥效长，并能够减少病虫害的影响，降低农药污染，且能够改良土壤，避免长期使用化肥所带来的硝酸盐和亚硝酸盐超标问题。

（3）生物技术应用于果蔬保鲜

目前，大部分的果蔬保鲜使用的都是使用化学杀菌剂或者冷藏的方式，化学杀菌剂的使用会造成残留，从而影响食品安全，而冷藏的效果有时并不好且运输不便，生物保鲜技术则能够较好地解决这一问题。有研究显示，如果是在20～25摄氏度范围内，用木霉发酵液处理茄子果实，就可以保鲜储藏长达20天②。

（4）生物技术在食品检测中的应用

食品检测是保障食品安全，提升食品品质的重要一环。目前，生物技术已经在食品检测领域得到了一定的应用，如使用免疫分析和活体生物分析等生物分析技术来检测蔬菜中的农药残留；通过核酸聚合酶连锁反应情况来检测食品是否受到了病毒污染；使用DNA指纹技术来判断食品原料中是否掺假以及牛奶饮品中是否含有微量毒素等。

---

① 池胜碧 . 应用生物技术 生产绿色食品［J］. 科学种养，2013（5）：6-8.

② 陈楚锐等 . 生物技术在食品工业中的应用与发展趋势［J］. 生物技术世界，2015（8）：55-56.

3.4 消费者对安全食品的强烈渴求

3.4.1 消费者对食品安全问题的高度关注

我国正处于工业化的中期阶段，食品安全事件频繁发生，食品安全事件的危害不断显现。江苏省食品安全研究基地承担国家社科重大招标课题《食品安全风险社会共治研究》课题组撰写的《2005—2014 年间主流网络舆情报道的中国发生的食品安全事件分析报告》显示："10 年间全国食品安全事件达 227386 起，平均全国每天发生约 62.3 起，处于高发期，2012 年、2013 年发生量下降，但在 2014 年又出现反弹。"从卫生部办公厅每年发布的全国食物中毒报告数据看：我国在 2005—2014 年每年因食物中毒的人数最低也在 5500 人以上，而 2005—2009 年更为糟糕，在这期间每年都有上万人食物中毒，死亡的人数平均超过 200 人，该数据还是自下而上呈报的数据，实际人数可能会更多（见表 3-8）。同时世界卫生组织（WHO）发表的《全球癌症报告 2014》中称："新增癌症病例有近一半出现在亚洲，其中大部分在中国，中国新增癌症病例高居世界第一，中国每分钟都有 6 人被确诊为癌症。"[①] 癌症的普遍发生与我国目前的环境和不安全饮食有着密切的联系。

表 3-8　我国近年来食品中毒、死亡人数　　单位：个

年度	2005	2006	2007	2008	2009	2010	2011	2012	2013	2014	2015	2017
全国食物中毒事件情况的通报中毒人数	9021	18063	13280	13095	11007	7383	8324	6685	5559	5657	5926	7389
死亡人数	235	196	258	154	181	184	137	146	109	110	121	140

资料来源：中华人民共和国国家卫生和计划生育委员会官网。

① 张艳红，等 . 你患癌症的概率有多大？[J] . 健康与营养，2014（6）.

严重的疾病、不断发生的食品安全事件，导致国人对食品安全状况产生了普遍的担忧。近年来政府、媒体、学者都通过多种渠道调查公众对食品安全的满意度。商务部的抽样调查数据显示："公众对食品安全的关注度日益提升，以城市消费者为例，2005 年的关注度为 71.08%，2008 年的关注度上升为 95.8%"；中国全面小康研究中心的调查数据显示："2010—2011 年，受访者中有 88.20% 的人关注食品安全，但是只有 33.6% 的人对过去一年的食品安全状况感到满意。""2011—2012 年度的调查报告显示：受访者中 80.40% 的人对食品安全没有安全感，受访者中 50% 以上的人认为 2011 年的食品安全状况比以往更为糟糕。"2012—2014 年江苏省食品安全研究基地对 12 个省市进行了调查，调查结果显示：2012 年总体样本中公众食品安全满意度为 71.32%，城市的样本满意度为 70.74%、农村样本的公众满意度为 71.90%，总体样本中有 4.88% 的人认为食品安全总体水平没有变好反而变坏，该问题城市和农村的样本数据分别为 26.37%、23.99%。2014 年的数据显示：总体样本、城市样本、农村样本的公众对食品安全的满意度分别为 52.62%、50.45%、53.80%，满意度均低于 2012 年 20 个百分点左右。总体样本、城市样本、农村样本中分别有 33.80%、33.89%、33.60% 的受访者认为食品安全总体状况不但没有好转，反而变得更差了。"中国社科院 2007 年的一份调查报告表明："86% 的人认为食品安全问题是最为关注的民生问题。"中国社科院发布的《社会蓝皮书》（2009）的调查数据显示："2008 年中国民生问题的调查中，公众认为最差的是食物和交通安全状况。"2012 中国社科院《社会蓝皮书》显示："2011 年食品安全问题依然是城镇居民关心的热点问题。"2014 中国社科院《社会蓝皮书》显示："2013 十大热点事件排名中四项与食品安全有关。"2015 年中国社科院《社会蓝皮书》显示："2014 年在公众最为关心的问题中房价、食品药品安全、物价、失业、贫富分化等列前五位。"

通过上面的调查数据可知，近十年来全国公众最关心食品安全问题。公众对食品安全状况的满意度走势与食品安全形势基本态势之间一直成相悖态势。公众对食品安全过度担忧，必将诱发消费者对健康安全食品的需求的激增，消费者对安全食品的广泛持续的需求是推动我国食品安全改善的重要的推力。

3.4.2 消费者对安全食品支出的真实增加

（1）国内安全食品的种植量和养殖量增加

食品根据其安全性要求标准的差异分为无公害食品、绿色食品和有机食品。有机食品的鉴定标准更为苛刻，它代表的食品安全级别最高。有机食品由于其种植养殖条件苛刻其价格通常较高。有机食品种植养殖面积的增加和养殖数量的增加从侧面反映了消费者对安全食品的渴望和市场需求的变化趋势。近年来我国有机蔬菜的种植量和销售量不断增多。数据显示：2007 年有机蔬菜的种植面积为 78.6 万亩，位居世界第四，2010 年有机蔬菜的种植面积为 85.5 亩，2014 年我国有机蔬菜的种植面积约为 95.8 万亩，2007—2014 年有机蔬菜的种植面积以比较缓慢的速度增加，2015 年由于大量工商资本进入到农业生产领域，有机蔬菜的种植面积超过 222.58 万亩，种植面积实现了跳跃式增加（见表 3–9），有机蔬菜的种植区域主要分布于北京、山东、福建、陕西等省份[①]。有机食品的主要类别是粮食、蔬菜、水果、茶叶、蜂蜜、奶制品等。

表 3–9 2007—2015 年中国有机蔬菜种植面积 单位：万亩

年份	2007	2008	2009	2010	2011	2012	2013	2014	2015
种植面积	78.6	80.4	81.9	85.5	88.5	91.5	92.4	95.8	222.58

资料来源：产业信息网发布的《2015—2020 年中国有机蔬菜行业市场竞争格局分析与投资前景预测分析报告》。

（2）有机食品消费量不断增加

有机食品的价格通常是普通食品的几倍，以有机蔬菜为例，有机蔬菜的价格在通常情况下是普通蔬菜的 3～4 倍。从京东商城的价格看，以有机蔬菜为例，有机短豆角 30 元 / 斤，有机上海青 11.25 元 / 斤，有机白菜 10 元 / 斤，有机塌菜 21 元 / 斤[②]，这些菜的价格都是普通蔬菜的几倍，高

① 产业信息网发布的《2015—2020 年中国有机蔬菜行业市场竞争格局分析与投资前景预测分析报告》。

② 有机蔬菜［EB/OL］. 搜狗购物（京东商城报价），http://gouwu.sogou.com/shop?p=40251500&query=%D3%D0%BB%FA%CA%DF%B2%CB.

的高达10倍。虽然有机蔬菜的价格高，但是近年来我国有机蔬菜的产量和国内消费量却不断增加，2007年的国内消费量为52万吨，到2014年增加为97万吨，具体数据见表3–10。有机蔬菜的实际供给量和市场销售量的增加从侧面反映了消费者对安全食品的急切需求。目前由于有机食品的价格高且在国内有机食品的低信任不能有效破解，我国的有机食品绝大部分是销往日本、美国、欧盟、东南亚和香港澳门等地区。但是近年来随着国内大众富裕阶层的稳定增加，国内对有机食品的需求也在不断增加。我国国内对有机食品的主要的消费群体为：大型生产集团、以高级知识分子为主的白领阶层、注重健康的群体和富裕阶层等。以有机蔬菜为例，其中50%以上的消费量来自大型的生产集团，如航空公司、电信集团、华为集团等，注重健康的群体和富裕阶层这些特殊群体是另外的一个重要消费群体。

表3–10 2007—2014年中国有机蔬菜的消费数量 单位：万吨

年份	2007	2008	2009	2010	2011	2012	2013	2014
消费数量	52	54	57	53	58	63	78	97

资料来源：产业信息网发布的《2015—2020年中国有机蔬菜行业市场竞争格局分析与投资前景预测分析报告》。

（3）消费者直接参与农产品生产的方式增多，支出增多

为了得到安全食品，部分消费者直接参与到农产品生产中，近年来"家庭农场""城市郊区周末家庭农场""阳台蔬菜种植"等新型种植模式悄然成为时尚。这些种植形式从生产效率方面看绝不经济，但是它却反映了消费者急切改变食品安全状况的焦虑，并愿意为实现食品安全支付高的代价。在市场经济下，消费者强大的内在驱动和实际的购买力是推动食品安全拐点出现的关键力量之一。

（4）规避食品安全风险的支出增加

由于越来越多的人不能直接从事食品生产，不能阻止食品生产过程的有毒添加，越来越多的消费者希望通过购买解毒机减少食用产品的毒性，如蔬菜解毒机销售排名前十位的荣事达、力天、锐智、现代、康道、莱森、莱弗凯等30天网售量都达到10万件左右。

4 我国食品安全规制拐点实现的深层阻碍因素

频繁发生食品安全事件之后，我国政府实施了多角度的规制改革。改革分两个层面：一个是针对食品安全规制本身的改革；另一个是食品安全规制的外围改革。针对食品安全规制本身的改革又分成两个层面：首先是食品安全规制体制的改革，其次是改制了具体的食品安全规制制度，如起草并修订了《食品安全法》、调整了食品安全标准、完善了食品安全追溯制度、提高了食品赔付标准、加大对违规企业的惩罚力度、加大对食品安全规制公职人员渎职行为的打击力度、培育规模化的养殖业、种植业、加大政府转移支付改善农产品的产品品质等。食品安全规制的外围改革主要表现为：国家在 2012 年把生态文明建设确立为国家战略、把环境治理绩效纳入地方政府的考核绩效、在全国范围内进行土壤修复治理、大气治理和水资源治理，把食品安全规制改革的环节从食品生产环节和食品生产产后环节向产前转移。目前我国的食品安全规制改革初级层面的改革已经完成，政府的规制能力和规制绩效也有了显著上升。目前我国食品安全规制改革已经进入到攻坚阶段，攻坚阶段的改革并不是局限于食品安全本身，它牵涉更多更深层次的制度因素，而这些因素的存在必将影响我国食品安全规制拐点的实现。

4.1 我国生态环境破坏严重，环境治理难度大

4.1.1 我国生态环境破坏严重

（1）我国农业生产者的生产行为，造成安全食品的生产成本高昂

我国要想提供安全的食品，食品源头的农产品、农产品原料的安全是首要的前提。自 2005 年出现重大食品安全事件后，政府对食品安全的规制力度空前加大，如制定、修改《食品安全法》调整我国的食品安全规制体系、完善食品安全具体的规制制度，但是这些规制调整都集中于食品生产出来后的环节，对食品生产的产前和产中进行规制的较少。历经 10 多年的大力改革，我国食品安全规制浅层次的问题都已经解决，食品规制进入到攻坚阶段。食品安全的源头污染是目前最为艰难的问题。目前，农业污染已经成为重要的面源污染源[①]。据第一次全国污染源普查公告显示，2007 年度农业排放的 COD、总氮（TN）和总磷（TP）达到 1324.09 万吨、270.46 万吨和 28.47 万吨，分别占到全部排放量的 43.71%、57.19% 和 67.27%。特别在水污染源上，首要污染源是农业和农村污染。以太湖为例，中国科学院的研究显示，在太湖的外部污染总量中，农业面源污染为 59%，工业污染仅占 10%～16%[②]。

农村环境污染源非常多样，本研究只从农业生产角度分析。农业生产中的环境污染突出表现为化肥、农药和农用薄膜的过量使用[③]。首先，化肥的过量使用表现为绝对量大。在全国范围内，我国化肥的使用量为 1980 年为 1269.4 万吨，1990 年为 2590.3 万吨，2000 年为 4146.4 万吨，2010 年为 5561.7 万吨，2013 年为 5911.9 万吨[④]，具体历年的数字见表 4–1。其次，

① 李红 . 中国农业污染减排与绿色生产率研究［D］. 合肥：合肥工业大学，2014.
② 韦黎兵 . 谁污染了中国的水？［N］. 南方周末报，2010 –03–24.
③ 杨建燕等课题组 . 低碳发展下中国环境治理模式创新与制度建构［R］.2016.
④ 杨建燕等课题组 . 低碳发展下中国环境治理模式创新与制度建构［R］.2016.

增长幅度大。我国农作物的种植面积基本保持不变，2000 年为 156300 千公顷，2006 年为 152149 千公顷，2010 年为 160675 千公顷，2013 年为 164627 千公顷。具体数据见表 4-2。我国农田单位面积的化肥施用量远超国际安全施肥量的上限。2007 年我国农田单位面积化肥施用量为 379.5kg/hm^2，蔬菜化肥施用量高达 1000kg/hm^2，而国际安全施肥上线为 225kg/hm^2，全球平均约为 120kg/hm^2，英国为 290kg/hm^2，日本为 270kg/hm^2，德国为 212kg/hm^2，美国为 110kg/hm^2 ①。再次，化肥利用效率低。根据边际效用递减规律可知，化肥的施用量增加，而农作物的耕种面积不变，化肥边际生产力递减。最后，氮肥、钾肥、磷肥配比不合适，化肥肥力不佳，土壤板结酸化，成为重要环境污染源。发达国家平均化肥利用率可达 60%～70%，而我国氮肥的平均利用率为 30%～35%，磷肥为 10%～20%，钾肥为 35%～50% ②。

表 4-1　我国农用化肥历年施用量　　单位：万吨

年份	化肥总量	氮肥	磷肥	钾肥	复合肥
1985	1775.8	1204.9	310.9	80.4	179.6
1990	2590.3	1638.4	462.4	147.9	341.6
1991	2805.1	1726.1	499.6	173.9	405.5
1992	2930.2	1756.1	515.7	196.0	462.4
1995	3593.70	2021.90	632.40	268.50	670.80
1996	3827.90	2145.90	658.40	289.60	734.70
1997	3980.70	2171.70	689.10	322.00	798.10
1998	4084.00	2233.30	682.50	345.70	822.00
1999	4124.30	2180.94	697.78	365.64	880.03
2000	4146.00	2161.50	690.47	376.50	917.87
2001	4253.76	2164.11	705.73	399.57	983.60
2002	4339.39	2157.31	712.23	422.37	1040.35
2003	4411.60	2149.89	713.86	438.01	1109.83

① 谭绮球，苏柱华，郑业鲁 . 2008 国外治理农业面源污染的成功经验及对广东的启示［J］. 广东农业科学，2010（4）.

② 张智峰，张卫峰 . 2008：我国化肥施用现状及趋势［J］. 磷肥与复肥，2009（6）.

续表

年份	化肥总量	氮肥	磷肥	钾肥	复合肥
2004	4636.60	2221.89	735.96	467.29	1204.00
2005	4766.00	2229.29	743.84	489.45	1303.18
2006	4928.00	2262.50	769.51	509.75	1385.85
2007	5108.00	2297.21	773.02	533.62	1502.98
2008	5239.00	2303.88	780.08	545.20	1608.60
2009	5404.40	2329.90	797.70	564.30	1698.70
2010	5561.68	2353.68	805.64	586.44	1798.50
2011	5704.24	2381.42	819.19	605.13	1895.09
2012	5838.85	2399.89	828.57	617.71	1989.97
2013	5911.86	2394.24	830.61	627.42	2057.48
2014	5995.94	2392.86	845.34	641.94	2115.81
2015	6022.60	2361.57	843.06	642.28	2175.69
2016	5984.10	2310.50	830.0	636.9	2207.10

资料来源：中国统计年鉴 2017. http://www.stats.gov.cn/tjsj/ndsj/2014/zk/html/Z1205C.JPG。

表 4-2　我国主要农作物的总播种面积　　单位：千公顷

年份	面积	年份	面积	年份	面积
1997	156969.20	2004	153552.55	2011	162283.22
1998	155705.70	2005	155487.73	2012	163415.67
1999	156372.81	2006	152.149.00	2013	164626.93
2000	156299.85	2007	153463.93	2014	165446.25
2001	155707.86	2008	156265.70	2015	166373.81
2002	154635.51	2009	158613.55	2016	166649.55
2003	152414.96	2010	160674.81		

资料来源：国家统计局官网 2017 年中国统计年鉴，http://data.stats.gov.cn/easyquery.htm?cn=C01。

表 4-3　我国农药使用量　　单位：万吨

年份	总使用量	年份	使用量	年份	使用量
1997	119.55	2004	138.60	2011	178.70
1998	123.17	2005	145.99	2012	180.61

续表

年份	总使用量	年份	使用量	年份	使用量
1999	132.16	2006	153.71	2013	180.19
2000	127.95	2007	162.28	2014	180.69
2001	127.48	2008	167.23	2015	178.30
2002	131.13	2009	170.90		
2003	132.52	2010	175.82		

资料来源：国家统计局官网 2017 年中国统计年鉴，http://data.stats.gov.cn/easyquery.htm?cn=C01。

我国农药也存在严重的过量使用，已经超过 12 亿亩的土地被农药污染。我国 1997 年的农药总的使用量为 119.55 万吨，2000 年为 127.95 万吨，2005 年为 145.99 万吨，2010 年为 175.82 万吨，2015 年为 178.3 万吨，具体数据见表 4–3。我国单位农田的农药使用量远超巴西、伊朗、印度等发展中国家。

我国农用膜也存在严重的过量使用。2003 年、2009 年、2012 年和 2015 年我国农用地膜的使用量分别为 116 万吨、159 万吨、238 万吨和 260 万吨。具体数据看表 4–4。目前农用地膜的覆盖面积和使用量的增长速度很快。由于绝大多数的农用地膜不可降解，耕作层的农膜被农民焚烧后产生大量的致癌物质，而深埋在地下的农膜导致土壤板结、不透气、地力下降、病害蔓延。农用薄膜过量使用的危害远超化肥、除草剂、农药[①]。

表 4–4　全国农用塑料地膜使用量　　单位：吨

年份	使用量	年份	使用量	年份	使用量
2003	1161532.00	2004	1679985.23	2011	2294535.90
2004	1206867.00	2005	1762325.42	2012	2383002.28
2005	1258674.16	2006	1845481.83	2013	2493183.00
2006	1335446.33	2007	1937467.94	2014	2580211.00
2007	1449286.00	2008	2006924.27	2015	2603561.00
2008	1530756.20	2009	2079696.65		
2009	1591670.34	2010	2172991.39		

资料来源：国家统计局官网 2017 年中国统计年鉴，http://data.stats.gov.cn/easyquery.htm?cn=C01。

① 杨建燕等课题组 . 低碳发展下中国环境治理模式创新与制度建构［R］.2016.

农业生产中的废弃物也是重要的污染源。目前畜牧业规模化养殖的趋势非常明显，且养殖地点已经从城市近郊向偏远农村转移。规模化养殖产生的粪便超过环境的自我净化能力，过量的粪便的随意堆放已经严重污染地下水和饮用水，已成为农村重要的污染源。同时，规模化养殖后，病死禽畜数量更大，区域更为集中，病死禽畜如果处理不当会严重污染环境。同时夏秋季节的秸秆焚烧也会严重污染环境①。

（2）我国工业生产者的生产行为，造成安全食品生产成本高昂

由于早期我国粗放式的发展，我国工业对环境的污染已经造成了极其严重的损失。从中央电视台持续多年的报道可窥见端倪。2013 年 6 月 25 日中央电视台《经济半小时》报道了："张家口矿山钢厂污染严重，果树长出黑苹果。张家口地区长达十多年的矿山露天开采，环境污染严重。由于整体被煤灰包围，苹果里面已经长了煤的基因，种出来的苹果是黑色，根本洗不掉。同时由于天空大量漂浮的粉尘中含有大量的有毒成分，如铬，锰，镉，铅，汞，砷等，当人体吸入粉尘后，会引起呼吸道病变、血液病变等疾病"。2014 年 3 月 25 日，中央电视台财经频道的《经济半小时》栏目报道了："湖南石门河水砷超标 1000 多倍：157 人死亡"②。在雄黄矿生产的高峰时期，废渣、废水、废气随意处置，当地的土质、水质到遭受砷等致命毒元素的严重污染。正常情况下土壤中的砷浓度不会超过 15 mg/kg，20 世纪 90 年代矿区附近土壤砷含量竟高达 84.17～296.19mg/kg。2009 年 4 月《凤凰周刊》讲述了我国百处致癌危地。2013 由公益人士制作的"中国癌症村地图"正在互联网上被关注，村子数量超过 200 个。在搜狗网站上，输入"工业污染"词条，找到的相关词条 765617 条。可见，中国近年来工业污染极其严重，公众对此高关注度。

从总体来看，我国的环境污染已经到了非常严峻的地步。我国的面源污染主要有：土壤污染、水污染和大气污染。中国环境保护部和国土资源

---

① 杨建燕等课题组 . 低碳发展下中国环境治理模式创新与制度建构［R］. 2016.

② 央视曝湖南石门河水砷超标 1 千多倍 157 名村民致癌死亡［EB/OL］. 央视财经，http://www.eeps.org.

部在 2014 年首次发布了全国土壤污染调查报告。调查结果显示[①]："全国土壤环境状况总体不容乐观"。"人为活动是造成土壤污染或超标的主要原因"。"全国土壤总的点位超标率为 16.1%"；"污染类型以无机型为主，有机型次之，复合型污染比重较小，""南方土壤污染重于北方；长江三角洲、珠江三角洲、东北老工业基地等区域污染问题较为突出"。我国的土壤污染状况，总体严峻，部分地区土壤污染严重，在重污染企业和工业集聚区及周边地区、城市及近郊地区出现了土壤重污染区和高污染区。具体到农业生产耕地，目前超过 1.5 亿亩的耕地被污染，其中 3250 万亩土地是因污水灌溉而被污染，200 万亩是因固体废弃物堆存占用而污染的[②]。由于土壤污染严重，"镉大米""铅污染"等群体性中毒事件频繁出现。

水污染的状况也非常糟糕。环保部原总工程师万本太说："地表水、地下水、近岸海域等水污染情况都不容乐观。几大水系满足三类水的比例为：珠江和长江水系的水质水平属于良好情况，松花江水系为 60%，黄河为 59%，淮河为 53%。""在污染水域附近的野生动物和人体中已检测出多种化学物质，多地因有毒有害化学物质渗漏引发饮用水危机，有些地区因环境污染成为癌症高发区"。由于多种污染源共同作用，我国浅层地下水污染速度加快。2012 年，全国 198 个城市地下水质监测中，"较差—极差"水质比例高达 57.3%[③]。根据国土资源部的调查结论，197 万平方公里的平原区有近六成的浅层地下水已不能饮用。更为严重的是，城镇、城郊和农村的一些工业企业用缝隙、渗坑、渗井等非常隐蔽的方式排放废水，对地下水造成严重污染。据灵核网发布的《2017—2022 年中国污水处理池建设及防腐市场现状与投资前景预测分析》数据显示：国内工业废水 2015 年排放量为 201.5 亿吨，同比下降 2%，对于工业污水排放量出现年下降，如果按照平均五年下降幅度，预计 2016—2020 年工业废水排放量将会保持下降 2% 的趋势，具体情况见图 4-1。虽然工业废水排放量减少，但是基数庞大。特别要注意的是，随着城市化进程加速，城镇生活污水已成为

---

① 本刊编辑部 . 向污染宣战，变危机为转机［J］. 环境保护，2014（11）：16-18.

② 我国土地污染的现状及危害［EB/OL］. 土地流转网，2016-06-22.

③ 金煜 . 环保部：全国地下水水质监测 57.3% 为"差"［N］. 新京报，2013-06-05.

废水排放的主要来源。数据显示：2015 年我国城镇生活污水排放量已经超过工业废水排放量，且每年以 6% 的速度增长，占全年污水排放总量的 71.4%（具体情况见图 4–2）。

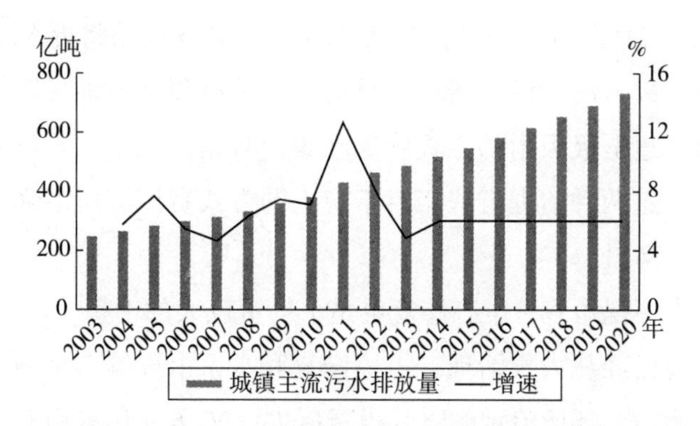

图 4–1　2003—2020 年中国工业废水排放总量及增速

资料来源：灵核网：http://www.ldhxcn.com。

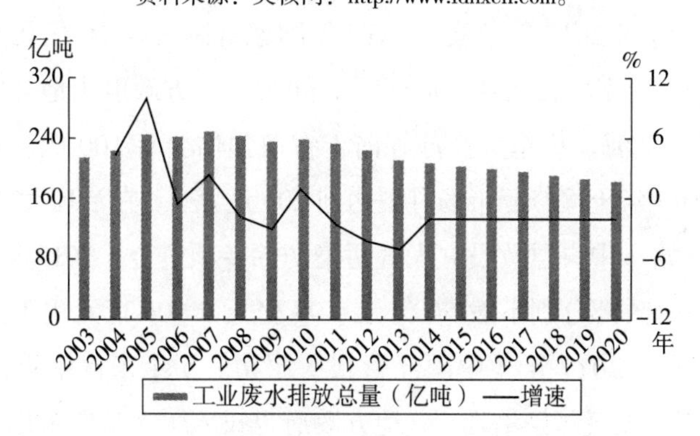

图 4–2　城镇生活污水排放量（亿吨）和增速

资料来源：灵核网：http://www.ldhxcn.com。

4.1.2　我国生态修复成本高昂

（1）从世界视角看，生态修复是个世界难题且费用高昂

以清除土壤中的残留重金属为例，在 20 世纪六七十年代，日本经济的高速增长也伴随了严重的环境污染。为了清除土壤中的重金属日本最初采取的办法是换土壤，但是置换土壤的费用非常高昂。从 1970 年到 1975 年，日本的科学家尝试了很多办法来减少土壤中的镉，但效果都不理想，

在 1975 年的时候，采取了置换土壤的方法，从神冈山区拉来干净的土壤，把镉土埋到地下 25 厘米深的地方[①]。但是这项工程耗资巨大，日本环境官员的测算数据是，1 公顷土地的换土费用约为 2000 万～5000 万日元。过去 40 年的土壤修复费用，共约 420 亿日元，折合人民币将近 30 亿元[②]。这仅是修复日本部分的土壤的费用。目前，土壤修复又增加了新的办法，如欧洲科学家通过电极吸附的方式修复土壤，日本后来用长香谷来吸附土壤中的重金属，这两种治理方法相对于换土的方式费用有所下降，但是治理成本依然非常高昂。

（2）从中国视角看，生态修复也是个耗资巨大的工程

我国目前已经从大气治理、土壤修复和水系治理等多个领域同时行动来治理环境污染，环境治理的财政投资巨大。2016 年国家财政用于土壤修复实际拨付 60 亿左右，落实到 2016 年的项目投资上大概 20 多亿元，余下 30 多亿元将在 2017 年落实。2017 年国家继续拨款 60 亿元左右，结合 2016 年滚存，国家项目高达 100 亿元。同时，地方政府土地开发需求逐步增长，北京、上海、广东、江苏等前十省市预估会有 100 亿左右的配套资金。因此，2017 年土壤修复市场有望达到 200 亿元[③]。在治理大气污染方面，从 2013 年开始，中央财政设立大气污染防治专项资金。2013 年、2014 年、2015 年中央财政部分别下拨 50 亿元、98 亿元、106 亿元用于大气污染防治的专项资金。2017 年《中国经营报》报道：5 年来仅中央财政就投入 500 多亿元用于大气污染治理[④]。地方政府也投入了大量资金用于大气污染治理。以北京市为例，2014—2016 年，北京市共投入了 360 亿元用于大气污染治理；2017 年投入将近 200 亿元[⑤]。在水污染防治方面，2015 年 4 月 16 日《水污染防治行动计划》（以下简称“水十条”）正式发布。据测算，

---

① 杨传敏 . 土地的报复：不能承受之“重”［N］. 南方都市报，2010-10-20.

② 央视财经 . 央视曝湖南石门河水砷超标 1 千多倍 157 名村民致癌死亡［EB/OL］. 2014-03-25. http://www.eeps.org.

③ 土壤污染修复的 2018 年发展趋势［EB/OL］. 中国土壤修复保健网，2018-01-18.

④ 环保部正研究后大气十条治理计划拟加大财政投入［N］. 中国经营报，http://finance.sina.com.cn/roll/2017-12-30/doc-ifyqefvw1783974.shtml.

⑤ 北京市财政局网站公布的 2010 年至 2016 年官方预算及决算数据。

“水十条”的全面推开，国家将投资近两万亿元，主要用于污水处理、工业废水、全面控制污染物排放等多方面，强力监管并启动严格问责制，铁腕治污将进入“新常态”。2016 年，中央财政已经拨付专项资金 131 亿元，对纳入中央储备库的重点流域水污染防治等项目予以支持。

4.2 消费者对健康安全食品的虚假需求

4.2.1 消费者对食品安全的极度焦虑

在 2006—2015 年境内外众多组织机构都调研了公众对食品安全状况的感知状况，调研结果显示我国公众对食品安全状况非常焦虑。中国社科院 2007 年的调查报告显示：“86% 的人最为关注的民生问题是食品安全问题”。中国社会科学院发布的《社会蓝皮书》（2009）的调查数据显示：“2008 年中国民生问题的调查中，有 65.3% 的公众认为食物最差，有 65.7% 的公众认为交通安全状况最差的”。2012 中国社科院《社会蓝皮书》显示：“2011 年食品安全问题依然是城镇居民关心的热点问题。”2014 中国社科院《社会蓝皮书》显示：“2013 热点事件排名，其中四项与食品安全有关。”由于在 2008 年到 2015 年我国食品安全问题多发，消费者对食品安全状况非常担忧，对安全食品具有强烈的需求愿望。

4.2.2 消费者虚假需求的表现——低的质量溢价支付意愿

我国安全食品的真实的大规模增加，是实现食品安全的最终表现形式。在市场经济条件下，市场是主导我国资源配置的主要力量，消费者对健康安全食品的真实需求是至关重要的决定因素。频繁发生重大的食品安全事件对我国消费者的身体造成了严重伤害。我国的消费者对食品安全表现出极大的焦虑。消费者对食品安全的焦虑导致消费者愿意购买高质量食品的内在愿望非常强烈。

消费者安全食品的虚假需求表现为两个层面：一种是低收入人群，非常渴望拥有并购买到安全食品，但是由于收入局限，依然真实地去购买低质量的掺假的非安全食品；另一种是收入已经明显提高，其收入足以购买安全食品，其内心深处也具有非常强烈的愿望去购买安全食品，但是在真实的购买中并不去购买安全食品。我们主要是分析第二种情况对我国食品安全规制拐点实现的阻碍因素。针对第二种情况的虚假需求又有很多种表现，其中最为重要的表现为，在食品安全事件频发后，消费者非常渴求安全食品，呼吁政府提供安全食品的呼声很高，但是消费者愿意为安全食品的安全性能支付的溢价却很低。针对消费者的安全食品溢价，学者研究了消费者经常购买的食品的质量溢价并分析了影响消费者质量溢价的因素。从分析的结果看，消费者对安全食品的支付意愿并不高。

国外诸多学者对食品质量溢价进行了诸多研究，如 Buzby et al 的实证研究结果是：如果葡萄施用了很少量的农药或者不施用农药，消费者愿意每磅多支付 0.19～0.69 美元。Umberger and Feuz（2003）的研究结果是：如果购买的牛肉附带有原产地可追溯信息，美国芝加哥市和丹佛市的消费者愿意每磅牛肉多支付 11% ～24%。

国内学者对食品质量溢价也进行了多角度的实证研究。研究结果如下：靳明、赵昶（2008）调查结论为：绿色农产品溢价水平为 20%～30%[①]；刘军弟等（2009）调查结论为：如果是有机猪肉，消费者愿意每斤多支付 24.63%[②]；胡卫中等（2010）研究结论为：相对于不可追溯绿色猪肉，消费者对可追溯绿色猪肉的支付意愿更高，消费者愿意每斤多支付 10%～20%[③]；周应恒等（2012）的研究结论为：如果是低碳猪肉，消费者愿意每斤多支付 26.33%[④]；姜百臣等（2013）的分析对象是供

---

① 靳明，赵昶．绿色农产品消费意愿和消费行为分析［J］．中国农村经济，2008（5）：44-54.

② 刘军弟，王凯，韩纪琴．消费者对食品安全的支付意愿及其影响因素研究［J］．江海学刊，2009（3）：83-90.

③ 胡卫中，耿照源．消费者支付意愿与猪肉品质差异化策略［J］，中国畜牧杂志，2010（8）：31-33.

④ 周应恒，吴丽芬．城市消费者对低碳农产品的支付意愿研究——以低碳猪肉为例，农业技术经济［J］，2012（8）：4-12.

港猪肉。广州地区的消费者对“供港食品”[①]情有独钟，但消费者对优质食用农产品的整体消费支付意愿却不强，仅有51.3%的消费者愿意对内地按“供港标准”生产的供港猪肉支付一定的溢价；消费者对“供港食品”的平均溢价水平[②]为44.4%[③]。赵荣等（2011）得出了可追溯食品溢价水平（9%～12%）[④]；刘宇翔（2013）以有机粮食为调查对象，其结论是：消费者对健康与食品安全的关心程度、对有机食品的了解程度、有机粮食的品牌、有机粮食的有效认证、消费者的收入和知识水平等诸多因素都会影响消费者对安全食品的认证；如果有机粮食的价格是普通粮食的1.5～1.8倍，消费者可以接受[⑤]；秦明等（2015）等人以安全食用油为调查对象，其结论是：假设为了增强食用油的安全性，政府强制要求生产企业加贴食品营养标签，若每升食用油的售价为10元，城市样本的支付意愿为1.8566元，农村为1.5318元，即城市溢价为18.57%，农村溢价为15.32%[⑥]。

4.2.3 安全食品高的供给成本与低的支付意愿的冲突

如果消费者对安全食品质量愿意支付的价格和安全食品的市场供给价格能够一致，那么安全食品就能在很大程度上实现市场出清，安全食品的生产就能得以持续。但是实际的情况是，安全食品的市场供给价格远高于消费者愿意支付的价格，所以造成了消费者的虚假需求。目前国家层面的

---

① 供港猪肉是指“供港食品”一般是指在国内按照“供港标准”生产的、生产和流通过程受到严格监管的、供应给香港地区消费者的食用农产品。但是，其中有一部分这样的“供港食品”流入了广东省内的超市，贴上了“供港食品”的标签，在特定的专柜里出售给当地消费者，这就是本文所指的“供港食品”。它非常接近于在信息比较对称、信任比较充分、实验条件比较理想的现实环境下，在内地按照“供港标准”生产的供应给内地消费者的优质认证食品。这一独特现象具有实验经济学的研究价值。

② 平均溢价水平为平均意愿支付价格与市场价格的相对值减去1。

③ 姜百臣，朱桥艳，欧晓明（2013）. 优质食用农产品的消费者支付意愿及其溢价的实验经济学分析——来自供港猪肉的问卷调查［J］. 中国农村经济，2013（2）.

④ 赵荣，乔娟 . 农户参与蔬菜追溯体系行为 、认知和利益变化分析——基于对寿光市可追溯蔬菜种植户的实地调研［J］. 中国农业大学学报，2011，16（3）：169–177.

⑤ 刘宇翔 . 消费者对有机粮食溢价支付行为分析——以河南省为例［J］. 农业技术经济，2013（12）：43–53.

⑥ 秦明，李玥，王志刚：城乡居民安全食用油支付意愿测算——基于全国17个省市的问卷调查［J］. 宏观质量研究，2015（2）.

生态环境治理费用属于国家转移支付，目前还不会直接增加到农产品的生产成本中。从农业生产者的层面看，农业生产者绝对是无力进行生态环境治理的，他们只能选择目前尚存的生态良好的环境进行安全农产品的生产，即使是如此，农业生产者为进行农业安全生产所投入的资金也是比较巨大的。国内农业生产者高的生产成本主要表现在以下几个方面（我们以安全食品中安全品级的高级形式有机蔬菜进行说明）：

（1）有机粮食蔬菜生产基地非常稀缺，有机生产基地竞价推高成本

有机生产对生产环境的要求很高。在目前我国生态环境状况严重恶化的情况下，能够符合有机蔬菜、粮食种植的地块非常少。近年来在国家政策激励下，大量的工商资本进入农业生产领域，工商资本的大量进入抬高了每亩土地承包地的价格，适合有机种植的地块的价格更高。人造的有机蔬菜种植基地的成本也很高。在目前天然的有机生产基地稀缺的情况下，一些地方建立了人工有机种植基地。济源市的君源有机蔬菜种植基地就是人造生态有机种植基地。它的具体做法就是利用城市大建设的背景，把城市建设中挖出来的大量优质土壤拉到济源市原有的荒滩区，然后再经过土壤改良就建成了几百亩的有机蔬菜生产基地。这种方式需要政府之间的协调，交易成本通常较高，同时还会产生大量的运输费用。

（2）有机生产不能实行规模化种植养殖

真正的有机农业生产不能实行大规模的种植养殖，只能采取适度规模种植或者养殖。主要有三方面的原因：①有机食品的种植养殖对环境要求较高，符合有机种植养殖的地块有限；②即使有大规模的地块适合有机生产，但是当有机种植面积过大时，一旦病虫害蔓延起来，发生病虫害的风险就会被放大，按有机种植的操作方法根本无法对付和控制虫害；③从有机规范生产、管理成本、经营效益的角度看，有机农业生产需要适度规模。一般情况下，有机蔬菜种植的上限为 500 亩，大田作物的种植上限为 5000 亩，茶园的种植上限为 1000 亩[①]。

---

① 有机食品新标被批过严不切实际 认证费用超 15 万［J］. 财经，2014（7）.

（3）有机生产基地的认证成本高

我国有机蔬菜由于在国内的产品信任度低，有机农产品主要是销往国外，所以企业多是进行国外认证。目前，德国、日本、瑞士和美国的国际认证标准最权威。在2014年我国的有机认证制度作出了重大调整，有机认证制度调整后，标准更为严苛，已经成为全球最严格的认证标准，但标准的提高也大大增加了我国有机农产品认证的费用。这次的认证制度主要作出了三个方面的大的调整：①原来的有机生产基地整体认证（按面积收取认证费）变为单一产品认证，且实行追溯制度，要追溯到每一个品种。实行产品认证后意味着种植者每调整一次种植品种就要重新认证一次。以北京顺义区龙湾屯镇大北坞村孙德玮经营的小农庄为样本的调研数据显示：一块50亩的土地，每年大致种植20种蔬菜，若以有机体系耕作，20种蔬菜都要进行有机认证，认证费用大致为15万元，而以前的整块土地认证，认证费用仅需要四五万元。认证制度调整后农庄每年有机认证成本约占销售成本的2%。②新规规定“一品一码”。“一品一码”是指认证过的有机食品每个销售单元对应唯一的有机编码。例如，如果认证的有机豆角是600斤，最小的商品包装是2斤装，只发300个有机标志。这种做法可以防止销售者在销售时鱼目混珠、以次充好，保证了有机食品名副其实，净化了我国的有机食品认证制度，但同时也提高了企业成本。③国内的有机产品认证制度中很多标准要求比发达国家还要严苛，其标准已经成为全球最严格的标准。以农药残留标准为例，新的制度规定变为20多个农药残留指标不能检测出农药，而原有的标准是有机产品中还允许极其微量的农药残留；严苛的有机认证标准抬高了企业生产成本。

需要指出的是，现在仅有欧盟和美国签订了有机农产品互认协议，即有机食品如果在欧盟或者在美国认证过，到对方市场上销售时不需要重复认证。目前很多国家之间的有机认证并没有达成国际互认，其他国家或地区的以欧盟标准或者是以美国标准认证过的产品在美国或者欧盟销售时还需要重新认证。在我国也存在同样的问题，取得国外有机认证的企业如果在国内销售有机食品，必须在我国重新认证，在我国认证过的产品去国外销售时依然需要在销售国家重新认证。

有机产品认证的具体费用主要包括以下几个方面：检测、咨询和认证。检测主要包含：第一，水土气检测、产品检测。种植、养殖、还是加工，只要涉及水、土壤和空气都要进行水土气检测。在现有检测制度下，其他产品的检测都是送检制度，有机产品检测是认证机构检查员到现场随机检测。需要说明的是，即使产品通过现场的随机检测，在我国还有一个有机转换期（土壤净化期），多年生作物（如果木）的有机转换期至少为 3 年，一年生作物（如玉米和小麦）的有机转换期至少为 2 年。在转换期内的农产品必须按照有机农作物的生产体系和标准进行种植，但是生产出来的农作物却不能标识“有机农产品”，只能标识“有机转换产品”。如果消费者不了解这一规定，见到标识“有机转换产品”的产品会误认为达不到有机标准而拒绝购买。第二，检察官费用。申请有机认证的企业要对派往现场的检查员的差旅食宿费按标准据实报销。第三，有机产品认证费。有机认证机构收取的证书费和审查费，一般收费标准为 0.8 万～8.0 万元，按单品种小规模为例，通常情况下，有机养殖 2.0 万元，有机种植 1.5 万元，有机加工 1.2 万元，每增加一个品种增加 3000 元。④有机认证咨询服务费。这个费用由代理咨询机构收取，但是费用并不统一。一种情况是一个认证过程作为一个周期，收费标准为 5000 元。另一种说法是按照行业惯例来收费，一般咨询服务费是有机认证费用的 1.5～2.0 倍，或者根据企业规模和企业管理水平双方协商，一般分为 3 万元、4 万元、5 万元和 6 万元四档收费。通过上面的分析可以看出，2014 年我国新出台的认证管理办法，由于要求的标准高，导致成本飙升，最终导致两种情况：很多企业不能提供有机食品，但是也把自己的产品标上“有机”标志；一个有能力生产有机食品的企业，虽然按照有机的方式去生产但是并不去做有机认证。有机农场走向灰色地带，导致消费者对有机产品的低信任度持续。

（4）有机蔬菜粮食的推广成本高，销售困难

有机食品销售困难的原因主要为：一是品相不好。有机食品由于在生产过程中不使用农药化肥、生长激素、激素等物质，所以有机食品的品相并没有一般食品好看，对此不了解的消费者并不会购买。二是我国

低信任度状态提高了安全食品的供应成本。在目前食品的生产环节和消费环节严重分离的情况下，食品的信任品特征日益显现，有机食品的信任品特征更为突出，如果消费者无法自我有效辨别食品的安全性，消费者信任的建立更依赖于第三方。但是目前，我国产品的认证认可在现实生活中非常混乱，一些“绿色”“有机”“生态”等标签的使用非常不规范，经常是商贩自行粘贴。在众多类似事件被报道后，消费者对真正安全食品也不相信。为了提高信任度，有机食品生产企业通常采取的方式有：第一种方式是针对订单式的客户，在田间地头安装大量的摄像头，供客户 24 小时观察田间生产情况。第二种方式是通过组织亲子游园活动，组织大型幼儿园的家长和小朋友到田间游玩，通过增加客户体验来组织消费。但这种方式的局限性是客户多为近途客户，而且同园方、家长沟通协调，都要耗费大量的时间和物质。第三种方式是和老年保健品销售点建立联系，通过组织老年免费游园来体验消费。但是老年人收入低，参观人数虽多，但真正发展为客户的人并不多。第四种方式是直营销售。安全食品的消费目前还是小众消费，直营店销售需要商家大量铺设销售网点，同时由于消费量少，有机产品容易有剩余，剩余的蔬菜的品相不好看，在价格高，品相不好看的情况下，有机蔬菜更不好销售，所以企业需要不断地小规模补充货品。第五种方式在大型商场设立专柜进行销售。这些都提高了绿色食品供给成本。

稳定的市场销售是保证有机食品持续生产的根本。但是高的生产成本必将抬高销售价格。从西方经济学的角度看，影响需求量的因素有很多，有价格、收入、相关商品的价格、预期的价格、价格补贴等因素，价格是关键影响因素。目前，消费者愿意为安全食品支付的价格溢价低，如靳明等（2007）的调研结论是：如果是绿色农产品，浙江的消费者每斤仅愿意多支付 20%～30%，而有机食品的价格远远高于消费者愿意支付的价格，多数情况下有机食品的价格是普通食品价格的 3～4 倍。这种现象必将抑制安全食品的大量供应，影响有机产品的稳定持续发展。

4.3 工商资本下乡与食品安全规制拐点实现的阻碍因素

工商资本进入农业生产环节将加速农业现代化进程、提升农产品品质。我国农业规模化种植刚刚在全国范围内推广，却频频传出工商资本退租土地的信息。2015 年 10 月《经济参考报》《玉米价格信息网》等多家媒体报道：由于粮食价格下降，种粮大户纷纷毁约弃租。这种现象到 2017 年还在持续，2017 年山东省的多个农业大县的不少种粮大户毁约弃租，河南省是全国粮食种植基地，毁约弃租的现象也很普遍。种植大户持续退出农业生产，土地流转价格已经明显下降了两百多元。在人口出生率下降、城镇化加速的背景下，以工商资本为主体推动的农业规模化经营是我国农业发展的必然选择。工商资本在农业生产领域内的震荡发展必然影响农业健康发展，阻碍食品安全规制拐点的实现[①]。

4.3.1 工商资本下乡并没有显著提高规模农业的生产效率

技术进步有两种：一种是通过机械化技术替代劳动，进而扩大耕地面积获取规模经济效率[②]，美国是典型；另一种是通过增加劳动和科技投入发展生化技术，替代稀缺土地实现规模经济效益，日本、荷兰、以色列是典型。目前我国政府鼓励工商资本在农业领域规模化经营的逻辑是：工商资本进入农业生产领域后，农业的机械化生产水平、经营理念和生产组织模式都会发生显著变化，可以实现规模经济效率[③]。事实上，下乡工商资本的生产效率和经济效益并没有表现出普遍性的提升。一些学者的调研结果是：大部分从事农业生产的工商资本亏本经营。龚为纲（2014）调查结论为由于土地承包费用高、雇工成本高，种植大户的经营

① 王海娟 . 资本下乡的政治逻辑与治理逻辑［J］. 西南大学学报，2015 年（7）.
② 刘凤芹 . 农业土地规模经营的条件与效果研究以东北农村为例［J］. 管理世界，2006（9）.
③ 王彩霞 . 工商资本下乡与农业规模化生产稳定性发展研究［J］. 宏观经济研究，2017（11）.

遇到较大的阻力[①]。孙新华（2013）比较了小农、家庭农场和下乡工商资本的全要素生产效率，下乡工商资本的最低[②]。贺雪峰（2014）的调研结论是：以高额租金租入农户耕地种粮的工商资本几乎都亏本、破产[③]。刘凤芹（2006）的调研结论是：土地规模、机械化和人工畜力都不直接影响单位产量，机械化和人工畜力不同耕作手段可提升耕作效率，土壤是影响单位产量的重要因素[④]。

4.3.2 工商资本下乡的快速推动造成农业生产成本急剧上升

（1）政府激励政策推高农业生产成本

随着“工业反哺农业”的国家战略转型，中央非常重视农业现代化和土地规模流转。土地规模化流转成为中央政府考核地方政府的重要指标。传统小农和家庭农场具有弱质性特征，发展规模农业的能力弱，参与市场竞争的积极性差。合作社是个松散的组织，地方政府难以通过这些经营主体在短期内完成政治任务，因此，地方政府非常青睐资金雄厚的下乡的工商资本，拨付大量的农业补贴资金和项目向农业企业倾斜。为了树立“超级规模”典型，地方政府的资助资金多倾向于1000亩以上的企业。为了获取政府财政资金，工商资本土地流转需求面积都很大，少则上千亩，大则上万亩。激增的土地流转需求在短期内迅速拉升土地租赁价格。同时土地食利者的加入再次抬高土地价格。全国流转的土地价格普遍在1000元/亩左右，有些租赁者还要求参与土地经营分红。以江苏省为例，实际流转价格苏南平均为2000元，苏北平均为1300元[⑤]。如果农业生产效率没有显著提高，高的租地成本必然拉升农业生产的经营风险，为工商资本毁约弃租留下隐患。

---

① 龚为纲.农业治理转型［D］.武汉：华中科技大学，2014.
② 孙新华.农业经营主体：类型比较与路径选择［J］.经济与管理研究，2013（12）.
③ 贺雪峰.工商资本下乡的隐患分析［J］.中国乡村发现，2014（3）.
④ 刘凤芹.农业土地规模经营的条件与效果研究以东北农村为例［J］.管理世界，2006（9）.
⑤ 翁仕友.农地流转欲“拨乱反正”［J］.财经，2011-01-04.

（2）农业资产专用性提升抬高农业生产成本

专用性资产越多，沉没成本越高，市场风险越大。农业规模化生产后，专项生产投入不断增加，资产专用性显著提升。交易双方资产专用性的强弱如果不均衡，交易的稳定性差；较弱的一方易毁约，影响契约稳定性；较弱的一方越倾向于“敲竹杠”。

具体到农业生产，如果工商资本下乡后，农业机械化水平不能与流转的土地规模相匹配，在农忙季节依然需要雇佣周围的农户帮助收种，此时农民工就会“敲竹杠”，急剧拉升用工成本，用工成本会由平时的日均几十元拉升到几百元。农业生产成本的激增为农业震荡发展留下隐患。

（3）少数农民的抵制导致不能有效利用规模经济

第一，部分村民不愿意流转土地，就会出现“插花地”，“插花地”的存在导致不能合理修建基础设施，无法实现规模化耕作和经济效益，增加了公司的投资成本；第二，少数农民抵抗外来资本，农业公司的协调成本增加；第三，周围失地农民法律意识淡漠，在收获季节可能会哄抢农作物，增加了管理成本，增大了经营风险。

4.3.3 产品销售困难

（1）大宗粮食产品的价格倒挂与产品销售困难

粮食价格是否合理，粮食能否及时销售关乎下乡的工商资本的生存。多数下乡的工商资本种植的依然是粮食作物。近年来我国粮食“价格倒挂”[①]的现象非常明显。自2009年以来，小麦一直存在“价格倒挂”的现象。在2014年小麦、稻米和玉米的价差率分别为33.69%、56.25%和86.40%。巨大的价差率导致我国自2011年以来大量进口玉米和稻谷。2016年我国玉米的进口量为317.50万吨。“粮食价格倒挂”导致我国“库存量激增和粮食进口量激增”并存，国产粮食价格下调，销售困难，农业生产企业亏损、毁约退租，农业规模化生产出现震荡。

① 价格倒挂是指进口产品价格加上运费、关税等费用后其价格仍然低于国内价格的现象。

（2）消费者焦虑与高档农产品销售困难

由于土地租赁成本高，一部分工商资本选择利润较高的有机蔬菜、有机粮食种植、有机畜牧业或者经济性作物。如恒大集团在2014年投资70亿元在大兴安岭生态圈建立生产基地。河南省规模最大的现代农业企业——河南天和农业股份有限公司租地10000多亩，从事有机蔬菜生产。

工商企业进入高档农业领域后，其发展也呈现出较大的震荡现象。首先，无毒无害、绿色、有机食品的生产环境非常苛刻，在生态环境破坏严重的情况下，优质生产基地稀缺租赁成本高昂。其次，企业虚假认证广泛，市场上有机产品鱼龙混杂真假难辨，有购买能力的消费者因无法辨别而放弃购买高档食品。优质食品的国内市场份额非常有限。为了提升消费者的信任度，生产企业在田间地头大量安装摄像头供消费者24小时观看，或者是多次组织人员到田间免费观光。这些措施增加了企业的生产成本。高的生产成本推高产品价格。如果价格过高，消费者即使知道产品优异也并不愿意支付高的质量溢价。更为遗憾的是，频发的食品安全事件导致消费者对国产食品不信任，即使国内产品价格低于国外，质量优于国外，消费者仍愿意以更高的价格购买国外食品。最为典型的是婴幼儿奶粉。这对工商企业的影响是致命的：在国家政策支持下，大量工商资本进入到畜牧业从事规模化养殖，但产品在国内不能有效销售，市场需求萎靡只能向上传导，2015年全国大量出现“杀牛”“倒奶”的现象。工商资本的发展呈现明显的震荡性。在国内市场不能有效拓展的情况下，高端食品只能挤到日韩等比较近的区域销售。产品高度趋同，国际市场也不容乐观。同时，国际政治形势复杂多变，海外市场的销售也不稳定。

4.3.4 部分下乡的工商资本强的政治投机性

从经济效率的角度无法解释：生产效率不高，生产成本高昂，大面积经营亏损，但工商资本依然积极下乡的现象。该现象只能从政治逻辑角度解释[①]。中央政府把土地规模流转面积、现代化农业种植基地的数量纳入

---

① 王海娟．资本下乡的政治逻辑与治理逻辑［J］．西南大学学报，2015（7）．

地方政府考核指标，中央发放的农业补贴对象多是规模超1000亩以上的、生态农业项目。地方政府为了完成政治任务，不计成本地投入财政资金推动资本下乡。在这样的背景下，一些以投机为目的的工商资本进入到农业生产领域。耿明斋（2015）、王海娟（2015）等学者的调研结果也验证了部分下乡工商资本借土地流转、农业生产套取农业补贴的现象。2014年全国查处各种涉农补贴问题6000余起，涉及资金20多亿元。

政府将绝大部分的补贴资金和项目都给了规模企业。政府补贴项目多是一次性的，一般集中在土地流转的前两三年，之后政府补贴资金减少。当政策红利消失的时候，一些以获取国家农业补贴或囤地升值的工商资本就会撤离农业。投机性工商资本的大规模退出，必将造成农业规模生产的震荡发展。

4.4 消费者信任修复的长期性和消费者举报不力

4.4.1 消费者信任修复的长期性对食品安全规制拐点实现的阻碍

（1）信任对于社会各主体发展的重要意义

对于如何治理国家政事，孔子曰“足食、足兵、民信之矣”，“信，国之宝也。”社会信任是社会系统的润滑剂，社会信任对于经济繁荣发展、社会稳定与社会进步都具有重要意义。很不幸的是，我国目前是一个低信任度的国家。2013年中国社科院发布的《社会心态蓝皮书》的调查情况为：我国总体信任水平持续下降，跌破60分的信任底线，不到50%的被调查者认为社会上大多数人可信，只有20%～30%的被调查者相信陌生人。2014年《社会心态蓝皮书》的调查结论是“中国人最不信任的社会机构是商业机构”。我国本身就是一个乡土社会，一个不相信陌生人的熟人社会，国人的信任机制就是“亲而信”“熟而信”“人格化信任”“直接信任”。人们根据亲疏关系和利益关系来确定关系远近、是否是“圈内人”。我国长达几千年的封建社会，人、户口、土地三者严格捆绑，人的流动性弱，是建立在熟人社会之上的“直接信任”，其信任范围有限，信任的人数有限，所以，我国长期以来对于单个个体之间的信任度都非常低。长期以来国人依赖四大关系：师生、同学、同乡和同事，亲疏关系以此类推，对陌生人可以说是零信任。由于我国长期实行中央集权制度，强政府弱民众的社会管理体制，所以公众对国家的信任程度相对于其他国家高。2016年爱德曼公司（全球知名公关公司）的调查结果显示：“中国受访者对政府的信任度最高，达76%。”我国公众的信任特征是：公众对国家的信任度比较高，对特殊专家群体的信任较高，对家人朋友的信任度高，对陌生人的信任度低。

值得注意的是，目前社会一些不良现象的出现导致公众对这三个层面的信任度都有所降低。①社会腐败现象的持续、政府管理失职行为、互联网诈骗案件的频发导致公众对国家权力机关的信任度有所降低。如“冒充公检法的电话诈骗，广州女博士被骗85万”“一个电信短信让我倾家荡产”“徐玉玉死于电信诈骗”“一条10086的短信链接导致你所有的银行卡被盗”“临时工、协警顶罪”……这些案件的持续导致公众对国家行政机关权力机关的正常活动产生怀疑。②公众对特殊专家群体的信任度较高，但是近年来在一些公共危机事件中，不同专家相互矛盾的说法，以及同一专家前后相互矛盾的说法，让公众觉得专家好像是被相关单位俘获了，说的话违背内心，公众对专家的信任度也逐渐降低。③公众对陌生人和熟人的信任度进一步降低。由于文化传统原因，公众对陌生人的信任度本身就比较低，随着近年来一些现象的发生，国人对陌生人的信任度进一步降低了。例如“杭州保姆案纵火案”“广州‘毒保姆陈宇萍’杀人案”“南京彭宇案”……这些现象在无形之中侵蚀着公众对政府、对社会组织、对熟人的信任。

国人之间不信任的固化将产生严重后果，国人对政府的不信任将导致对政府的敌视情绪上升、恣意违抗政府命令，使政府政策不能得到有效贯彻执行，社会不良之风不能得到有效纠正，更为恶劣的影响是公民缺乏安全感，选择信任其他国家，直接选择“用脚投票”——选择移民或者是向海外大量转移资产；国人对陌生人的不信任将导致人们过度警戒、冷漠无情，见死不救、诉讼过度、过度依赖第三方来解决争端。最为典型的是，2013年池某父亲及其亲属接到了56个关于池某在武汉溺亡的报信电话，其父还坚信对方是骗子。面对儿子溺亡的消息都能拒不相信，更不用说在街上搀扶摔倒的老人，可见国人目前对陌生人警惕程度之深；国人对企业不信任的持续会造成国人盲目崇拜“洋货”，拒绝购买国产产品，导致国内产业无法发展，国家战略无法实现。

（2）消费者对国产食品不信任的持续阻碍规制拐点实现

本研究以乳品行业为例说明消费者信任对食品安全规制拐点实现的阻碍。在一系列食品安全事件之后，公众对国产食品的信任度一直在低位徘徊。据商务部调查显示，2005—2008年，公众对食品安全的满意度保持在80%以上。2014年公众满意度仅有56.12%。公众满意度较为低迷[①]。经济发达省份和地区的公众由于其经济条件好，其对食品安全的要求更高，对食品安全程度更为敏感，所以，发达省份的食品安全满意度可能会更更低。2013年针对北京城区的调研结果是：仅有31.25%的受访者对国产奶粉有信心；仅有20.31%的受访者认为国产奶粉的质量在短期内能够提升，43.75%的受访者认为不能提升。

社会信任缺失必将严重影响消费者购买意愿，社会信任一旦受损，其修复过程必将非常漫长。消费者信任缺失后消费者不断地寻求安全食品的替代品，“海外代购”不断增加，从国外进口奶粉和原奶的数量不断增加。2016年、2017年随着快递业的快速发展，从国外代购和进口的奶粉和原奶的数量增加剧烈。如商务部网站公布的数据为：2009年第四季度鲜奶和奶粉的实际到港量为1120.14万吨和23315.93万吨，而2017年8月一个月的鲜奶和奶粉的实际到港量为60871.82万吨和69360.87万吨。

在2008年“三聚氰胺”事件后，国家制定了严格的监管政策，陆续出台了《婴幼儿配方乳粉生产许可审查细则（2013年版）》《关于进一步加强婴幼儿配方乳粉质量安全工作的意见》《婴幼儿配方乳粉生产企业监

① 江南大学《食品安全风险社会共治研究》与教育部《中国食品安全发展报告》课题组.2014年中国食品安全报告[R].2015.

督检查规定》《禁止以委托、贴牌、分装等方式生产婴幼儿配方乳粉》《婴幼儿配方乳粉配方注册管理办法》等十几项政策法规，还对全部的婴配粉企业逐一进行生产体系检查，对市场上的婴配粉进行月月抽检全覆盖等。企业建立有原料供应商审核制度，定期进行审核评估，生产中的主要原料实施批批检验，并且企业具备自主检验能力，60多项检验项目自行检验合格再出厂销售，此外企业还建立和完善了婴幼儿配方乳粉生产企业的食品安全追溯体系，基本实现了婴幼儿配方乳粉生产全过程信息可记录、可追溯、可管控、可召回、可查询。国家政策标准的实施和企业的努力，使我国乳业已经发生了脱胎换骨的变化。近几年国家监督抽检婴幼儿配方乳粉合格率为：2014年98.3%，2015年99.3%，2016年99.4%，2017年99.72%；乳制品合格率：2014年99.3%，2015年100%，2016年99.8%，2017年99.6%。2017年国家食药监总局共抽检92家企业的225批次产品，63个指标，抽检结果显示全部合格，2017年出现奶粉"国检"的"八连红"。同时国产的"飞鹤"奶粉"圣元"奶粉"君乐宝"奶粉开始在中国香港和中国澳门上市销售，这些都说明中国乳业到了史上最好的时候。与此同时，国外的奶粉却频繁出现问题，2017年11月国家质检总局发布了《2017年10月未准入境的食品化妆品信息》，超过55吨的进口奶粉品牌因为不合格被依法做退货或销毁处理。遗憾的是，即使国产奶粉的质量指标不断提升，进口奶粉的检查指标频频超标，我国消费者对进口奶粉的购买数量也没有显著下降。这说明在我国国产奶粉的质量已经明显改变的情况下，消费者信任并没有有效改变。

消费者信任在短期内难以恢复，消费者对国外奶粉的追捧将会导致国内的生产企业到国外去建立牧场、建立生产企业或者是收购国外的生产企业，甚至会出现部分企业先在国内生产奶粉，然后将生产的奶粉出口，然后再返销到国内的现象。这些现象的长期持续，奶粉生产企业关注点将不再是如何改进产品的品质，而是如何使消费者知晓奶粉或者原奶是从国外提供的。这种现象的持续将导致国产奶业的非正常发展和国家福利水平的下降。其原因为：①我国是人口大国，国内消费者的收入相差较大，不可能都从国外购买奶粉；②我国是一个人口大国，在二胎政策放开的情况下，消费者对优质奶粉是庞大的刚性需求，我国在国外的大量代购和进口容易和当地的消费者发生冲突，激化国际矛盾，如近几年各国出台的奶粉限购政策；③我国近年来提出来要实现农业现代化，农业现代化主要是通过规模化生产来实现，国内通过大量的政策和巨额资金来扶持规模化养殖的发展，各地规模化的养殖场已经投入生产，供给量在短期内会急速增加，但是在市场的消费端，消费者不认可，导致大量供给的牛奶、羊奶销售不出去，出现了大量的“倒奶”“宰牛”“杀羊”现象，大量养殖场倒闭，国家扶持资金浪费。因此，我国食品质量（包括乳品质量）的改善必将依靠国内生产企业生产质量的普遍改善。而在频发的食品安全事件之后，消费者对国产奶粉、国产产品信任修复的困难已经成为阻碍我国食品安全规制拐点实现的重要因素。

4.4.2 消费者举报不力凸显政府食品安全治理的孤单

在 2008 年我国出现重大食品安全事件后，我国的政府食品安全规制进行了一系列的改革，如改革食品安全规制体系，修改《食品安全法》，加大消费者赔偿力度等，但这些变革并没有促使食品安全规制拐点迅速显现。食品安全规制拐点的实现是众多因素促成的结果，是社会各个主体（政府、消费者、企业、媒体等）共同努力参与的结果，但是由于社会文化传统、社会法律制度等诸多因素的存在使得其他主体对食品安全治理的参与性不强，各主体对政府治理的依赖性较强，导致食品安全规制政府孤军奋战，这种局面的持续将推迟食品安全规制拐点的到来。

（1）有奖举报制度的巨大改革

① 建立和完善了“深喉”举报制度。

“深喉”举报也称内部举报人举报。业内人士由于在生产第一线，对食品违法生产情况清楚，同时，由于其提供的信息具有超前性（有些新的违法活动可能是新生状况，规制人员并不掌握，政府规制通常具有滞后性），企业内部知情人士对违规生产流程、违法生产行为、作案方式非常熟悉，因此，业内人士的举报线索具有目标精准、证据充足的特点，其举报对于打击食品生产违法行为具有重要帮助。要增加企业内部人举报，必须提高对内部举报人的物质奖励以提高其举报积极性。目前，我国很多省份在制定食品安全有奖举报办法时都很注重内部人举报，制定了物质奖励办法鼓励内部人员举报。如北京市、上海市、深圳市、杭州市、河南省等多个省份和城市出台的食品药品有奖举报制度，都专门列出来条款鼓励企业内部人员举报，揭发行业“潜规则”。

② 完善了有奖举报的举报途径，提供了多样化的举报途径。

“深喉”举报制度得以长期有效实施的重要前提是能保证举报人的人身安全。保证举报人人身安全的重要措施是保证其身份隐蔽性。为了隐藏举报人身份，我国多省市修订的食品药品有奖举报制度都建立了多样化的食品安全举报方式。我国的网络技术发展迅速且网络的覆盖率已经非常高，互联网举报将是非常有效的运作平台。我国食品生产目前产业组织化程度不高，生产主体依然是大量分散的小型生产企业，很多不安全食品的生产是由分散、隐蔽的小微企业提供的，规制难度非常大。广大人民群众举报将为食品规制机构获取第一手资料，发现隐藏的违规生产。互联网举报在检察举报已经广泛运用，该措施已经为食品安全举报借鉴，这样的设置为内部人举报和社会公众举报提供了便捷安全的渠道。为了适应网络迅速发展，多省市开通了微博，手机客户端软件等新的举报方式[①]。同时，密码举报也是一种有效的保护举报信息安全的措施。密码举报是指举报人在来访、来信、传真、电话告知具体举报内容时，不用报自己的真实姓名，可留下自己编制的密码，凭密码可以了解案情进展和领取奖金。密码举报完善了举报方式，保护了举报者的信息。同时为了保护举报人的人身安全，增强举报人员举报的主动性、积极性，举报制度规定举报人可以不用亲自到食品药品监管机构领取奖金，只要提供银行账号及身份证复印件，或者是有效的密码就可以由监管部门将奖金汇至指定账户。

③ 降低举报的条件。

各地出台的食品药品违法行为举报奖励办法都全面拉低了举报奖励门槛。例如，很多城市奖励标准中都指明“导致公众身体健康危害不再是获

① 胡伟．食品安全微信举报对社会治理的启示［N］．文汇报，2017-06-26.

得举报的必要条件”。

4–5　我国部分城市多样化的举报方式

省市	多样化的举报方式
北京市食品药品违法行为举报奖励办法（2016 年修订）	举报奖励对象原则上应实名举报；匿名举报人也可以作为举报奖励对象。 相关单位要公布举报电话、传真、信件及电子邮件等有效联系方式[①]
上海市食品药品监督管理局举报有功人员奖励办法（2016 年）	新奖励办法允许举报人通过实名、隐名、匿名 3 种方式举报。其中隐名举报，即举报人不提供真实姓名或名称，但提供其他能够辨别其身份的代码，如身份证缩略号、电话号码、网络联系方式等，食品安全监管部门可通过上述代码与举报人取得联系并发放奖励[②]
河南省食品安全举报奖励办法（试行）（2012 年）	第七条规定：举报人可以采取书信、电话、传真、电子邮件、当面陈述或者其他形式进行举报。举报人举报时应注明本人的姓名、居民身份证号码、工作单位、家庭住址、联系电话等有关情况。举报人可以匿名举报，举报时应提供一个六位数的身份验证密码和有效联系方式[③]

资料来源：通过各省份城市有奖举报公告整理得到。

有奖举报制度的实施收到了一定效果。以辽宁省为例，2011 年辽宁省食品安全举报中心受理的食品安全投诉举报共 3189 起，兑现了 146 起举报奖励。2012 年该中心核定食品安全举报奖励 163 件，发放奖金 157 万元[④]。自 2014 年至 2016 年 4 月，该中心共受理群众诉求 72380 件，查处违法违规行为 3488 件，举报查实 1344 件，涉案金额达到 172.65 万元[⑤]。2012 年，全国共受理食品安全举报案件 141031 起，涉案金额 8.6 亿元，奖励了 6922 人次，发放 952 万元举报奖金[⑥]。

（2）公众食品安全举报不积极的因素分析

虽然我国食品安全有奖举报制度取得了一定成绩，但全国举报食品安

① 北京市食品药品违法行为举报奖励办法（2016 年修订）[EB/OL]. 2016-05-06.

② 上海市食品药品监督管理局举报有功人员奖励办法（2016）[EB/OL]. 2016-02.

③ 河南省食品安全举报奖励办法（试行）（2012）[EB/OL]. 2012-02-10.

④ 刘力源. 2012 年吉林省食品安全中心核定举报奖金 157 万余元 [EB/OL]. 吉林省人民政府网站，2013-02-22.

⑤ 方月宁. 辽宁：食品药品有问题可拨 12331 投诉 5 天内有回音 60 天内反馈结果 [N]. 沈阳晚报，2016-04-01.

⑥ 2012 年全国共受理食品安全举报案件 141031 起 [EB/OL]. 搜狐健康. http://health.sohu.com/20130315/n369013896.shtml,2013.03.15.

全案件的数量偏少。我国的食品安全举报案件本身就少，举报后举报者去领奖的也为数不多。这从侧面反映了我国食品安全有奖举报制度的效果并不是很理想。据统计，辽宁省的食品安全有奖举报电话自2012年开通，截至2013年10月，辽宁省只有31万余元的奖金成功发放，还有15万元没人领，发放率只有67%，没有发放出去的奖金涉及173例成功举报[①]。2012年上海市共受理食品安全举报5087起，发放有奖举报奖金19.95万元，奖励人次521人次。福建省财政厅拨出来500万元的专项资金，而实际发放的奖金不到专项资金总额的4%。从人均奖金来看，只有383元。在全国范围内，海南省设立的专项食品安全奖励金最高，每年50万元，但是每年实际发放出去的却非常少，2012年仅发出了1600元，2013年仅发出去了6000多元[②]。

① 公众对政府具有较强的内心依赖，即使是知道某些个人的违法乱纪行为，也很少有人去举报，而是等待政府来解决问题。面对违法乱纪的行为，公众是首先反映给当地政府，由当地政府来解决，而不是直接向上级政府举报。如果有个人越级上报，或者是经常举报，即使是正义的事情，也会被认为是“多事的人”“甚至是可怕的人”“需要特殊照顾的人”。

② 举报结果不明确阻碍公众举报。如果举报结果对错很分明，且处理结果有明确回馈，公众也会积极举报。事情的处理结果具有很多的不确定性。谁的关系网大、关系硬，谁就可能在诉讼中获得胜利。甚至有时候，即使有明确的法律、法规，法律法规可能会被搁置。具体到食品生产领域，对于制假者、违法生产者由于他们的生产行为可能违法，所以为了避免打击，通常情况下都会通过各种渠道与当地的规制者拉上关系。在这种情况下，如果所举报的食品安全事件影响不大，没有上级政府参与，公众举报的违法情况根本就不会被当地的规制部门真正去处理，或者是被从轻处理；如果是被举报的违法情况比较恶劣，有上级政府责令处理，公众举报的事情才可能被认真处理。因此，在处理结果不明确

① 林乾祥．我国食品安全有奖举报制度研究［D］．华侨大学，2018.
② 侯赛．海南食品安全热线每年设50万元举报金 仅发千元［N］．海南日报，2014-01-07.

的情况下，公众没有积极性从事举报活动。即使是自身利益遭受侵害，消费者也不会走正常的渠道向当地政府监管部门举报、反映问题，而是通过媒体把事情搞大，引起上级注意，通过上级力量、外在压力解决问题。

③ 在一些传统社会文化中，江湖义气盛行，江湖义气重私德不重公德，举报（会被认为是告密）被人鄙视。我国众多颂扬江湖义气的文学作品已经深入人心。江湖义气盛行绵延不衰，大有“江湖之气流行于江湖、泛滥于民间、浸润入官场”之势。江湖义气的本质是把义气等同于原则，等同于政策，利益代替规矩，讲私人情面，重哥们利益，违背组织原则，破坏正常的官场、工作秩序，扭曲曲解国家法律，背叛国家利益，最终形成特殊利益共同体。目前，在经济领域，我国的某些造假行为是区域性行为，造假产业是当地的支柱产业，举报假冒伪劣违法生产行为必然会侵犯村民利益、甚至是亲戚朋友利益。在江湖义气盛行的民间文化中，举报行为必被周围人所不齿，甚至会引起众怒，举报者在当地难以生存。

④ 弱小公众遇到问题的处理思路是：一是报官希望通过政府来解决，对政府机关高度依赖；二是如果政府不能做到公正严明高效有序地处理社会矛盾，公众就会求助于地下暴力组织。

具体到食品安全举报，举报是举报不合理不合法的事情，举报行为必将触犯被举报人的利益。举报无论是秘密的还是公开的都是与被举报人之间的一种对抗行为。公众很难去主动举报非法行为，即使是在消费过程中受到了损害，有时候也会不了了之，很少去主动举报。目前食品领域的主动举报多数是职业打假人的举报。但是目前职业打假人的举报领域多集中于标签、标识等不合规的显性因素，很少对食品质量、违规添加等深层次的、不明确的食品安全问题进行举报；同时职业打假人的举报多是先私下解决，如果能够私下解决获得相应的赔偿就不去食品监管部门举报，因此并不能在广范围内对食品安全问题进行有效监督。而少数“勇敢”“热血”的举报者频繁被报复的事件的报道更是减弱了一般公众举报的积极性。如 2018 年广州医生谭秦东因为在网上“吐槽”“鸿茅药酒是来自天堂的‘毒药’”，被内蒙古凉县警方跨省抓捕，在羁押97天后在媒体等众多力量的努力下被取保候审。取保候审的谭医生于2018年5月11日突发精神病住院，谭医生由之前的意气风发变得“噤若寒蝉”“痴呆疯傻胡言乱语”。2018年4月28日，郑州的消费者在网上给个差评就遭到卖家“血洗全家”“下跪都不行”的威胁。2017年郑州一女性消费者因在淘宝网给差评遭卖家千里复仇当街被暴打。在卖家匪气十足的消费环境中，消费者多是委曲求全、不了了之。

⑤ 举报渠道不畅通。目前，我国的31个省、自治区和直辖市都制定了食品安全有奖举报制度，公开了多种举报渠道，如来访、来电、网络等多种方式。但是由于宣传力度低，“12331”热线的知名度低，很多人根本不知道食品安全举报电话，更不知道举报的邮箱号。调查显示，知道某单位和个人生产经营不安全食品时，62.9%被访者表示会举报，22.6%表示不会举报。在不举报的人群中，有53.1%人“嫌麻烦”，53.1%的人认为“投诉没用”，31.3%的人“不知道如何投诉”。在案例1中，以真实的案例展示了消费者举报难的情况。

⑥ 举报的回应性差。如果能够得到及时有效的回应，并有直观明确的效果，公众举报的积极性就高；如果公众提心吊胆举报的东西，监督机关根本不受理，或者假意应付，公众举报的积极性会降低。2013年国际旅游岛商报的记者岳雪琪实名举报食品安全线索，结果20多天过去了，竟然没有任何人向记者回复反映问题的处理情况。如果实名举报无法得到回复，那就会让公众产生监管部门不重视，举报热线流于形式，公众举报的积极性必然受到影响。同时，如果一条实名举报的线索，最长需要30个工作日才能给举报人回复，时间拖延得越久，被举报对象已经被转移的可能也大，查处的难度越大，对监管机关公权力的权威的负面影响越大，公众质疑的可能性越大，公众参与的积极性越差。要增强公众参与食品安全治理的积极性，政府必须加强对规制者尸位素餐的渎职犯罪的管理。刑要上“大夫”，只有达摩克利斯之剑高悬在规制部门的头顶之上，假规制才会少一些。

案例1　电话举报食品安全 真累！好难！

2011年6月4日01：31新浪新闻

2011年5月17日西安市政府发布7个职能部门举报电话。6月3日，记者以消费者的身份就“问题菠菜面”问题进行投诉，具体过程如下：

（1）上午11点多，记者两次拨打西安市食品安全委员会办公室两部电话，无人接听，下午2点再次拨打，依然没有接听。（2）上午11时19分，记者拨打4次西安市公安局电话，总占线，11时42分，电话终于不再是“占线”状态，但却无人接听。后告知，构成立案才受理。（3）商务局管不了，只负责商品的屠宰。（4）上午11时24分，记者打通西安市农业委员会电话，接电话的女生建议给食安办打电话，农委只负责“初级产品”，面条属于“成熟产品”。（5）上午11时52分，记者拨打西安市工商局电话，中午1点，西安工商新城分局工作人员回电给记者约定一起查处的时间。下午不到约定时间，工作人员回电告知已经去店面查过没有问题，如果记者怀疑面条有问题可以自己去检测部门检测。（6）下午4时11分，记者拨打西安市食品药品监督管理局电话，工作人员告知他们负责餐饮服务环节，只管饭店里做好的菠菜面，路边店里买的生的菠菜面是“生食”，建议找工商部门。（7）下午4时29分，记者致电西安市质量技术监督局电话，两分钟后回电，说“问题菠菜面”属于食品流通环节，他们主要负责食品生产企业方面的安全问题。

记者感悟：真累、好难！部门再多，不如一家管好。

⑦ 举报中具体的制度设计抑制公众举报的积极性。首先，政府检测目录落后于食品产业的发展会抑制消费者举报积极性。如早期的“三聚氰胺”事件，消费者已经由于食用含有过量三聚氰胺的奶粉出现了肾衰竭等问题，但政府检测结果依然合格。政府解释的原因是政府的检测名录中没有三聚氰胺这样的物质。这样的答复必将引发消费者的不满并挫伤消费者积极性。

其次，政府对公众举报的问题回应不积极抑制公众举报积极性。

在新生事物面前，如果政府对规制对象认定不清楚，或者是近几年政府规制机构频繁地合并、分解，规制模式由水平型变垂直型，或者是垂直型规制回归水平规制，但规制依据并没有及时调整，或者规制依据调整了但是规制条文中相互冲突的条文并没有及时消除，导致政府规制依据混乱，结果可能会造成政府的行政监管处理结果与国家法律制裁的冲突。冲突的制裁结果如果涉及面广，必将引发社会各领域的广泛争议。在裁决结果引发争议的阶段必然导致相关食品安全规制工作的停滞，监管部门工作的迟疑。规制部门的迟疑和疑虑又会导致规制工作的停滞，导致规制部门对公众举报回应的暂停，这将影响公众举报积极性。

这方面最为典型的案例是被称为“食品安全治理典型切片”的“毒豆芽”[①] 问题。在我国频繁出现严重的食品安全事件以后，国家监管机关决定重点惩治食品安全犯罪。2013 年最高人民法院、最高人民检察院出台了《关于办理危害食品安全刑事案件适用法律若干问题的解释》。在该《解释》出台以后，全国范围内掀起对毒豆芽的清查工作。有数据显示：2013 年 1 月 1 日到 2014 年 8 月 22 日，涉及毒豆芽的案件达 709 起，918 人获刑。案件的判决书里，多以“生产、销售有毒有害食品罪”对芽农提起诉讼，依据是“豆芽中检测出 6- 苄基腺嘌呤、4- 氯苯氧乙酸钠、赤霉素等物质，依据为《中华人民共和国刑法》第二十五条、第一百四十四条、第五十二条、第五十三条、“两高”《关于办理危害食品安全刑事案件适用法律若干问题的解释》第六条 (一) 项、第十七条的规定，判定众多芽农生产的豆芽含有有毒物质，芽农被判处“生产、销售有毒有害食品罪”，有的判刑高达五年零六个月。同时，多地的食品监管人员、质量技术监督人员因“渎职罪”被检察院提起公诉并判刑。

在众多芽农因生产和销售“毒豆芽”被判刑后，学界、法律、媒体、

① 被称为“毒豆芽”的原因是：在豆芽中被检测到 6- 苄基腺嘌呤、4- 氯苯氧乙酸钠、赤霉素等物质。首先，这些物质也属于植物生长剂，在目前的管理规范中，植物生长调节剂一般被归入农药类，而在日常检测中，植物生长调节剂残留，也就属于广义上的“农药残留”。其次，这些植物生长调节剂虽然在农业栽培、果树上被广泛使用，但在豆芽这样直接食用的蔬菜上，依然未获许可。

监管机关针对“毒豆芽”问题展开了激烈讨论。争议的焦点主要集中于：第一，豆芽是“初级农产品”还是“工业加工品”？第二，豆芽归谁管？第三，在豆芽生产过程中喷洒的物质如“速长王”（俗称“无根水”[①]）是否是有毒有害物质？如果有毒有害，毒害的程度是什么？第四，违法生产毒豆芽的生产者应该按什么标准处罚？以生产、销售有毒、有害食品罪处理？按生产、销售不符合安全标准的食品罪处理？或者其他？该讨论从2013年一直持续到2015年。争论产生的根源主要是：第一，豆芽制发是农业种植？还是食品加工？存在争议；第二，监管机构职责不明；第三，6-苄基腺嘌呤、4-氯苯氧乙酸钠、赤霉素这些新被添加到食品中的物质属性定义不明；第四，监管机构多次调整但是相关的监管条文并没有有效调整。

⑧ 具体的不合适的有奖举报制度影响消费者举报积极性。为激励社会公众与食品违法犯罪行为进行斗争，2011年国务院食品安全委员会办公室发布了《关于建立食品安全有奖举报制度的指导意见》，全国31个省市积极影响号召，制定了具体的食品安全有奖举报制度。这一制度的出台对于公众举报食品违法生产活动是巨大的激励，但是某些省市制定的有奖举报制度的具体条款不利于公众举报。

如限制有奖举报主体。广州市、深圳市在不予奖励的规定条款规定：消费者为了维护自身权益的投诉不予奖励、假冒伪劣产品的被假冒厂家及其委托代理人或利害关系人的举报不能奖励。从社会层面看，公众举报的主体主要有：在消费过程中消费利益被侵害的消费者、假冒伪劣活动被假冒的企业、媒体、专业打假人士、公益人士。

媒体有奖举报有其他主体难以比拟的好处，媒体为了保证新闻的新、特别、及时，一般情况下都有自己隐蔽的线索提供人，这些人信息灵通，渠道特殊，所以能够有效地获取有关违法生产的信息，同时，媒体人有时候也会亲自暗访、卧底以求新闻的真实、有效、及时，媒体人有

① 无根水里面主要包含了6-苄基腺嘌呤、4-氯苯氧乙酸钠、赤霉素等物质。这些物质可以提高发芽率，增粗豆芽茎，提高产量，提高品相，优化口感。

自己特殊的设备，能够有效地提供所要举报的违法食品生产的证据。媒体在食品有奖举报方面的不利情况是，在通常情况下媒体的报道、采访是要配合大事件、同时要求事件具有独特性、能够吸引公众眼球。如果所检举的事情，涉及面不广泛、没有影响力，或者是以前报道过的已经没有了时效性，新闻媒体关注的可能性不大，公开曝光的可能性也就很小了。

专业打假人士举报的积极性是比较高的，同时也会有专业的团队和设备、专业的相关法律知识，对食品违法生产的有奖举报的针对性很强，效果也比较突出。近年来职业打假诉讼案件增多且呈现出新变化：从传统超市、商场等实体购物转向网络购物；目标商品从门类分散商品向食品、药品类商品集中。专业打假人的广泛存在必将为企业生产假冒伪劣产品的行为起到一定的监督作用，但是目前的专业打假也出现一定问题：第一，专业打假人士由于其身份暴露，经常会受到恐吓、威胁，很多打假人士不能长期坚持就退出了打假队伍。王海是打假群体中首个成立公司来打假的人。王海成立公司的初衷就是通过专业化规模化的力量、强势化的操作，以组织代替单个个体与造假组织博弈，提高博弈的对等性、力量的均衡性。第二，专业打假成为职业，职业素养高，符合要求的人不多。专业的打假人士一般城市大约有 100 人左右，北上广深一线城市大约有 1000 人。第三，鉴定难、鉴定费用高依然是消费者维权的主要困局。第四，职业打假人士的维权目的和路径与普通消费者存在显著差异，狭隘的精准的打假面、打假目标并不能普遍化改善我国的消费环境。目前消费者维权成本很高，专业打假人士尤其是规模化、公司化后的打假公司，打假之前都要通过精细化的成本与收益衡量，打假范围、打假目标的确定都是通过精准的功利性筛选而来。如王海的北京大海商务顾问有限公司接收订单是“30 万元的打假起步价”，选择的目标是具有赔付能力的企业等。这也即是说，王海等专业打假公司的存在虽然在一定程度上对违法企业的生产和销售起到一定的威慑作用，净化了商业环境，但是职业打假与普通的消费者维权存在目的与路径上的差别，职业打假公司的成功维权，并不能等同于消费者权益的整体提升[①]。第五，实践中，部分专业打假行为有畸形化的倾向[②]。一些专业打假人士在买到假货、问题产品后的维权路径主要有两种：第一种是直接将买到的东西扫描、拍照，然后将东西和发票寄到当地的工商部门、质监部门或者海关等监督管理部门，通过工商部门等监管部门与售假企业的协商获取相应的赔偿。如果工商部门等监管部门不处理，则状告监管部门行政不作为。这种生猛的方式，通常监管部门的处理效率高，同时由于有监管部门的介入能够迅速封存问题产品，在大范围层面上消除问题产品的社会影响。第二种是绝大多数打假人士的维权路径：发现问题产品后，首先是找商场、卖家或者生产厂家协商交涉，如果协商不成再找当地的工商部门、消费者权益保护组织等单位反映，再无果，才采取起诉的方式。在这个过程中许多知名商家顾及品牌声誉与社会影响，一般不想进入审判阶段，多是通过调节、和解的方式来解决，打假人士获取的收益通常等于或高于国家规定的赔偿标准。在此过程中，甚至会出现打假人士勒索商家的现象。如 2011 年 12 月“成都打假第一人”刘江就因“敲诈勒索罪”被提起公诉。第二种维权路径下的职业打假人的打假表现为“手段是买假，本质是谋取自己的私利，间接上净化社会商业环境”[③]。第二种维权路径由于没有工商部门的介入、查处问题产品的环节，这种维权路径不能在社会层面上消除假冒伪劣商品的影响，并不能大范围的改善商品质量。

这四类主体中，被假冒的商家举报的积极性最强。在目前政府监管不严格的情况下，假冒现象很常见。知名企业的产品被仿冒给企业造成的损失非常巨大。全球反假冒反盗版大会提供的数据显示：假冒和盗版行为每年造成上万亿美元损失。越来越多的企业不惜巨资进行打假。据

---

① 朱昌俊 . 剔除对职业打假的玫瑰色想象［J］. 新华每日电讯，2015-03-24.

② 裘立华，张钟文 . 浙江高院：“职业打假人”诉讼增多隐患不少［J］. 新华每日电讯，2015-03-15.

③ 李俊杰 . 视职业打假人如何打假?［EB/OL］宏观经济中新网，2015-03-15 .

了解，联合利华每年打假费用 2000 万元[①]……针对造假企业的造假行为，被仿造企业不同的回应方式，对企业的惩罚并不相同。企业直接起诉造假者，造假者只承担民事赔偿责任；企业向执法部门举报，造假者只承担行政处罚责任；企业向公安机关报案，造假者只承担刑事责任。这几种方式，造假者都是只承担部分责任，造假的收益大于风险，所以造假者并不害怕打假。造假企业不害怕打假，造假现象必然多，被仿冒的企业举报的积极性高。

同样的道理，消费者尤其是在消费者过程中受到伤害的消费者，举报的积极性高。例如，在 2008 年的“三聚氰胺”事件中，大量食用婴幼儿奶粉的儿童出现了身体明显不适、损害的情况，所以家长联合起来向有关部分举报。受害的消费者通常由于在消费过程中受到损害，向相关部门举报的积极性高。但是我国目前一些地方制定的有关食品安全有奖举报制度却明确规定“消费者为了维护自身利益的投诉”不予受理，假冒伪劣产品的被假冒方及其委托代理人或者利害关系人的举报不予受理，详情见表 4–6。如广州市、深圳市等地出台的有奖举报的规定中都明确规定了上述两类主体即使有奖举报了也不能获得奖励。

表 4–6　各地有奖举报制度的不合理规定

广州市	1. 六（六）条款不予奖励的规定：（消费者为了维护自身权益的投诉）；2. 五（二）条款有奖举报条件规定：有明确的举报对象、具体的举报事实及证据；3. 六（三）条款不予奖励的规定：假冒伪劣产品的被假冒方及其委托代理人或利害关系人的举报
深圳市	第九条第（三）款不予奖励的规定：假冒食品的被假冒方或者其代表、委托人的举报

资料来源：广州市和深圳市的有奖举报公告。

对举报人保护不力也是阻碍公众有奖举报的因素。举报人举报会获取少量的经济利益，同时也面临巨大风险。目前，部分省市制定的食品安全有奖举报制度办法中，鼓励多种形式的举报，包括实名、匿名和密码举报，但是也有些省份依然要求实名举报，苏州市和吉林省制定的食品安全

① 打假成本越来越高“企业打假”在尴尬中前行［N］. 市场报 . 2003–08–04.

举报奖励办法就规定举报奖励对象一般仅限于实名举报人。虽然各省食品安全有奖举报办法中都规定“办案人员要对举报内容、举报人的情况进行保密”，但是并没有具体保密程序和处罚规定，规定的约束力就大大削弱。实名举报意味着举报人的信息是公开的，随着举报案件的层层核查，经办的人员不断增多，举报人的信息被泄露的可能性越大，举报人被报复的可能性就越大。

5　西方国家食品安全规制拐点期的规制及对我国的启示

近年来，中国出现了一系列与食品安全有关的公共突发事件，特别是2008年的三鹿奶粉事件将中国的奶粉业乃至整个食品行业的安全问题推到了风口浪尖。中国如此，追溯世界食品安全问题的发展历史，古典时期就已经有食品掺假现象，美国、英国、日本等发达国家也同样经历过严重的食品安全问题，尤其是工业化和城市化的不断推进，导致食品安全现象泛滥成灾。各国纷纷通过立法措施并建立相应的政府监管体系对食品安全进行规制，有效地遏制了食品安全问题的进一步恶化，推动包括生产、储存、运输、消费等各环节在内的食品产业链逐步走向健康、安全的发展轨道。

5.1　英国食品安全规制拐点期的规制

作为世界上最早进行工业化的国家，英国食品安全问题历史悠久，可以追溯到中世纪时期。不过，在1820年之前，英国食品掺假行为非常少，发展也比较缓慢。[①②]18世纪后期，工业革命和快速的城市化促进人口集聚，产生了对食品，尤其是面包的大规模需求，导致面包和面粉掺假现象日益盛行。不过这一时期的食品掺假行为还比较少，而且只局限于面粉、

---

① Filby F.A., Dyer B. A history of Food Adulteration and Analysis [M]. London: George Allen & Unwin, 1934, p.17.

② Morris H., Burnett J. Plenty and Want [J]. Economic Journal, 1966, 76(303), p.614.

面包等部分食品，并不会对消费者的健康造成太大危害。18、19世纪之交的英国，自由主义理论盛行，政府不再对食品的质量与价格进行规范与控制。[①]1815年《面包价格法》的废除和1830年“啤酒店法令”的颁布，加剧了面包和啤酒业的竞争程度，导致厂商为追求利润纷纷对产品进行掺假来降低成本。此后，随着新工业技术的发展和掺假知识的广泛传播，制伪掺假食品屡禁不绝。另外，大量收入偏低的工人家庭，为维持生活只能购买价格低廉的掺假食品，使掺假现象得以长期存在。

这样，各方面因素使得食品掺假行为在英国历史上第一次获得了一个蔓延的大环境，掺假成为获得利润的有效手段。到19世纪初，食品掺假现象开始变得普遍起来，甚至达到泛滥成灾的地步。为了打击日益严重的食品掺假行为，保障公众利益和公众健康，英国开启了长期的食品安全规制之路。

5.1.1 英国早期反掺假运动的兴起

（1）阿库姆等人对食品掺假现象的揭示和批判

德裔英国人弗雷德里克·阿库姆是人类历史上以科学实验和检测为基础对食品进行打假的第一人。在1820年出版的《论食品掺假和厨房毒物》一书中，阿库姆通过严格的化学分析在英国历史上第一次严肃地揭露了食品掺假的本质、程度和危险性，认为英国的食品掺假与伪造已经达到了以假乱真的程度。他发现伦敦市场的啤酒被大量掺入一种含有绿矾和木防己苦毒素等成分的被称为“印度防己”的物质。[②]进口茶叶大量是由英国本地的槭树、李树和七叶树的叶子加工而成。[③]他还把涉及面包、葡萄酒、烈性酒、调味品和糖果等食品的各种手段和当事人公之于众，并对很少有人被处以重罚的社会现象予以谴责，进而第一次对英国泛滥的食品掺假行为提

① 魏秀春.英国食品安全立法与监管史研究（1860—2000）[M].北京：中国社会科学出版社.

② Frederick Accum. A Treatise on Adulterations of Food and Culinary Poisons [M]. London, 1820, p.6.

③ Frederick Accum. A Treatise on Adulterations of Food and Culinary Poisons [M]. London, 1820, pp.223-236.

出了警告，引起了强烈的社会反响。

然而，由于遭到既得利益集团的阻挠，阿库姆对食品掺假现象的揭示和批判并没有立即对英国食品掺假现象产生直接影响。尽管如此，阿库姆和他的《论食品掺假和厨房毒物》一书仍然是英国乃至世界反食品掺假运动的一座里程碑，促使后来更多的进步人士不断揭露日益严重的食品掺假现象。例如，20 世纪 30 年代出现了一本名为《致命的掺假和慢性中毒：瓶瓶罐罐里的疾病与死亡》的匿名小册子，要求政府制止危害公众生命的食品掺假行为，但并没有引起当时政府的关注。1848 年化学家米切尔出版《论假冒伪劣食品》一书，再次深刻揭露了社会上形形色色的食品掺假现象，在医学与化学领域引起震撼，推动了英国纯净食品运动的兴起。[①]

（2）《柳叶刀》杂志对食品掺假现象的调查和揭露

随着食品检验技术的进步，对食品掺假问题的揭露也日益增多，而且日趋组织化。其中，著名的医学杂志《柳叶刀》贡献最大。在其创办者威克利的推动下，《柳叶刀》杂志于 1850 年组建“卫生分析委员会”，授命反掺假运动的领袖人物、医生阿瑟·哈索尔主持调查各阶层消费食品的质量并给出相应的调查报告。哈索尔的调查表明，19 世纪中期英国食品的掺假现象严重到令人发指。很多掺假食品不仅使公众遭受经济损失，更重要的是会对公众的身体健康构成严重威胁。

哈索尔的调查结果作为委员会的报告由《柳叶刀》全文刊登。后来这些调查报告汇集成 1855 年出版的《食品及其掺假：1851—1854 年“柳叶刀”卫生分析委员会的报告》一书。[②] 对掺假丑闻的曝光一方面震慑了掺假商人，直接推动了很大一部分厂商决定自主进行改革，以防议会立法的强制性措施。[③] 另一方面也使政府认识到干预食品掺假问题的必要性，[④] 从而

---

① 魏秀春 . 英国食品安全立法与监管史研究（1860—2000）［ M ］. 北京：中国社会科学出版社 .

② 魏秀春 . 英国食品安全立法与监管史研究（1860—2000）［ M ］. 北京：中国社会科学出版社 .

③ Morris H., Burnett J. Plenty and Want［ J ］. Economic Journal, 1966, 76(303), p.614.

④ Sir Samuel Squire Sprigge. The Life and Times of Thomas Wakley, Founder and First Editor of the “Lancet”［ M ］. London, 1897, pp.460–461.

推动了英国社会反掺假运动的开展。同时，作为将显微镜用于食品分析的第一人，哈索尔为检测和证明食品掺假提供了一个合理、科学、可信的手段。[①]由他主持的调查运动是英国食品立法史上一个具有决定意义的行动，这次反掺假行动持续了20多年，得到了《曼彻斯特卫报》《商业证券报》《笨拙周刊》《泰晤士报》等媒体的大力支持，有力地推动了英国反食品掺假运动，直接导致了近代英国食品安全法的形成与完善。[②]

（3）医学界对食品掺假现象的高度关注

《柳叶刀》杂志的反掺假运动及其公布的调查报告，首先唤起了医学界对食品掺假现象的关注。其中，伯明翰外科医生、西德纳姆学院的解剖学讲师约翰.波斯特盖特最为著名。[③]通过调查，波斯特盖特发现，与伦敦市场一样，伯明翰市场上的面包也几乎都含有明矾，而且面粉中经常掺入马铃薯粉、豌豆粉与大豆粉等物质。[④]波斯特盖特对此感到十分震惊，下定决心与食品掺假现象作斗争，[⑤]从此登上了反掺假运动的舞台。

波斯特盖特意识到，要想在更大范围内打击掺假食品、提高食品质量，必须依靠全国层面的食品安全监管。为实现这一目标，波斯特盖特开始了他极富策略又卓有成效的政治游说活动。从1854年1月开始，波斯特盖特两次给伯明翰下院议员威廉·斯科菲尔德写信，要求他关注食品掺假现象，并考虑制定相关的立法措施。同时，波斯特盖特建议设立公共分析师，并详细阐述了公共分析师的职责，指出公共分析师应该由市政议会委任，有权在不预先通知的情况下在任意商店购买任何食品、药物以作检验和分析，并将结果向市政官员汇报，而且治安法官在得到相关证据后应有权以罚款等形式对掺假者进行处罚。进一步地，在斯科菲尔德的推动下，波斯特盖特还写信给伯明翰市长和市政会议的一些成员，鼓动其率先采取行动。1854年4月，由波斯特盖特召集召开的关于食品与药品掺假问

---

① Smith F. B. The People's Health, 1830—1910［J］. Medical History, 1980, 24(1), pp.114–115.

② 魏秀春.英国食品安全立法与监管史研究（1860—2000）［M］.北京：中国社会科学出版社.

③ Morris H., Burnett J. Plenty and Want［J］. Economic Journal, 1966, 76(303), p.614.

④ Morris H., Burnett J. Plenty and Want［J］. Economic Journal, 1966, 76(303), p.614.

⑤ John Postgate. Lethal Lozenges and Tainted Tea, p.22.

题的科学医学集会通过了一系列决议，包括承认当时的科学水平完全能够支撑对掺假食品与药品的准确检测，与会者同意波斯特盖特关于设立“公共分析师”的建议及实施措施。最后，会议督促伯明翰的下院议员将掺假问题提交议会下院讨论。这次集会受到《伯明翰通讯》《密德兰使者》《泰晤士报》等多家当地和其他地方新闻媒体的关注，不断推动波斯特盖特的政治游说活动走向全国。随后，波斯特盖特和斯科菲尔德联手向下院议员展开游说，力图尽可能多地得到他们的支持，并在此过程中逐步推出打击食品掺假的系列主张。

同时，为使反掺假成为社会共识，波斯特盖特不断给内阁大臣、下院议员、地方当局、科学家、出版界和公众团体代表以及其他相关人士写信，有时甚至亲自去拜访。1855 年 6 月，斯科菲尔德依照波斯特盖特的建议向下院提交关于反掺假立法的议案，该议案很快得到了回应。1855 年 7 月，以斯科菲尔德为主席，包括 15 名议员的下院调查食品、饮料与药品掺假专门委员会成立，食品改革运动由此进入一个新阶段。

（4）工人合作运动对食品掺假现象的有力冲击

由于受教育水平和收入较低等原因，英国工人阶级成为掺假食品的最大受害者。为了改善工人的饮食状况，19 世纪早期工人合作运动首先成为英国社会推广洁净食品的先锋队。作为当时普通民众的主要食物，面包的质量与价格的变化时常威胁着穷人特别是工人的生存，导致出现“食品骚乱”。1760 年，伍尔维奇和查塔姆的造船工人创建了合作面粉厂，1795 年赫尔的工人创建了“赫尔反工厂合作协会”。以重建道德经济为原则，这些合作工厂旨在向工人提供廉价健康的食品，使他们免受掺假食品的危害。[①]19 世纪中期前后，工人合作运动获得了空前的发展。1844 年 28 名来自罗奇代尔的贫穷纺织工人创建小商店，努力为工人阶级创造一个与资产阶级更为平等的生活。他们在商店里贮存洁净的食品，并以当地的零售价

---

① Peter Gurney. Cooperative Culture and the Politics of Consumption in England, 1870—1930 [M]. Manchester University Press, 1996, p.12.

格卖给工人，最后再把所获利润按照购买量的比例分配给顾客。[①] 罗奇代尔工人合作社基于其特殊的发展模式对工人产生了很强的吸引力，因此得到了快速发展。随后，在英国纺织工业区的许多城镇，工人纷纷仿照罗奇代尔模式建立合作社。据统计，1851 年英国罗奇代尔式的合作社已增加至 130 个左右，参加人数超过了 15000 人。[②]1862 年，曼彻斯特的 50 家合作商店合并组建“英国合作批发协会”，[③] 工人合作运动有序深入推进。

然而，由于工人长期消费掺假食品，在口味和外观上对洁净食品并不习惯，因此，工人合作运动提供的洁净食品最初受到很多工人的抵制。为了使工人能够真正认识洁净食品的价值，合作社领导者奔赴各地极力向工人宣传。经过一番努力，工人终于相信食用洁净食品对健康的重要性，有力地推动了罗奇代尔式合作社的快速发展。总体来看，英国工人合作运动对工人食物质量的改善贡献巨大，可以称得上是英国工人运动的一个壮举。

5.1.2 19 世纪下半叶英国食品安全规制的重要特征

（1）下院调查食品、饮料与药品掺假专门委员会的调查

由波斯特盖特推动成立，并以斯科菲尔德为主席的下院调查食品、饮料、药品掺假专门委员会于 1855 年 7 月开始邀请与食品和饮料相关领域的人士来作证。哈索尔博士因对食品掺假进行的详细调查而享有盛名，因此成为第一个被邀请进行作证的人。他强调英国当时存在严重的食品掺假现象，而且掺假食品质量十分低劣。他还向专门委员会阐述了掺假问题对公共卫生的影响和显微镜在揭露掺假上的重要性，建议政府对掺假行为采取必要的打击措施。[④] 就食品掺假对公共卫生的影响而言，哈索尔认为，如

---

① Colin Spencer. British Food: An Extraordinary Thousand Years of History [M] . New York: Columbia University Press, 2003, p.268.

② ［英］克拉潘：《现代英国经济史》上卷，中译本，商务印书馆 1974 年版，第 731 页。

③ Colin Spencer. British Food: An Extraordinary Thousand Years of History [M] . New York: Columbia University Press, 2003, p.268.

④ First Report from the Select Committee on Adulteration of Food, Drinks and Drugs; with Minutes of Evidence and Appendix(27 July 1855), Parliament Papers, 1854–55(432), p.1, Evidence 5.

果掺假物本身具有毒性，那么掺假食品一定会影响公众健康。即使掺假物本身没有毒性，但对消费者来说也是一种损害。就显微镜对揭露掺假的重要性，哈索尔认为，显微镜使掺假者们时时刻刻处在随时被发现的危险中。①

哈索尔向专门委员会建议，应该同时通过对掺假行为进行检测和预防两种手段打击掺假。对于前者，哈索尔提出应组建一个由显微镜和化学方面的科学分析师组成的专家委员会。在专家委员会的指导下，各地设立“检测巡视员”，购买食品样品进行检测分析，并定期向专家委员会报告。同时，专家委员会应经常出版通俗易懂的说明书，用图例表明食品在掺假和纯净状态时的显微镜检测情况，并教育普通民众如何识别掺假。最后，应鼓励普通民众向专家委员会举报可疑食品，并将相关样品呈送给专家委员会。关于预防措施，哈索尔认为，首先应建立一个公告体制，将被检测食品所有人的姓名和地址及时向社会公布。同时，对掺假食品的销售者处以罚金，对掺假行为的实施者处以罚金或监禁，或两者并罚。在预防措施的执行机构上，哈索尔建议重组消费税务局并扩大其执法范围，而不仅仅局限于被征收消费税的食品。最好是组建一个新的机构，接管消费税务局的分析职能，这样才能兼顾节省费用、保障税收和保护公众健康的职能。②

《柳叶刀》的创始人托马斯·威克利也于 1856 年 4 月受邀到专门委员会作证。威克利认为，如果不彻底说服立法当局，英国社会当时存在的掺假行为是不可能被阻止的。因此，《柳叶刀》设立调查委员会调查并揭露食品掺假现象和掺假食品对公众造成的危害，最终目的是引起立法者对这一问题的关注。③

作为反掺假运动的重要人物，波斯特盖特曾三次被专门委员会召去作证。第一次是 1855 年 8 月 1 日，关注的主要是面粉和面包掺假问题。按

① First Report from the Select Committee on Adulteration of Food, Drinks and Drugs; with Minutes of Evidence and Appendix(27 July 1855), Parliament Papers, 1854–55(432), p.27, Evidence 165.

② First Report from the Select Committee on Adulteration of Food, Drinks and Drugs; with Minutes of Evidence and Appendix(27 July 1855), Parliament Papers, 1854–55(432), pp.29–30, Evidence 182.

③ Third Report from the Select Committee on Adulteration of Food, Drinks and Drugs; with the Proceedings of the Committee and Minutes of Evidence, Appendix and Index, 1856(379), p.141.

照当时的法律，这些面粉和面包掺假行为是非法的，应该处以罚金。但是当时却没有专门人员来检查这些掺假面粉和面包。因此，波斯特盖特提出设立公共分析师来检测掺假食品，认为掺入有害物质的当事人应该被判入狱。[①]同年8月8日，波斯特盖特接受了第二次质询，主要是针对药品掺假问题，但是他依然没有机会详细阐述设立公共分析师的建议。直到1856年4月30日第三次作证，委员会才主动要求他阐述其改革的思想。波斯特盖特认为，应该尽快发布条例禁止一切有害的、有毒的和欺骗性的掺假。同时，他还详细规划了未来的议会法令应当包括的内容。波斯特盖特的思想被专门委员会接受，成为委员会立法建议的主要部分。

在专门委员会的调查中，证人们对食品掺假这一事实达成了共识，但对如何处理这一问题存在很大分歧。威克利认为，只要制造商在包装上清楚地标明掺入的数量和质量，掺假就可以被接受，这一想法得到了专门委员会的肯定。然而，另一些人却认为，如果掺入的物质对健康无害，就没有必要让消费者知道，因为告知消费者反而会干扰市场经济的自然运行。而且，如果消费者喜欢这样的产品，说明该产品具有竞争优势。[②]波斯特盖特同样强调应区分有害掺假和无害掺假。前来作证的亨利·莱瑟比（曾为《柳叶刀》卫生分析委员会哈索尔的助手）认为应该区分偶然性掺假和恶意掺假。因为偶然性掺假是难免的，往往也是无害的。最终，委员会接受了大多数证人的意见，即应该区分并区别对待蓄意且对公众身体健康造成威胁的有毒掺假和无害掺假。

通过对多位权威人士的质询，专门委员会于1856年7月22日向议会提交了最终调查报告。报告承认，当前英国掺假现象十分严重，而且掺假食品使公众的身体健康处于危险之中，严重威胁着国家的社会公德和商业发展。[③]

---

① Second Report from the Select Committee on Adulteration of Food, Drinks and Drugs; with the Proceedings of the Committee and Minutes of Evidence, Parliament Papers, 1854–55(480), p.48, Evidence 2132–2134.

② John Postgate. Lethal Lozenges and Tainted Tea, p.37.

③ Third Report from the Select Committee on Adulteration of Food, Drinks and Drugs; with the Proceedings of the Committee and Minutes of Evidence, Appendix and Index, 1856(379), p. Ⅲ .

（2）反食品掺假的单一立法：1860年《食品掺假法》

下院专门委员会的调查报告激起了公众的热情，要求食品立法的舆论空前高涨。为呼吁立法，以司法、教育、公共卫生为主题的社会科学全国促进会于1857年10月13日在伯明翰召开。波斯特盖特向大会提交了名为《论食品与药品掺假及其预防方式》的论文，就什么是掺假以及如何打击掺假等问题做了详细阐述。[①] 尽管议会与国家都确信存在食品掺假现象并且该现象呈现日益严重化的趋势，但是在应对措施的选择上却有着很大的分歧。许多人寄希望于生产者的主动改革，而另外一些人如哈索尔则主张设立一个中央机构负责打击掺假行为，并对掺假当事人处以以监禁和曝光为主的惩罚。[②]

鉴于可能遇到的阻力，斯科菲尔德于1859年1月29日向下院提交了一个相对温和的反掺假法议案，要求议会授权英格兰诸地的地方当局设立公共分析师，适度地抽检样品并对涉及掺假的当事人处以适度的罚金。在议案的第二轮讨论过程中，一些议员认为，斯科菲尔德的提案若成为法律，英国的食品销售就会建立起一种令人讨厌的告发和监视体系，势必会引起诸多烦恼。虽然议员们意识到食品安全立法具有很大的必要性，但认为议案中包含的很多条款界定模糊、泛泛而谈，特别是对掺假者的惩罚缺失评判标准和诠释规则，[③] 这势必会给法令的具体执行带来麻烦。

1860年4月议案被重新提交。一个偶然发生的导致200人中毒、17人死亡的止咳糖浆掺假事件直接促成了议案的通过。[④] 同年7月，法令签发生效，这就是英国第一部试图对所有食品监管的单一立法——1860年的《英国食品掺假法》。[⑤] 该法令规定，销售掺入有害健康成分的食品或饮料是一种非法行为。而且，将不纯净的食品作为纯净食品，或者将掺假食品作

---

① John Postgate. Lethal Lozenges and Tainted Tea, p.45.

② Morris H., Burnett J. Plenty and Want [J]. Economic Journal, 1966, 76(303), p.614.

③ H. C. Debs., Vol.154, 7 July 1859, cc.846-51: Second Reading for Prevention Bill.

④ Ferguson B., Paulus I. The Search for Pure Food: A Sociology of Legislation in Britain [J]. British Journal of Law & Society, 1974, 2(2), p.236.

⑤ Katharine Thompson. The Law of Food and Drink, p.4.

为非掺假食品销售也是一种非法行为[①]。然而,1860年法令对掺假商人的惩罚力度非常轻微，主要通过罚款进行惩罚，而且只有在掺假人拒交罚款时才能处以监禁。如果当事人能够证明自己是被欺骗或者根本不知道掺假的存在，就可以免于惩罚。[②]另外，法令对地方政府没有约束力，而且在很多时候商人本身就是地方当局议事会具有影响力的成员。这意味着，1860年法令是一个非约束性法律，各地是否实施由其自行决定。同时，由于当时不同经济思想的争论、既得利益团体的阻挠和郡行政当局的昏聩与惰性，1860年法令在其生效的10余年里形同一纸空文，大多数地方当局将其束之高阁，无所作为，食品业的掺假现象依然兴盛不衰。所以说，从实际效果来看,1860年法令是一个彻底失败的法令。[③]然而，也并不能否定该法令自身拥有的价值和历史地位，它在历史上第一次确立了保护消费者免遭钱财损失和身体伤害是政府应尽的职责这一思想,[④]表明英国政府已经准备承担起打击掺假行为的责任。

（3）反食品掺假的强制性立法：1872年《禁止食品、饮料与药品掺假法》

1860年法令远没有达到改革者的目标。因此，波斯特盖特于1863年9月10日提出“1860年法令修正案”：强制地方当局设立分析师；规定掺假是一种应当处以罚金和监禁的犯罪行为；授权中央政府监管地方当局对法令的实施；利用各地的市场巡视员获取样品，并交予公共分析师；建立打击食品掺假者及出售者的司法程序等等。[⑤]在自由贸易思想风靡的背景下，该修正案受到既得利益团体的大力阻挠，从而两次被下院否决。为此，波斯特盖特迎难而上，继续坚持对掺假食品进行检测，并不断在报纸杂志上发表相关报告或论文以引起公众对此问题的持续关注。同时，他又

① Bigelow, W. D. The Development of Pure Food Legislation［J］. Science, 1898,7(172), pp.505–513.

② Morris H., Burnett J. Plenty and Want［J］. Economic Journal, 1966, 76(303), p.614.

③ John Burnett. The Adulteration of Foods Act, 1860.

④ Giles. The Development of Food Legislation in the United Kingdom, in MAFF, Food Quality and Safety: A Century of Progress［J］. Food Quality & Safety A Century of Progress ,1976, p.6.

⑤ John Alfred Langford. Modern Birmingham and Its Institutions, Vol. Ⅱ, p.459.

三次邀请负责其修正案议案的议员召开会议，用实验结果分别从道义、商业以及卫生保健方面向他们证实食品掺假的严重性，以及掺假行为并未因之前的披露而有所减少的事实。[①] 沃里克郡议员菲利普 . 亨利 . 芒茨成为狄克逊之后波斯特盖特最坚定的战友，他以饱满的热情投入到食品改革运动中。在仔细研究了波斯特盖特的草案后，芒茨从 1870 年 2 月开始三次将其提交下院讨论，最终议案顺利通过。1872 年 8 月 10 日，法令签发生效后成为法律，这就是 1872 年《禁止食品、饮料与药品掺假法》。

1872 年法令与 1860 年法令相比有了很大进步：第一，新法令明确掺假行为属于犯罪，并规定将惩罚掺假共谋者和订货人；第二，新法令规定如果不告知消费者，出售仅是为增加产品重量或体积而添加无害物质的产品也是一种违法行为，而且法令同时还规定出售掺假药物也将受到处罚；第三，在行政上，新法令将设立分析师的权利扩大到拥有独立警察机构的自治城市。当地方委员会要求时，各地必须设立分析师，具有中央层面的强制性；第四，分析样本将由公害检验员等其他地方官员和个人提供，使分析样品的来源有了更广泛和相对稳定的渠道。分析师必须提供年度报告，这意味着地方政府有责任打击掺假行为，检验员和分析师也不能再敷衍了事。[②]

（4）反食品掺假得到有效实施的立法：1875 年《食品与药品销售法》

与 1860 年法令相比，1872 年法令在更多的地方得到了实施。然而，该法令仍然存在一些问题，阻碍着相关条款的有效实施。同时，为加强对掺假行为的打击力度，地方政府委员会于 1875 年初授命拟定《食品与药品销售法》，并顺利获得了议会的通过。该法令在四个方面做了重大修改：第一，关于公共分析师的设立。在地方政府委员会的要求下，所有地方政府必须在其管辖区域设立具备专业知识和技能的公共分析师。这些分析师不能参与食品药品相关的商业活动，而且必须得到地方政府委员会同意才可以被任命或离职。第二，关于分析结果。公共分析师必须将分析结果以

---

① John Alfred Langford. Modern Birmingham and Its Institutions, Vol. Ⅱ , pp.459–462.

② Morris H., Burnett J. Plenty and Want［J］. Economic Journal, 1966, 76(303), p.614.

季度报告的形式呈送给地方政府，而地方政府必须对报告进行年度汇总和备案。第三，关于样品的来源。任何卫生医疗官、市场检查员等官员都有权购买食品样品送交分析师检测，食品商必须向这些官员出售货物正式样品，否则将被处以罚金。[①]第四，关于罪行的惩罚力度。对首次犯罪者，最高处以罚金50英镑，而惯犯将被处以6个月监禁或劳役。另外，关于掺假罪问题认定中“对购买者构成侵害”这一标准，1879年的《食品与药品销售法修正案》进行了详细解释，提高了1875年法令打击掺假行为的效力，英国食品质量在法令签订后的数十年中也相应出现大幅度的提高。

1875年法令的最大特点是旨在构建一种以地方当局为主体的、具有强制性的检查分析体制，授权地方政府委员会更多地介入到法令的实施过程中。法令规定，地方政府委员会可以代表中央政府对地方当局的执法行动进行干预，对食品安全发挥着越来越重要的监管作用。在它的要求下建立起来的例行取样制度，成为食品样品来源的有力保证。[②]正是在地方政府委员会的干预下，1875年法令开始得到有效实施，并成为英国近代第一部初步得到有效实施的食品安全法。

然而，1875年法令仍是一部非约束性法律。为应对这一问题，地方政府委员会基于1875年法令拟定了新法案——1899年《食品与药品销售法》。该法案很快获得了议会通过，成为推动英国食品监管法律从非约束性措施向强制性措施转变的关键。[③]1899年法令不同于此前英国制定的所有食品安全法，它赋予地方政府委员会强制地方当局实施食品安全立法的权利。1899年法令具有强制性，是一部对地方当局具有约束性的法律。法令规定，如果地方政府对1899年法令中有关食品的规定没有认真执行，以致损害消费者利益，那么地方政府委员会可以督促其执行，或者委派官员强制执行。而且，在这个过程中发生的费用由地方政府支付和补偿。[④]可见，1899年法令把实施食品法的管辖权授予地方政府委员会，正式确立了

① Sales of Food and Drugs Act, 1875.

② Ibid., p.231.

③ Sales of Food and Drugs Act, 1899, General Acts, 1899,Chapte 51.

④ Ibid, Clause 3.

地方政府委员会在食品安全监管体制中的主导地位，对执法不力的地方政府更好地执行立法具有强制作用。[①] 在中央政府的干预下，食品安全法在各地的实施状况得到根本好转。1902—1903 年，每一个地方政府都向地方政府委员会呈报了关于实施食品法的报告。在法令的有效实施下，英国的食品安全在 19 世纪末 20 世纪初也得到极大的改善。[②]

5.1.3 20 世纪上半叶英国食品安全规制的重要内容

（1）公共卫生规制一般立法：1907 年《公共卫生（食品监管）法》

19 世纪中期以来，食物中毒事件时有发生，而这主要是由于食物受到细菌污染导致。[③] 然而，以打击掺假为主要目的的《食品与药品销售法》对食品遭受病菌污染等食品安全问题却无能为力。1900—1901 年发生的砷中毒事件和 1906 年发生的美国牛肉污染事件表明，英国当时缺乏对食品卫生的监管，而且在当时的法律框架下，中央或地方政府无权监管进口食品。[④] 在这种形势下，地方政府委员会于 1905 年在其内部设立专门的食品管理机构—食品处，该机构为地方政府委员会主持了英国政府有史以来的第一次专门性食品质量和安全研究。[⑤] 同时，为确保进口食品的安全，地方政府委员会于 1907 年要求食品处草拟《公共卫生 (食品监管) 法》，[⑥] 以加强地方政府委员会对进口食品管理的干预权力。

总体来看，1907 年法令完善了英国食品管理体制，使英国食品监管由单纯关注食品掺假问题开始转向对食品卫生的关注，提高了对消费者健康的保护程度，扩大了保护范围。

（2）公共卫生规制专项立法：1925 年《公共卫生（食品防腐剂等）

---

① Sales of Food and Drugs Act, 1899.

② Michael French, Jim Phillips. Food Regulation in the United Kingdom,1875—1938 [M] . Manchester: Manchester University Press, 2000.

③ Katharine Thompson. The Law of Food and Drink, p.9.

④ Michael French, Jim Phillips. Food Regulation in the United Kingdom,1875—1938 [M] . Manchester: Manchester University Press, 2000.

⑤ 魏秀春 . 英国食品安全立法的历史考察 1860—1914 [J] . 世界近现代史研究，2010.

⑥ Michael French, Jim Phillips. Food Regulation in the United Kingdom,1875—1938 [M] . Manchester: Manchester University Press, 2000.

条例》

19 世纪后期以来，英国食品工业中化学防腐剂的广泛使用引起了医学界和公共分析师的警觉，他们不断要求政府采取措施予以禁止。在他们的压力下，地方政府委员会于 1899 年组建调查食品贮存与染色中使用防腐剂和染色剂委员会，专门调查在食品生产和贮存过程中防腐剂和染色剂的使用对人体是否构成伤害，以及这些物质在多大程度上、多上剂量内不会危及人类的健康。调查委员会的最终调查报告显示，硼酸、硫酸、水杨酸、氟制剂、苯甲酸和福尔马林等防腐剂被广泛应用于食品和饮料中。各地的公共分析师也向部门委员会提供了各自的检测结果，基本上所有被检测的地区都存在滥用防腐剂的现象，只是不同地区不同食品防腐剂的使用量不同，同种食品在不同时间防腐剂使用量也存在差异。就防腐剂对人体的危害而言，公共分析师和医学界的人士都认为硼酸和福尔马林等防腐剂不适宜于人类食用，[①] 因此都主张限制或禁止这些防腐剂的使用。1902 年，部门委员会在其最终调查报告中，建议完全禁止使用福尔马林，限制使用水杨酸，允许在奶制品中限量使用硼酸。同时，委员会建议应根据《食品与药品销售法》对牛奶防腐剂的使用进行监管，而且所有含防腐剂的食品应予以标识，给予消费者知情权和选择权。最后，为预防防腐剂和色素对公众健康造成伤害，委员会还建议政府做好对两者的监管工作。[②]

随着越来越多的食品行业卷入到防腐剂争论中，一战后地方政府委员会的继任者——卫生部在 1923 年再次组建调查委员会对防腐剂问题进行调查。在食品商和化学品生产厂家的据理力争下，虽然负责食品问题的卫生官员也承认 1901 年调查委员会的报告缺乏确凿的证据证明防腐剂有毒，但卫生部在限制使用防腐剂这一基本原则上没有做出任何让步，并于 1925 年颁布《公共卫生（食品防腐剂等）条例》，规定除了一些特殊食品外，禁止使用任何防腐剂。而且特殊食品在使用防腐剂时必须予以标识。[③] 不

① Michael French, Jim Phillips. Food Regulation in the United Kingdom,1875—1938 [M] . Manchester: Manchester University Press, 2000.

② Ibid., p. xxx.

③ Fallows S J. Food Legislative System of the UK [J] . Food Legislative System of the UK, 1988.

过，在食品工业同盟的力争下，卫生部也在一些方面做出了让步：其一，有限制地对食品原材料和成品进行检查和取样；其二，对严重依赖硼酸的食品推迟施行 1925 年条例；其三，允许食品厂家和零售商在条例生效前售空存货。[①] 这样，防腐剂条例直到 1927 年才正式生效。

（3）食品标准规制立法一：1938 年《食品与药品法》

自 1875 年《食品与药品销售法》生效实施以来，英国食品质量出现大幅提高，掺假率有所下降，卫生部甚至宣称，蓄意和具有危险性的掺假几近消失。[②] 然而，1875 年《食品与药品销售法》规定合成食品为合法食品。这一规定在很大程度上增加了后来执法的难度，因为执法人员需要因物而宜对混合食品成分的合法性进行判断。在这种情况下，对专门负责分析掺假食品的官方组织——公共分析师协会来说，亟须制定食品成分的法定标准。因为食品成分标准是执法者判断某种食品是否掺假的参考，只有在标准确定的情况下，执法者才可以有效执法，从而减少掺假。1938 年，卫生部授权地方政府与公共卫生联合委员会将《公共卫生法》和《食品与药品销售法》中的食品法令与条例融合到一起，共同制定《食品与药品法》。[③] 该法案开始将公共卫生措施融合到现行的食品与药品立法中，是英国食品法发展史上的第一部汇编法令，第一次确认了政府制定食品标准的责任。该法令注重食品与药品法令的基本规定，将关于食品与药品标识和广告的欺骗性行为和误导性行为界定为犯罪，并规定了惩罚措施。同时，该法令授权地方当局制定地方法规来控制食品的卫生条件。更重要的是，它赋予政府通过制定法令来控制所有食品成分和标识的权利，实质上是对分析师协会等消费者利益代表机构倡导的食品法定标准的一种执行和实施。[④]

（4）食品标准规制立法二：1943 年《国防（食品销售）条例》

由于 1938 年法令远不能满足第二次世界大战期间对食品控制的要

---

① Michael French, Jim Phillips. Food Regulation in the United Kingdom,1875—1938［M］. Manchester: Manchester University Press, 2000.

② Morris H., Burnett J. Plenty and Want［J］. Economic Journal, 1966, 76(303), p.614.

③ Michael French, Jim Phillips. Food Regulation in the United Kingdom,1875—1938［M］. Manchester: Manchester University Press, 2000.

④ Fallows S. J. Food Legislative System of the UK［J］. Food Legislative System of the UK, 1988.

求，食品部于1943年制定《国防（食品销售）条例》，将错误引导消费者的误导性标识和广告界定为一种犯罪行为。它授权食品部规范各类食品包装袋或容器上的标识或标签，同时规定各种食品的成分，禁止或限制在食品中添加其他物质。[①] 为了更好地履行职责，食品部成立食品标准与标识处，专门负责制定各类食品标准并规范食品标识。这样，食品标准与标识处在战争期间以立法的形式发布了一系列食品成分标准，这些标准无须议会批准即可实施。虽然是战时立法，但1943年条例对英国食品的发展产生了重要影响，而且也构成了后来1984年食品法某些食品管理条款的基础。[②]

5.1.4 二战后英国食品安全立法的发展趋势

二战后，食品供给制的结束推动了英国食品安全监管体制发生变化，表现为食品部在政府职能中的地位大大下降。1954年10月政府决定将食品部与农业部合并为农业、渔业和食品部，标志着农业部取代食品部，并超越卫生部成为英国食品安全监管的主要部门。

（1）地区分立食品安全立法：1955年《食品与药品法》

1955年，新的《食品与药品法》获得议会通过，并于次年1月1日生效。与此前食品安全法不同，该法令只适用于苏格兰和威尔士。1956年和1958年又分别制定了适用于苏格兰和北爱尔兰的类似立法条例。这样，英国食品立法在接下来近30年的时间里一直维持一种地区分立体制。作为中央监管机构，农业部和卫生部在1955年法令中被授权共同履行对英国食品安全监管的责任，不过农业部在监管中处于主导地位。另外，1955年法令中关于药物监管的规定在后来的1974年初被分离至1968年签订的《药物法》中，标志着英国食品安全立法进入单一立法时期。

作为一部汇编法令，1955年法令将所有关于食品生产、标识和销售等方面的法律规定融入这样一个法令中，包含了以前食品法中关于成分、

---

① Fallows S. J. Food Legislative System of the UK［J］. Food Legislative System of the UK, 1988.

② Food Act 1984, c.30(1984), Schedule 9. See also Fallows S J. , Food Legislative System of the UK［J］. Food Legislative System of the UK, 1988.

原料、标识和生产控制等方面的主要规定。[①] 为更好地保护消费者的利益，1955 年法令将对法令的实施视为地方当局的法定职责，对地方当局实施强制履行的规定。同时，该法令授权农业部和卫生部制定和颁布条例，对食品成分、食品质量和价值的标识、食品加工及其卫生条件等具体问题进行监管。通常情况下，农业部负责制定与食品成分和标识等相关的条例，而卫生部则负责制定食品卫生方面的条例。各类食品安全条例构成战后英国食品安全立法的一个重要特色。更重要的是，任何人都有机会对条例的制定表达自己的看法。尤其是消费者在这一阶段的法律制定和实施过程中受到极大的重视。这主要是由于，英国消费者协会在第二次世界大战后经农业部认定成为一个合法组织，消费者可以经常对新的食品条例草案进行评估，从而对条例的内容和实施发挥着重要作用。[②]

虽然在执行过程中存在农业部与卫生部两部门之间的权限争夺，但 1955 年的《食品与药品法》在战后初期的食品安全监管中还是发挥了十分重要的作用。例如，就食品卫生而言，1964 年全国上报的食物中毒事件减少为 3184 例，共涉及 7907 人，相比于 1955 年的 8961 例和 20000 人出现大幅减少。[③]

（2）保护消费者权益的食品安全立法一：1990 年《食品安全法》

自 1955 年以来，在长达 30 年的时间里，食品产业的发展日新月异，而英国食品安全立法和监管体制却没有出现任何实质性的变化，从而导致食物中毒等许多安全问题频频出现，英国民众对此非常不满。在这样的背景下，1984 年《食品法》应运而生。然而，1984 年法令主要是对 1955 年法令内容的继承，没有任何新的东西。因此，为表明对食品安全问题的重视，当时农业部迫切需要采取行动推动新的立法。

基于近年来科学、医学知识以及食品加工技术的发展，1989 年农业部

---

① Fallows S. J. Food Legislative System of the UK ［J］. Food Legislative System of the UK, 1988.

② Goldman P. Food and the Consumer, in MAFF, Food Quality and Safety: A Century of Progress ［J］. Food Quality & Safety A Century of Progress ,1976, p.223.

③ Yellowlees. Food Safety: A Century of Progress, in MAFF, Food Quality and Safety: A Century of Progress ［J］. Food Quality & Safety A Century of Progress ,1976, p.65.

与卫生部共同制定了新的《食品安全法》，并于1990年6月获得通过后正式成为法律。该法案是以保护消费者利益为终极目标，在充分考虑食品链上所有相关者利益，并确保实施当局能够有效实施的基础上，为20世纪90年代及以后创建了一个新的食品安全框架。这意味着，该法案在重点保护消费者利益的同时，还兼顾包括小业主在内的食品产业的利益。同时，为确保新体制的有效性和开放性，农业部组建了一个隶属于食品大臣的"消费者专门小组"，首次为消费者搭建了一个直接与食品大臣就食品安全和消费者保护政策的实施情况进行沟通的平台。可以说，新法案既适应了食品生产技术的新发展，又很好地兼顾了不同相关者的利益，而且还使政府制定监管条例的权利能够覆盖到与食品安全和消费者保护措施相关的每一个细节。

1990年的《食品安全法》取代了1984年《食品法》、1956年《食品与药品（苏格兰）法》和其他一些全部或部分与食品有关的法令。同时，该法令对1984年《食品法》以及1985年《食品与环境保护法》的部分内容进行了修正。[①] 与英国以往制定的食品安全法不同,1990年《食品安全法》具有很强的针对性，将立法机构和政府部门作为主体对象，突破传统的惩罚和制裁特征，而是以贯彻纲领、方针和政策为手段，以做好预测、规划以及紧急情况处理为目的，具有事先性、综合预防性的特点，代表着当今世界食品安全立法的主流和发展方向。

（3）保护消费者权益的食品安全立法二：1999年《食品标准法》

然而，1990年法令实施后没有能够从根本上改变英国食品安全事件频发的现实，以致1996年爆发了当代欧洲特别严重的食品安全事件——"疯牛病危机"，引起了公众的极度恐慌。自1988年以来，英国政府采取了多达50项立法措施控制疯牛病的蔓延。然而，农业部和食品部在应对疯牛病事件的过程中并没有认真履行好应有的职责，致使疯牛病最终传染到人身上。疯牛病事件后，英国又接连发生了许多食品安全事件，并且呈现愈演愈烈的态势。频频发生的食品安全事件使英国的食品安全机制暴露出重

① "Introduction" to Food Safety Act 1990.

大缺陷，引起英国民众的极大关注，要求改革食品体制的呼声日益高涨。作为食品安全政策的制定者和执行者，农业部于 1999 年 1 月制定《食品标准法》草案，同年 11 月获得通过成为正式法律。

1999 年的《食品标准法》促成了食品标准局的建立，并将保护与食品有关的公众健康作为其主要目标。为此，标准法修改了包括食品安全在内的与消费者利益相关的法律，对食源性疾病检验通知、动物饲料及其他相关方面做了相应的规定，从而使标准局能够在食品生产和供需链上的任意环节为消费者的健康提供服务。[①]2000 年，英国食品标准局成立，《食品标准法》给予食品标准局十分独立的角色，主要体现为食品标准局委员会公开接受公众监督，而且提出的科学建议可以成书出版，这两方面共同保证了食品标准局的独立性。这种独立性使食品标准局不用经过政府批准就可以公开其建议，从而能够成功地把消费者的利益放在首位，[②] 这是英国食品安全问题的一大进步。

5.2 美国食品安全规制拐点期的规制

美国的食品掺假现象早在北美殖民地时期就已出现。19 世纪初，食品掺假已经普遍存在于食品的生产与销售中。由于当时化学工业技术的发展水平较低，食品掺假主要表现为以缺斤短两和勾兑稀释等为特征的物理性掺假，负面效应更多地体现在经济方面，而较少会对人体健康产生损害。而南北战争后，伴随着科技革命出现的各种新发明和新材料被广泛应用于食品的生产和运输过程中，化学性食品掺假日益泛滥，对消费者的身体健康甚至生命安全构成极大威胁。日益严重的食品掺假现象以及带来的社会危害激起了社会公众的强烈愤慨，包括政府官员、新闻媒体、消费者、厂

① Food Standards Act 1999, Explanatory Notes(5), http://www.legislation.gov.uk/ukpga/1999/28/notes/division/2.

② The Food Standards Agency: the first two years, June 2002, p.1, http://www.food.gov.uk/multimedia/pdfs/popularreport.pdf.

商等在内的各方力量纷纷行动，呼吁政府尽早立法对食品安全进行监管，拉开了美国对食品安全进行规制的序幕。

5.2.1 美国食品安全规制的最初形态

（1）州议会的立法措施

针对南北战争后食品药品掺假问题的日益严峻，州政府积极应对，颁布了大量适用于本州范围内部的食品药品单项立法，以期从法律层面解决食品药品掺假问题。19 世纪 80 年代，一些州议会开始通过立法对食品药品的生产进行监管，以保障食品药品的安全。此后的 20 年间，各州纷纷制定对食品药品进行监管的相关法律或者在原有法律基础上进行增删修订以适应时代发展的需求。至 19 世纪末，美国大部分州都具有了规制食品生产的法律。从内容上来看，这些法律条款大都规定产品必须配有标签，标明产品成分和配方等信息，而且产品样本还需要送交政府权威部门进行检测，同时要严厉惩罚不法厂商。[①]

整体来看，各州的食品立法主要受到基于消费者的公共利益和基于生产者的经济利益两方面因素的影响。一些州在颁布配套法律的同时，还建立了相应的法律执行机构，并提供足够的经费支持。而且，州法院制定了针对掺假行为的经济和刑事处罚条款来配合监管。[②]可以说，这些立法对各州内部的食品安全起到了一定的监管作用，奠定了 1906 年《联邦食品与药品法》和《联邦肉类检查法》的法理基础。然而也不可否认，由于经济实力与重视程度的不同以及法律的适用性问题，各州的立法存在十分明显的不足，最典型的表现就是无法解决跨州贸易中的食品药品掺假问题。[③]同时，对追求利润最大化的企业来说，监管法律在各州之间的差异导致企业生产运营成本大幅增加。而统一的联邦监管则能克服类似的诸多弊病，更

---

① 吴强．转型时期美国食品药品的法律监管研究——以 1906 年《联邦食品与药品法》的出台为中心［J］．江南大学学报（人文社会科学版），2013，12（3）：124-128.

② Law M. T. The Origins of State Pure Food Regulation［J］. Journal of Economic History, 2003, 63（4）：1103-1130.

③ Law M. T. How do Regulators Regulate? Enforcement of the Pure Food and Drugs Act, 1907-38［J］. Journal of Law Economics & Organization, 2006, 22（2）, pp.459-489.

好地保障他们的经济利益。因此，各类食品生产企业都希望能够制定一个全国性的综合食品法律，以实现联邦政府对食品药品的统一监管。另外，许多州虽然制定了法律，但只有半数州最终建立了相应的监管机构，同时加之经费和专业人员不足，大多数州的立法并没有得到较好的执行。[①]

（2）国会早期的单项立法

美国联邦政府早在1820年就制定《国家处方集》，并在费城建立药学院，以培养熟悉药品标准的专门人才，这标志着联邦政府开始关注食品药品的安全问题，但效果并不明显。在此背景下，詹姆斯.波尔克总统于1848年签署了《进口药品法》，开启了联邦政府监管进口药品的序幕。[②]然而，由于《进口药品法》主要针对进口药品，无法对美国国内市场的掺假问题进行监管。

1879年，美国第一部以国内市场为监管对象的《怀特法案》被提出，该法案禁止食品掺假行为，但对一些关键术语并没有做出明确解释，也没有指定具体的执行机构，而是不切实际地让消费者自己判断食品药品是否掺假，[③]这成为《怀特法案》的致命缺陷。在《怀特法案》颁布后的很长一段时间内，国会的立法监管行动仍在继续。其中，1879年至1890年为第一阶段，国会各委员提出以《李法案》和《人造黄油法案》为标志的8部法案。前者首次将伪标列入禁止条目，以防止生产者在商品标签或标识上弄虚作假，后者规定对人造黄油生产商、批发商和零售商进行征税，以保护传统黄油生产者。1890年至1899年为第二阶段，国会提出以《派道克法案》为主导的5部法律。总之，1879—1899年的国会立法遵循从分类到综合的演进轨迹。而且随着人们认识的逐步深化，食品药品内部也存在着由单一性向综合性发展的趋势。

---

① Law M. T., Libecap G. D. Corruption and Reform? The Emergence of the 1906 Pure Food and Drug Act [J] . Icer Working Papers, 2003.

② 张勇安.美国医学界和1848《药品进口法》的颁行 [J] .世界历史，2009（3）：82.

③ Litman R.C., Litman D.S. Protection of the American Consumer: The Muckrakers and the Enactment of the First Federal Food and Drug Law in the United States [J] . Food Drug Cosmetic Law Journal, 1981, 36, pp.647–668.

5.2.2 美国实现从地方规制到联邦规制的转变

宪政机制下，美国州一级的食品安全立法在19世纪的各州内发挥着重要的监管作用。然而，州立法在跨州食品药品的监管中具有很大的局限性。另外，为了抵制新食品的替代物，一些厂商也寄希望于联邦政府的统一监管，以维持市场的稳定和均衡。因此，食品药品监管的全国性立法成为必然。

（1）各种社会力量是推动联邦立法监管的先锋

当掺假食品药品横行于美国19世纪下半叶，严重威胁着公众的身体健康和社会经济秩序的良好运转时，美国联邦政府由于遵循传统的有限政府理念并没有采取有效行动，而是放任厂商自行生产，导致掺假食品药品大规模流入市场。在这种情况下，各种社会力量挺身而出，运用多重社会资源揭露食品药品掺假黑幕。这里面既有像化学家出身的监管机构官僚代表维利，又有极具时代特色、利用新兴媒体营造公众舆论的辛克莱和亚当斯等新闻工作者，还有进步主义时期妇女改革团体的介入。同时，备受社会声讨和谴责的食品药品业界也对此作出积极响应，多方力量共同拉开了美国食品药品联邦立法的序幕。

① 以维利为首的进步人士对掺假现象的揭露。

食品药品掺假行为不仅激起了民众的愤怒和不满，而且也促使一批化学家投入到反对食品药品掺假运动中来。1883年出任美国农业部化学局（现今美国食品药品管理局）首席化学家的哈维·华盛顿·维利就是其中的杰出代表，他毕生致力于通过各种化学实验向消费者揭露各种食品掺假行为。他对包括糖和糖浆、香料、调味品等在内的一系列日用品进行检测，并将实验结果公之于众。另外，针对当时美国新型防腐剂和添加剂的滥用情况，维利还组建试毒班，宣传新型防腐剂和添加剂的相关知识，旨在使政府和公众更好地认识和了解新型防腐剂和添加剂，从而实现对这些有害物质的科学使用，并形成有利于推动全国性食品药品监管立法的舆论氛围和良好的外部环境。[①]

从1883年上任至1912年离职的30年间，维利一直以捍卫公众健康和保障民众权益为重任，坚持与食品掺假现象作斗争，并强调联邦监管的必要性。他的努力直接推动了1906年美国《联邦食品与药品法》的颁布，使他成为美国食品打假的领袖和标志性人物。

② 黑幕揭发者对联邦立法的助推。

借助当时活跃的公众舆论和新闻媒体，黑幕揭发者通过事实调查、营造舆论、渲染氛围、引起讨论等形式对美国食品药品的掺假内幕进行揭发，以引起人们注意。其中，贡献最大的要数厄普顿·辛克莱和萨缪尔·霍普金斯·亚当斯两位黑幕揭发者，他们两人分别撰写《屠场》和《美国大骗局》，以揭露美国食品药品行业中的诸多黑幕。尤其是辛克莱的《屠场》一书，其对芝加哥肉类加工厂令人不堪的卫生状况进行的不经意的描述，引发了普通民众对日用食品安全与否的切身忧虑，导致公众纷纷写信要求政府彻查芝加哥肉类屠宰场的卫生状况。可以说，辛克莱及其所撰写的《屠场》一书直接推动了1906年《联邦肉类检查法》的通过，[②]而且对同年的《联邦食品与药品法》的通过也起到了重要的推动作用。

③ 妇女改革团体的积极介入。

19世纪下半期，妇女受教育程度的提高和自身意识的觉醒，加之家庭中生命创造者和保护者的双重角色，使她们也积极组织起来参与到打击食品药品的掺假运动中来，以保护家人免受掺假、假冒伪劣等食品药品的危害。可以说，妇女改革团体在打击食品药品掺假中扮演着极为重要的角色：首先，她们组织了大量关于掺假食品药品危害的宣传和教育活动，起到了很好的传播和教育作用；其次，妇女改革团体将打击掺假运动的不同参与者有效地串联起来，起到了较好的连接和传导作用；最后，在食品药品的全国性立法方面，妇女改革团体起到了积极的推动作用。[③]

---

① 吴强.美国食品药品纯净运动研究［M］.湖北：武汉大学出版社，2016.

② 吴强.美味背后的欺诈——评《美味欺诈：食品造假与打假的历史》［J］.中国图书评论，2012（4）：120-121.

③ 吴强.美国食品药品纯净运动研究［M］.湖北：武汉大学出版社，2016.

在妇女改革团体眼中，保证食品药品安全是宪法架构下联邦政府理应承担的职责。[①] 联邦食品药品监管的本质是美国政府保护消费者生命健康这一基本人权的体现，是美国政府的立国之基。就行动效果来看，妇女改革团体提升了全民对食品药品立法的关注度，促成了运动的全面展开，在连续不断地为立法施加压力方面扮演着极为关键的角色，有力地推动了《联邦食品与药品法》和《联邦肉类检查法》的最终颁布，开启了美国的联邦化统一监管之路。

④ 产业界对联邦立法的大力支持。

在社会公众的大力谴责下，食品药品行业也基于保护自身利益的原则做出了相应的反应。事实上，在各州监管法律不统一的背景下，严重的食品药品掺假现象对生产者来说，尤其是对大企业来说是一大威胁。这是因为，更为严格的食品药品监管有助于大厂商对不规范的小厂商进行排挤，从而稳定大厂商的利益。同时，对食品药品进行联邦化监管还能够提高正规大厂商的竞争力，从而扩大他们的市场份额。[②] 因此，大企业希望联邦政府通过全国性监管法律创造一个公平的竞争环境，以保护他们的利益。相应地，他们对联邦立法及其执行表现出十分积极的支持态度。当时，亨氏公司的创始人亨利·海因茨和以奥格登·阿穆尔为首的芝加哥肉类加工企业主表现最为突出。[③④] 可以说，大公司基于自身利益考虑对联邦立法的支持是 1906 年《联邦食品与药品法》通过的重要推动因素。

（2）罗斯福总统是推动联邦立法监管的关键

在推动美国食品药品联邦化立法和监管的过程中，罗斯福总统也扮演着十分关键的角色。他对食品药品掺假问题始终持有十分明确的打击态度，并在他的总统竞选纲领中提出新国家主义，将打击食品药品掺假现象

---

① Goodwin L. S. The Pure Food, Drink, and Drug Crusaders, 1879—1914 [J] . Journal of American History, 1999, 87(4), p.1532.

② Wood D. J. The Strategic Use of Public Policy: Business Support for the 1906 Food and Drug Act [J] . Business History Review, 1985, 59(3), p.403.

③ Wood D. J. The Strategic Use of Public Policy: Business Support for the 1906 Food and Drug Act [J] . Business History Review, 1985, 59(3), p.403.

④ Kirkland E. C., Kolko G. The Triumph of Conservatism: A Reinterpretation of American History, 1900—1916 [J] . Journal of American History, 2011, 70(1).

并保证公众的身体健康作为政府的基本职责，认为应通过国家的强大力量推动食品药品相关领域的改革。为此，他建议颁布法律，对州际食品药品贸易中涉及伪标和掺假的行为进行监管，提出依靠法律规范生产者的商业行为，以保障公众健康和福利。[①②]

在辛克莱《屠场》一书出版后，罗斯福收到来自全国民众就食品药品掺假问题的大量控诉信。加之当年在古巴战场上亲身对士兵携带的防腐牛肉的体验，使他意识到问题的严重性。为此，罗斯福总统委派专门人员就《屠场》一书所反应的芝加哥屠场内的卫生状况进行实地调查。调查结果证实了辛克莱描述的情况，并以报告的形式呈送给罗斯福。针对这一事实，罗斯福授意贝弗里奇专门就肉类检疫问题提出修正案。该修正案要求必须对所有州际贸易和用于出口的肉制品进行检查，同时生产者要对即将上市的所有罐头标注生产日期。可见，修正案对生产环节做出了更为严格的要求。同时，罗斯福以随时公布专门人员作出的关于屠场卫生状况的调查报告作为要挟，迫使肉类生产者逐渐转变对联邦立法的敌意反对态度，转而拥护联邦监管对整个肉制品市场秩序的维护。相应地，为肉类生产者游说的议员也开始转向支持贝弗里奇修正案。[③]这样，贝弗里奇修正案获得通过，并且成为后来《联邦肉类检查法》的雏形。

可见，作为当时的美国领导人，罗斯福在1904—1906年带领共和党政府进行了强有力的立法行动，并积极推动包括食品药品在内的各项政府监管措施有效实施。在坚持尊重和保障民众宪法权利的基础上，对联邦与州之间的权利归属进行了重新界定，不断推动美国食品药品监管的联邦化升级。具体来看，为推动1906年两部法律的通过，罗斯福一方面巧妙合理地运用社会各界民众的言论和舆情，增强政府在民众中的地位和威望，打造良好的民众基础，从而通过社会基层力量为法律的最后通过营造声

① Food A.G., Law D, Peter M., et al. Harvey Wiley, Theodore Roosevelt, and the Federal Regulation of Food and Drugs［J］. Chemical Communications, 2004, 5(4), p.150.

② Noble D.W. Robert M. Crunden. Ministers of Reform: The Progressives' Achievement in American Civilization, 1889—1920［M］. New York: Basic Books. pp. xii, 307.

③ Fausold M. L. James W. Wadsworth Sr. and The Meat Inspection Act of 1906［J］. New York History, 1970, 51(1), pp.42–61.

势；另一方面对食品安全监管的各利益相关者进行了较好的协调，使整个立法进程始终平稳有序推进。可以说，罗斯福是《联邦食品与药品法》和《联邦肉类检查法》在国会中能够顺利通过的关键，有力地推动了美国食品药品安全监管从地方化到联邦化的转变。①

（3）从地方化到联邦化监管的转变

在维利对掺假食品药品进行科学实证、黑幕揭发者将掺假黑幕公之于众、妇女改革团体和食品药品行业以及罗斯福总统等多方力量的共同推动下，《联邦食品与药品法》和《联邦肉类检查法》经过多年酝酿，于1906年6月终于获得国会两院一致通过，并经罗斯福总统签署成为正式法律。美国食品药品的监管经历了从地方自主到联邦监管的艰难转移，即从原先的各州自主管理升格为以全国综合性立法为基础的联邦化监管。这说明保障民众权力的落实以及民众对于自身权利的主动捍卫是政府权力扩张的本质，标志着联邦政府开始了对食品药品安全的全面监管。②

5.2.3 1938年美国联邦食品、药品和化妆品法的通过

（1）联邦政府的努力

20世纪30年代经济大危机使美国经济遭到严重破坏，无数人破产失业，竞争的加剧导致假药和仿制食品盛行。自罗斯福实施新政开始，联邦政府便对经济发挥着日益重要的管制和调节作用。一些极具责任感的官员倡导出台新的法案，打击假药和仿制食品，以保证公众健康，有力地推动了政府对1906年法案进行修订的决心和步伐。

在1921年接任食品管理局局长后，沃尔特·坎贝尔对经济危机时期的食品安全问题展开调查。他指出，掺假低劣食品会极大地损害消费者的健康。为此，他呼吁进行新的立法，以扩大食品管理局的管辖权，加强对食品安全的监管。农业部新任副部长雷克斯福德·塔格威尔十分赞成坎贝尔提出的计划，在罗斯福总统的支持下，开始了对1906年法令长达五年

① 吴强．美国食品药品纯净运动研究［M］．湖北：武汉大学出版社，2016.

② Food A.G., Law D., Peter M., et al. Harvey Wiley, Theodore Roosevelt, and the Federal Regulation of Food and Drugs［J］. Chemical Communications, 2004, 5(4), p.150.

的修订之路。而且，为了保证利益代表的多元化，除了食品管理局及农业部法律事务办公室的成员外，法律修订小组还邀请多名相关资深教授参与修订。[①]

另外，为使消费者更好地了解美国现存食品药品法的缺点和执行情况，食品管理局还通过举办相关展览向社会公众传播掺假伪劣食品等相关信息，将行业中不可外扬的秘密对公众公开，引发社会各界力量对企业进行抨击，在消费者中间起到了良好的传播和教育作用，逐渐吸引了社会公众对法案修订的注意，成为推动1906年法令修改的一支重要力量。

（2）公众和新闻媒体的推动

在最初阶段，公众对法律的修订漠不关心。一方面，是因为社会公众普遍认为当时现存的法律已经较为完善，对食品领域的安全问题发挥着较好的监管作用；另一方面，当时国内的政治经济环境导致消费者没有意识到掺假食品的影响。另外，对1906年法案的修订将会严重影响到包括食品业、化学制药业以及相关产业，这些产业将取消报纸上刊登的所有药品、化妆品和食品广告作为威胁向新闻媒体施压，导致新闻媒体为了追求广告利润而很少对新法案进行报道，而且即使报道也常常是阻碍新法案产生的负面报道。在这样的背景下，消费者组织最初也并不特别赞成对1906年法令进行修订。但是后来，许多妇女因使用含有有害化学物质的化妆品而遭毁容或失明，有些人还因使用对安全问题考虑不充分的处方药而致死。这些突然发生的食品安全事件，使得以消费者研究会为代表的消费者组织转向大力支持法律修订。

媒体人员和文学家也逐渐被严重的食品药品安全问题所震撼，开始对掺假食品尤其是专利药的生产进行揭露。他们对罪恶的广告以及商人为获得利润而进行的贪婪和掠夺性行为进行抨击和谴责。社会公众也在媒体和文学作品的揭露下逐渐了解真相，加之联邦政府组织的一些宣传活动，使

---

① 董晓培. 美国纯净食品药物的联邦立法之路（1906—1962）[D]. 厦门：厦门大学，2009.

消费者最终认识到当时食品药品领域存在的安全监管问题，转而开始大力支持并拥护对 1906 年法令的修订。

（3）食品药品行业的反对

法案起草之初便立即遭到产业界的反对。产业界认为没有必要对 1906 年法令进行大规模修订。同时，授予农业部规则制定权容易带来不公平。更重要的是，法案中关于公开药品配方或者取消各种疗效广告的提议会对药品业当前的营销方式产生威胁。因此，医药商极力反对新法案，认为新法案关于处方药的新规定会剥夺美国人自我药疗的权利，侵犯自由资本主义的基石。由于担心新法案在国会获得通过，专利药和处方药的生产商给政府官员写信，声称新法案会使药品销售受到独裁的控制。同时，他们还鼓动零售商向国会提出抗议。

（4）1938 年联邦食品、药品和化妆品法的签订

社会性管制的法律变革往往由灾难性事件推动。1937 年 6 月，位于田纳西州布里斯托市的马森基尔公司将有毒的二甘醇作为溶剂，配成磺胺酏剂在全国销售。在美国医学会通过检验证实后，美国食品管理局采取非常强硬的姿态，要求马森基尔公司立即收回所有售出的磺胺酏剂。然而尽管做出了巨大努力，最终仍有少量未被收回，造成了大量儿童死亡。这一被称为万应灵药的事件被认为是美国当时食品药品监管法律的不完备导致的，从而使美国食品管理局局长坎贝尔认识到对食品药品法进行修订的必要性。1938 年 6 月 25 日，罗斯福总统正式签署《食品、药物和化妆品法》。新法令为食品质量的监管、预防和应急提供了法律依据和操作标准，替代 1906 年法构成了此后美国食品药品法规的基本框架。

5.2.4 联邦立法的完善与创新

（1）1962 年科沃夫—哈里斯修正案

20 世纪中期，美国基本形成了一套较为完整的食品药品监管法律体系。相应地，这一时期的食品药品安全问题较少。1962 年的科沃夫—哈里斯修正案具有很强的针对性，一方面是监管过高的药品价格，另一方面是

规制医药行业的垄断行为，可以说该修正案是对美国食品药品联邦立法监管的补充和完善，打开了美国现代食品药品监管的新篇章。[①]

（2）2011 年《FDA 食品安全现代化法》

20 世纪 80 年代以来，美国食品药品监督管理局放松了对食品药品的管制。不过，大多数美国人已经在长期有效的食品监管体制下形成了良好的遵法守法习惯，因此，放松的管制并没有影响美国食品药品监管法的有效实施，也没有出现严重的食品药品安全事件。直到 2009 年 3 月，美国总统奥巴马声称，由于社会的发展和环境的变化，美国食品药品监管法在管理体制等方面表现出不能适应新需求的缺陷，因此需要进一步完善。于是，2011 年奥巴马大幅度修订 1938 年的《联邦食品、药品及化妆品法》，并颁布《FDA 食品安全现代化法》，进行机构权力的调整和制度创新。该法案是对美国食品药品监管进行的进一步强化，提高了监管体制对时代发展的适应性。[②]

综上所述，美国对食品安全的规制经历了法律从无到有、从不完善到完善、从州立法到联邦立法的过程。在这个过程中，各种社会力量和联邦政府共同推动了法律的颁布和完善。美国对食品安全的规制史具有几个关键转折点，也是美国对食品规制的拐点。具体来看，第一个是 1906 年《联邦食品与药品法》和《联邦肉类检查法》获得通过，开创了保护消费者权益的新时代，对食品药品的监管实现了从地方自主到联邦监管的艰难转移，开启了以全国综合性立法为基础的食品药品联邦化监管的序幕，是美国食品药品安全史上的里程碑。第二个是 1938《食品、药物和化妆品法》的签订，该法是对 1906 年法的修订和升华，成为美国食品药品法规的基本框架，是一部较为完善的现代法律。第三个是 1962 年的科沃夫—哈里斯修正案，该修正案是对美国食品药品联邦立法监管的补充和完善，打开了美国现代食品药品监管的新篇章。第四个是新时期奥巴马对 1938 年的《联邦食品、药品及化妆品法》进行的大规模修

① 董晓培 . 美国纯净食品药物的联邦立法之路（1906—1962）[D] . 厦门：厦门大学，2009.

② 卢玮 . 美国食品安全法制与伦理耦合研究（1906—1938）[M] . 北京：法律出版社，2015.

订，通过制度创新整合监管权力，进一步提高了美国食品药品监管法律体系的有效性。

5.3 日本食品安全规制拐点期的规制

日本食品安全规制表现出明显的阶段性特征。从时间上来看，日本食品安全规制的过程大致可以划分为三个时期：食品取缔法时期，食品卫生法时期和食品安全法时期。

5.3.1 1873—1926 年日本食品取缔法时期

1873—1926 年是日本食品安全规制的取缔法时期，对食品安全的监管主要是禁止销售不健康食品，否则将取消许可证。因此，这一时期食品监管的一个重要特点就是通过立法授权行政机构，制定并颁布以“取缔”为名的法律法规，是日本对食品安全进行法制监管的开始。①

（1）日本食品安全规制从无到有

1868—1889 年的明治初期是日本食品安全规制的萌芽阶段。明治维新使日本迈入了资本主义社会。政府鼓励发展工商业和自由贸易的国内背景促进了食品加工业的发展和壮大，相应地，食品安全及规制问题也逐渐出现。司法省于 1873 年颁布日本第一部食品安全监管法令——《关于贩卖明知是伪造饮食物和腐烂食品的相关人员处罚规定》，实现了对食品监管“从无到有”的转变。该法令是一部从行政层面规定处罚的法令，从颁布一直到 1900 年的 27 年中始终发挥着食品安全规制基本法的作用。另外，明治政府分别于 1876 和 1878 年陆续颁布《禁止销售用进口染粉着色的饮食物》《用苯胺及矿物质的绘画颜料给饮食物着色的取缔方法》和《食物中毒及误用药物等而致死者的通报方法》等法规，对使用有毒物质给食物

---

① 刘畅 . 日本食品安全规制研究［D］. 长春：吉林大学，2010.

染色以及向相关机构呈送食物中毒或药物致死的情况做出了规定。[①]1880年7月17日，日本颁布《刑法》，首次规定了有关食品卫生的刑罚内容。然而，一方面，《刑法》规定食品安全行政由警察来执行，将违反食品安全的行为视为违警罪；另一方面，《刑法》中对食品取缔和安全规制的说明和规定特别简单。因此，这一时期的食品安全规制法令仅仅是行政处罚依据，并不具有真正的法律意义。

（2）日本食品安全规制从少到多

为弥补《刑法》的缺陷，日本政府于1900年2月颁布实施《关于取缔饮食物和其他物品的法律》，首次对食品安全规制中的行政措施以及行政人员和个人的法律责任进行了明确规定，并确定了行政厅对违规当事人的行政处罚措施。这是日本当时唯一一部关于食品监管的专业性法律，具有食品安全规制基本法的地位。同时，为了更好地实施该法律，日本政府先后制定了涉及饮食物、添加剂和食物中毒等相关的十余部食品取缔规则，统称为“一法十令”。[②]可以说，1900—1911年的明治后期实现了食品安全规制“从少到多”的转变，标志着日本食品安全规制法律体系初步建成。

这一时期日本还在全国范围内开展食品卫生试验制度，为消除有害食品和安全隐患起到了重要作用。食品卫生试验制度主要是由国家设立的卫生试验所对食物成分进行检疫、分析和报告的一种制度。大量的试验工作成功阻碍了有害饮食物的生产和流通，也为相关机构的正确判决提供了科学依据。[③]总的来说，食品卫生试验制度为保障日本当时的食品安全和食品卫生做出了巨大贡献。

（3）加大对饮食物营业的管理力度

1912—1925年，随着经济社会环境的变化，日本食品安全规制开始加强对饮食物营业的管理力度。1916年，内阁府制订《饮食物营业取缔规则》，对食品营业、饮食物的制造和销售等相关方面内容做了详细规定。

---

① 刘畅. 日本食品安全规制研究［D］. 长春：吉林大学，2010.
② 刘畅. 日本食品安全规制研究［D］. 长春：吉林大学，2010.
③ 刘畅. 日本食品安全规制研究［D］. 长春：吉林大学，2010.

同时，还规定了针对违法行为的处罚措施。在《饮食物营业取缔规则》之外，日本这一时期还对涉及火车餐车内、大型庆典活动、军队食堂以及疫情暴发区等一些特殊场所的食物制定取缔措施。这些特殊措施是对普通规制的一种补充，能够对特殊领域的食品有针对性地进行规制，从而增强规制的科学性与合理性。①

（4）确立食品生产日期标示制度和卫生侦探制度

1908 年 3 月 21 日，中塚升在日本卫生会议上提出加强食品生产日期标示制度，② 要求在食物外包装上贴上生产日期标签。实施饮食品生产日期标示制度在食品取缔中占有重要地位，对保障日本公民健康和食品安全规制的实施贡献巨大。1916 年，加藤时次郎在《卫生探员的必要性》一文中首次提出确立卫生侦探制度，③ 提议通过分散在全国的卫生监督员对食品零售商进行卫生监督，消除生产和销售过程中的食品安全隐患，尽量避免有害物质通过食物进入人体。但由于法律法规实施时间较短，而且当时对灰尘、病毒、虫类等各种有害物质的预防措施存在缺陷，食品安全问题异常严峻。可以说，卫生侦探制度是对当时食品安全规制措施的一种有效补充。④

5.3.2　1926—1989 年日本食品卫生法时期

1926—1989 年是日本食品安全规制的卫生法时期。随着食品安全行政职能的转移和国家理念的转变，日本食品安全规制也从“食品取缔”走上了“食品卫生”之路，相继确立了食品卫生监督指导制度、消费者保护理念和食品规格标准制度等一系列制度。

（1）食品卫生基本法：1947 年《食品卫生法》

二战期间，日本食品供给严重不足，日本政府通过对现存的一些法律措施进行修改来解决供给短缺带来的食品安全问题，但并不奏效。物质的极度匮乏导致有害低劣食品大量出现。而且，1947 年颁布实施的《日本国

---

① 刘畅 . 日本食品安全规制研究［D］. 长春：吉林大学，2010.
② ［日］中塚升 . 饮食物的表示制度［J］. 医事新闻，第 261 号，第 11 页 .
③ ［日］加藤時次郎 . 卫生探员的必要性［J］. 大日本私立卫生会杂志，第 34 号，第 10 页 .
④ 刘畅 . 日本食品安全规制研究［D］. 长春：吉林大学，2010.

宪法》使其他食品规制相关法律在当年底全部失效。在这样的背景下，加之美国规制理念的影响，日本当局于 1947 年提出《食品卫生法草案》，该草案很快通过审议，这就是《食品卫生法》，于 1948 年 1 月 1 日开始正式实施。①

《食品卫生法》是日本食品卫生监管方面最主要的法律，同时适用于国内产品和进口产品，大致包括两方面内容：一是关于食品、添加剂、设备及经营管理等方面规格和标准的制定；二是关于食品卫生监管方面的规定。② 从效果上来看，《食品卫生法》为日本战后强化食品卫生行政起到了十分关键的作用。

（2）对《食品卫生法》的一系列修订

《食品卫生法》制定实施后，一系列食品安全事件陆续发生，迫使政府多次对《食品卫生法》进行修订，以解决新的食品安全危机。战后食物的匮乏导致日本需要大量进口食品，但由于缺乏对进口的规制，时常出现因食用进口食品而中毒的现象。为此，政府对《食品卫生法》进行修订，禁止进口不达标的食品，而且政府有权对此类进口食品做出行政处理。针对 1956 年发生的森永牛奶砒霜事件，政府再次修订《食品卫生法》，明确了添加剂的概念，并设立食品卫生管理员对食品及添加剂的生产加工过程进行监督。

进入 21 世纪，为应对食品添加剂问题，日本政府于 2006 年在对《食品卫生法》的修订中正式提出实施“食品中残留农药、兽药及添加剂肯定列表制度”，对农药残留量和添加剂的限量设定了更为严格的标准。肯定列表制度有助于消除国内外食品安全标准的差异，有效地抵制了不安全食品的进口。2011 年发生的地震、海啸和福岛核泄漏等事故使食品安全再次成为焦点问题。相应地，政府对《食品卫生法》进行进一步的修改和完善，并采取定期检查和调查通报的方式执行新规定。2013 年日本在《食品卫生法》中批准乳酸钾和硫酸钾为食品添加剂并分别设定了

① 刘畅 . 日本食品安全规制研究［D］. 长春：吉林大学，2010.
② 王敏 . 日本的食品安全监管［J］. 农业质量标准，2006（3）：45-48.

安全标准，同时增加了进口食品名称以及出口商和包装商的姓名、地址等申报事项。[①]

（3）对食品安全行政机构进行改革

在不断完善食品安全规制法律体系的同时，日本也相应地对食品安全行政机构进行改革。1946 年 5 月，根据《日本政府关于保健及厚生省行政机构的改正文件》增设卫生三局。同年 11 月，在官制改革中废除卫生局和医疗局，新设公共保健局、医务局及预防局，由其分别管理卫生行政事务。其中，公共保健局下设调查科、保健科、营养科。1948 年，依据《食品卫生法》新设药物局，并将食品卫生科从公共保健局的营养科中独立出来。同时成立乳肉卫生科，专门负责肉类和乳制品的食品卫生。为提高卫生行政效率，同年将预防局的卫生统计科扩大为卫生统计局。[②]1949 年，日本出台《国家行政组织法》和《行政机关职员定员法》，开始实施《厚生省设置法》，对机关和人员进行双重整合，预防局并入公共卫生局，新设环境卫生局，厚生省由七局二部变为六局三部，使日本食品安全行政机构发生了全盘性的改编。[③]

（4）实施食品规格基准制度

日本在这一时期设置了食品规格基准制度，着重加强对食品规格基准的监管。食品的规格基准包括对人、物和场所的规制。规格基准的设定决定着消费者食品的安全。《食品卫生法》以不能损害或可能损害人身健康为最低原则，规定了添加剂和残留农药的规格基准。在食品规格基准制度的有效实施下，日本的食品卫生达到一个使公众安心的高度。[④]

5.3.3 1989 年后日本食品安全法时期

1989 年至今是日本食品安全规制的安全法时期。这一时期，日本

---

① 王玉辉，肖冰 . 21 世纪日本食品安全监管体制的新发展及启示［J］. 河北法学，2016（6）：136–147.

② ［日］山本俊一 . 日本食品卫生史（昭和后期编）［M］. 中央法规出版株式会社，1985.

③ 刘畅 . 日本食品安全规制研究［D］. 长春：吉林大学，2010.

④ 刘畅 . 日本食品安全规制研究［D］. 长春：吉林大学，2010.

食品安全规制发展迅速，规制水平明显提高。以2003年实施的《食品安全基本法》为分界点，之前规制的重点仍然是食品卫生，之后则转向了以确保食品安全为主的食品规制，即注重对食品整个供给过程的安全监管。

（1）食品安全基本法：2003年《食品安全基本法》

1898年之后，日本对食品安全规制的基本理念开始从食品卫生向食品安全转变。2002年，厚生劳动省公布《食品卫生规制改革纲要》，并于次年提交《修改食品卫生法和健康促进法的草案》，提出日本今后进行食品安全规制改革要遵循积极采取预防措施确保国民健康，以及鼓励商人加强自我管理和加强生产阶段规制等新理念。基于新理念，厚生劳动省提出消除饮食安全隐患为目的的改革举措。[①]这些改革措施推动日本逐步进入食品安全规制时代。

21世纪初，日本爆发了“森永砒霜奶事件”“水俣病事件”“雪印中毒事件”等食品安全事故。尤其是2001年的牛海绵状脑症（俗称疯牛病）事件，激起了公众的愤怒和不满，也暴露出日本当时的食品安全行政存在的缺乏危机意识、轻消费者而重生产者、行政机构决策过程不透明、信息不公开等诸多缺陷。[②]面对巨大的社会压力以及食品安全规制的弊端，日本政府考虑对当时的食品安全规制体系进行改革。疯牛病问题调查研究委员会认为，要制定一部以确保食品安全和保护消费者利益为宗旨的食品安全法，同时建立一个具有独立性的行政机关。[③]在此基础上，日本政府于2003年5月通过《食品安全基本法》，并于当年7月1日起实行。

《食品安全基本法》是日本食品安全法律监管体系的根基。它与《食品卫生法》《HACCP法》《BES法》《家畜规制法》等具体性法律互为补充。

① 参见日本《食品卫生法》第1条。

② 参见［日］BSE调查委员会：《BSE问题调查检讨委员会报告》，载食品安全法令研究会编：《概说食品安全基本法》，2004年初版，第61页。

③ 参见［日］BSE调查委员会：《BSE问题调查检讨委员会报告》，载食品安全法令研究会编：《概说食品安全基本法》，2004年初版，第65页。

前者弥补了一系列具体法对食品安全规制不足的缺点，可以使各部门法更好地发挥其规制作用。在其公布之后，国家相继对《食品卫生法》与《屠宰场法》等多部相关法律进行修订。这些法律共同构成日本食品安全规制改革的法律体系，标志着日本已经进入食品安全行政时期。[①]

（2）设立食品安全委员会和消费者厅

根据《食品安全基本法》设立的食品安全委员会由内阁府直接领导，是一个以国民健康保护至上、客观公正为原则开展风险评估，并向内阁府的有关立法提供科学依据的独立机构。它明确了国家、相关机构、消费者等在确保食品安全方面的作用，与厚生劳动省和农林水产省一起构成了日本三位一体的食品安全监管体系。其基本职能主要体现为风险评估、风险交流以及危机应对等方面。就运行效果来看，食品安全委员会将风险评估机制、风险沟通机制和应急反应机制等职能进行有效结合，及时发布食品安全相关信息，并积极与消费者和生产者进行沟通，在对食品安全进行风险规避和危机应对上扮演了至关重要的角色。[②]

在日本，消费者监督食品安全是一种责任和义务。消费者厅是日本政府为保护消费者权益、倾听消费者声音而专门设立的行政机构。首相福田康夫于 2008 年提出对消费者权益保护机构进行整改，麻生太郎随后提出设立消费者厅的法案并获得通过，之后正式成立消费者厅。另设有消费者安全调查委员会，专门调查消费者纠纷并将结果及时向社会公布。消费者厅是消费者参与食品安全监管的重要平台，能有效发挥消费者对食品安全的监督作用。[③]

（3）建立食品生产监控制度

HACCP 体系是对食品生产过程中可能存在的重要危害进行鉴定、识别和布控的一种体系。1995 年日本修改《食品卫生法》时为设立综合管

---

① 刘畅 . 日本食品安全规制研究［D］. 长春：吉林大学，2010.

② 王怡，宋宗宇 . 日本食品安全委员会的运行机制及其对我国的启示［J］. 现代日本经济，2011（5）：57–62.

③ 王玉辉，肖冰 .21 世纪日本食品安全监管体制的新发展及启示［J］. 河北法学，2016（6）：136–147.

理制造过程制度曾部分引入 HACCP 体系。1997 年日本的“0157 食物中毒事件”，使日本决心引入 HACCP 体系，并率先在大型企业中推广应用，以彻底改进食品安全风险监测技术和满足质量控制的社会需求。1998 年制定《关于食品制造过程高级化管理的临时措施法》，对 HACCP 的承认机构和条件等进一步细化，增强食品过程化管理的科学性和安全性。当前，该体系已经广泛应用于日本的整个食品行业，成为日本监控食品生产的重要制度，对确保食品安全发挥着重要作用。①

GAP 主要是对农业进行过程化管理的一种制度。由于农产品容易受到不确定的自然环境的影响，对其进行监控具有较大困难。GAP 制度强调通过良好的农业规范避免农产品在生产过程中受到污染，包括食品从农场到餐桌的所有环节。在充分考虑本国自然环境的基础上，日本农林水产省从 2005 年就开始预留专项资金组织实施研修班，在全国大力推行 GAP 方法，同时允许各地根据气候的差异适当调整 GAP 标准。日本对 GAP 方法的推行采取的是政府积极引导与企业自愿选择的模式，这样不仅能保证农产品的质量、节约成本，还能激发生产者的积极性。②

食品安全追溯制度是一种从农场到餐桌的全过程化追溯监控模式。日本最早是在 2002 年的《BSE 问题调查报告》中首次提出食品安全追溯制度的可行性。为使消费者能获取牛肉生产的全部原始信息，日本政府于 2003 年制定《关于识别牛肉个体的信息管理和传达的特别措施法》，强制牛肉生产供应体系采用该制度。在 2003 年修改《食品卫生法》时，首次以法律的形式肯定了食品安全追溯制度，③ 不过牛肉企业之外的其他企业可以自主决定是否采用该制度。为此，日本政府通过多项引导和资助措施促进企业主动采用该制度，各种社会力量也开展各项基础研究活动，推动该制度普遍应用。各方面的共同努力大大提高了该制度对食品安全监管的有效性。④

---

① 王玉辉，肖冰 . 21 世纪日本食品安全监管体制的新发展及启示［J］. 河北法学，2016（6）：136–147.

② 刘畅 . 日本食品安全规制研究［D］. 长春：吉林大学，2010.

③ 参见日本《食品卫生法》第 3 条第 2 款。

④ 刘畅 . 日本食品安全规制研究［D］. 长春：吉林大学，2010.

5.4 发达国家食品安全规制拐点期的规制对我国的启示

新时期，我国的食品安全监管面临严峻的挑战，而有效的食品安全规制体系是食品安全的有效保障。英国、美国、日本等发达国家对食品安全规制的成功经验和失败教训为我国应对频发的食品安全问题提供了一些借鉴，主要体现在以下几个方面：

5.4.1 建立健全食品安全法律体系

中国目前关于食品安全的法律较多，涵盖范围较广。然而，我国目前的食品安全法规对违法行为的惩罚较轻，违法成本较低。而且，多数食品安全法律自颁布后就很少修订，不能适应食品产业不断发展变化的现状。因此，我国应借鉴西方发达国家的食品安全法律体系，在食品安全违法处罚力度方面，一方面提高对违法企业的罚款额度，另一方面可借鉴日本的做法，对于严重的恶意违反食品安全法律规定的行为实施永远退出食品行业的制度，从提高违法成本的角度规范食品安全。同时，还要及时根据行业的发展情况对法律条款进行修订和完善，避免因法律的滞后阻碍经济社会的发展。①

5.4.2 设立严格的食品安全标准体系

目前，我国的食品安全标准落后，与国际标准差距较大，因此应加快法律修订，建立与国际接轨的食品安全标准。首先，在食品安全标准完善方面，关于食品添加剂，我国可以借鉴日本的“肯定列表制度”，明确可用农药的范围和残留标准，禁止使用有害农药，对具有潜在危害的农药设立安全限量标准；关于食品的包装标识，应增设过敏源物质，对营养成分标识应做进一步规范；关于保健食品和转基因食品等特殊食品，应当结合

---

① 卢凌霄，徐昕. 日本的食品安全监管体系对中国的借鉴［J］. 世界农业，2012（10）：4–7.

国际情况制定更为严格的安全标准。其次，在食品安全标准的效力等级方面，赋予尚未制定国家标准的地方标准一定的执行力；引入行业标准，鼓励行业协会等组织制定本行业的食品安全标准；完善企业自查制度，鼓励企业实行更加严格的安全标准。最后，要加强与其他国家和国际组织的交流与合作，积极引入科学的标准体系和制定方法，推动国际性食品安全标准形成行业共识。[①]

5.4.3 建立完善的食品安全全程监控追溯体系

我国自2009年起在食品管理中引入风险评估和监测方法，但并未覆盖从生产到流通的各个环节。因此，我国应首先构建全面的风险分析框架。积极发挥《食品安全法》中风险评估和风险交流等环节的风险分析作用，同时制定具体的风险管理政策，并由相关监管部门执行，确保政策的有效实施。其次，扩大HACCP体系的适用范围。HACCP体系是对食品生产过程中可能存在的重要危害进行鉴定、识别和布控的一种体系。目前我国仅在进出口企业中强制使用，而并没有扩展到整个食品领域。因此，政府有必要通过税收、土地等优惠政策鼓励企业改革监管制度，首先，从大中企业中进行推广适用，逐步扩展到中小企业。其次，要完善食品身份识别制度。我国虽已建立食品安全信息档案，但是对食品安全的全程追溯尚需完善。在生产领域，应建立完备的食品信息库，对食品的原料、成分和产地等信息进行详细记录。在流通领域，设立与食品信息库联通的独立的食品编码，使信息可查询；设立安全预警制度，消费者可以通过查询平台对有害食品进行举报，保证能及时召回不安全食品。[②]

5.4.4 打造权责清晰的监管模式

我国目前涉及食品安全管理的部门有近10个，属于典型的多部门监

---

① 王玉辉，肖冰.21世纪日本食品安全监管体制的新发展及启示［J］.河北法学，2016（6）：136–147.

② 王玉辉，肖冰.21世纪日本食品安全监管体制的新发展及启示［J］.河北法学，2016（6）：136–147.

管模式，致使不同部门的职能权限界定不清，在具体执行时容易产生模糊地带。2010年成立的国务院食品安全委员会，虽然统领多个监管部门，但这一机构只是一个协调议事机构，在实际的监管过程中并没有具体职责，也未发挥有效作用。相应地，我国食品监管部门间执法范围交叉、责任模糊的现状没有发生任何根本性变化。由此造成我国食品安全监管呈现多头监管和事后监管的奇怪现象。因此，明确不同监管部门在食品安全监管中的权利和责任，消除各部门的职能重叠，激励其积极有效执法，是目前我国食品安全监管急需解决的问题。[①] 同时，还要实施风险评估和风险管理职能分离机制，由科学家进行风险评估，政府根据评估结果进行决策，实施风险管理，避免评估者和管理者的职能混淆，提高食品安全监管体系的运行效率。

5.4.5 鼓励公众高度参与

西方发达国家食品安全规制的经验表明，高度的公众参与是食品安全立法决策和有效执行的关键。由于主客观原因，我国公众参与治理食品污染问题的程度不高，作为食品消费主体的消费者，基本上处于被动接受状态，对食品安全的知情权和发言权得不到有效的保障，这是食品污染治理中的致命软肋。[②] 因此，我国目前一方面要构建通畅的食品安全信息交流渠道，强化政府、社会组织和企业的信息公开和披露，打造公众参与食品安全监管的信息基础，重视保障消费者食品安全的知情权和参与权；另一方面要积极对食品安全进行宣传和教育，培养公众的食品安全意识和依法维权意识，明确其对食品安全监管的责任，促进公众参与食品安全政策的制定与实施。最后，要进一步完善有奖举报制度和举报人安全保障制度，即制定合理的奖励标准，实施匿名举报制度，建立举报者损失补偿和损害赔偿连带责任制度，激励公众参与食品安全监督。

---

① 魏秀春．英国食品安全立法与监管史研究（1860—2000）［M］．北京：中国社会科学出版社．

② 吴强．转型时期美国食品药品的法律监管研究——以1906年《联邦食品与药品法》的出台为中心［J］．江南大学学报（人文社会科学版），2013，12（3）：124–129.

5.4.6 建设独立的新闻媒体

独立的新闻媒体是解决食品污染问题的必要条件。在言论自由的保障下，发达国家的新闻媒体将社会各界力量汇集到一起。由于不受政府干预，新闻媒体对食品问题的揭露可以更自由、更真实，对政府也具有一定的监督作用。而在我国，对新闻媒体采取的是一种前端控制的管制方式，很多情况下常因为触动利益集团而无法对食品污染进行真实揭露。因此，我们一方面应贯彻言论自由的宪法权利，给媒体创造一个宽松的环境；另一方面对新闻报道采取披露失实的事后追惩管制方式，以规制新闻媒体的行为，[①] 充分发挥新闻媒体对食品药品掺假的有效揭露作用。

① 吴强．转型时期美国食品药品的法律监管研究——以 1906 年《联邦食品与药品法》的出台为中心［J］．江南大学学报（人文社会科学版），2013，12（3）：124–129.

6 拐点期我国食品安全规制改革的战略布局和战略措施

6.1 为实现食品安全规制拐点，我国政府的战略思维和战略布局调整

6.1.1 政府食品安全规制战略思维调整

食品安全的首要前提是食品产地安全。我国的环境在早期遭受到了严重的破坏。国家对环境污染和食品安全高度重视，在环境领域和食品领域实施了一系列的规制改革，早期的规制改革（如规制体制、地方政府考核指标的调整、食品安全标准、食品可追溯制度、行政问责制度）已经使食品安全规制领域内的浅层次问题得以解决。食品安全问题已经进入到纵深阶段。纵深阶段问题的解决取决于关键要素的同时集中出现，单一要素难以推动。庆幸的是，目前这些关键要素在我国已经同时显现：①国家的高度重视；②地方政府的强力推动；③治理资金的大量投入；④有效的制度安排；⑤可行、可得的技术；⑥广泛的公众关注与参与。总之，食品安全规制拐点要素已初步显现，但是目前还存在诸多阻碍规制拐点实现的因素，因此，为了提升我国食品生产的生态环境，推动食品安全规制拐点的实现，我国政府环境治理思维应及早调整[①]。

---

① 王彩霞. 环境规制拐点与政府战略思维调整［J］. 宏观经济研究，2016（11）.

（1）环境生态治理应做好前瞻性布局，与城镇化建设同步

首先，环境生态治理设施与城镇建设设施具有兼容性，环境治理思维需具前瞻性。生态文明建设、环境治理需要借助一定的设施，如果没有相应的设施装备，即使其他条件具备也无法开展环境治理工作。如秸秆焚烧会造成严重的环境污染。秸秆发电可以消耗大量的秸秆，能够解决秸秆焚烧污染问题，且秸秆发电优势明显。2 吨秸秆和 1 吨煤炭的发电量一样，秸秆焚烧时产生的含硫量为 3.8‰而煤炭焚烧时的含硫量为 1%。加拿大、瑞典等国家早已推广了秸秆发电，我国却推广困难。关键原因是：秸秆发电的理念没有融入电厂锅炉炉膛设计，目前国内还没有两用的锅炉炉膛。由于设备不兼容导致秸秆发电不能推广。

城市建设与生态文明建设的众多基础设施具有兼容性、互通性，但两者的建设步伐并不一致。我国的城市建设、基础设施建设已经历 30 多年的高速发展，2012 年国家才提出“生态文明建设”战略，生态文明理念并没有融入公众生活和生产者生产理念中，导致生态文明建设与其他建设脱节。如果目前推进的城镇化建设再不考虑两者的兼容性，一旦城镇建筑、基础设施固化下来，再去建设生态基础设施，将付出高昂的代价。生态治理也是成本和收益综合权衡的结果，如果治理成本很高，生态治理也会被搁置，因此，生态文明建设的顶层设计必须加速推进，生态文明建设理念应及早融入城镇化建设，生态文明建设思维应具前瞻性、全局性。

其次，生态循环的内在要求与环境治理思维的前瞻性。微观层面生态文明建设推进的内在动力是生态活动收益。生态活动能否有收益与生态布局高度相关。以养殖业和种植业为例，如果农业种植基地远离大型养殖场，种植业生产者需要从很远的地方运输农家肥，在经济上不划算，就会继续使用化肥放弃使用农家肥。这样就不能改变我国化肥过度、农村畜便随意堆放等现状，农产品的品质也不能改善。同时，如果生态布局不合理、生态环境不能明显改善，消费者就会怀疑市场上生态产品的真实性，

会减小生态产品的消费，生态产业无法持续发展，生态环境难以改变[①]。

如今，农村城镇化进程加速、土地快速向生产大户流转，在契约社会土地的使用格局一旦长期固化下来，生态布局调整将会非常困难，因此，政府在产地的生态布局必须与新农村社区建设同步甚至是提前进行，一旦错失时机，生态环境改善将极为困难！

（2）分而治之的环境思维

我国目前的环境治理范式是以政府为主导的环境管制模式，治理的主要领域集中于宏观层面。但是我国环境污染严重、污染面广，为尽快改变环境现状，政府应丰富治理手段、改变治理模式，吸引公众参与到环境治理中。不同的人群诉求不同、利益不同，为调动各个人群环境治理的积极性，国家应针对不同的利益诉求实施不同的激励手段，政府应具备分而治之思维。

① 外部性大小不同，环境规制手段应不同。

西奇维克首次提出外部性的概念。经典作家从多角度对外部性进行区分，但是简单的二维区分不能有效解决外部性问题。在环境治理中，外部性的种类复杂，其治理手段、路径应针对性分析，否则环境治理效果难以提升。

以外部性的大小为例。如果存在外部性，资源配置难以实现最优。如果外部性的大小存在差异，经济主体参与经济活动的积极性也将存在差异，政府激励幅度或规制的阻碍力度也会存在差异。环境治理具有正外部性，个人收益小于社会收益，个人进行环境治理的意愿不强；且个人收益与社会收益的差距越大，个人从事环境治理的意愿越低。因此，为鼓励公众参与环境治理，国家应区分环境治理正外部性的大小，对于外部性大的项目，个人参与的积极性非常低，政府应积极进行环境治理；对于外部性小的项目，政府可激发公众积极参与。

环境污染具有负外部性。环境污染的私人成本低于社会成本，个人成本低于社会成本越多，个人污染的积极性越高，环境污染量越大。因

---

① 王彩霞．食品产地生态布局与食品安全［N］．光明日报（理论版），2014-02-26.

此，针对污染成本低的企业，政府应把它们列为重点规制对象，加大规制力度。

② 产品环保特征辨别度不同，环境治理积极性不同，治理手段应不同。

环境污染有生产性污染，也有生活性污染。从生产性污染的角度来看，如果生产企业从环境治理中获得的收益大，企业治污的积极性就强。以有机瓜果种植为例，如果消费者能够直观地感受辨别有机瓜果的安全性或其他有益特征，则消费者愿意为以有机种植方式种植的瓜果支付较高的质量溢价。以郑州市市场调查为例，以生态方式种植的桃子味道甜、口感正，消费者容易辨认，消费者愿意为生态方式生产的桃子支付质量溢价，普通桃子卖 3 元一斤，生态桃子能够卖到 5 元一斤，而且市场需求量大。在这种情况下，种植者会自觉地维护种植环境并以生态方式种植。

如果消费者不能有效辨别食品的安全性，那么消费者是否愿意为生态生产方式支付质量溢价，取决于政府食品安全规制绩效，与企业是否参与生产者联盟、合作社、是否垂直一体化生产没有必然联系。如果政府规制严格，消费者也愿意为安全食品支付高的环境溢价，生产者进行环境维护的积极性高。如消费者愿意为进口奶粉支付高价。

如果政府监管不严，消费者又不能有效辨认，则消费者不愿意为“自称”是高质量的产品支付高价格，企业安全生产，维护环境的意识就会减弱。如果企业的环保行为不能带来质量溢价，而环保设备的运转又可能耗费大量费用，在政府环境规制压力下，企业虽购置了环保设备，也可能会出现企业宁愿去“寻租”“俘获”环境规制者，也不愿意使用环保设备。

因此，政府环境规制手段一定要有针对性。如果企业的环保行为能够在市场上得到回报，政府不需要过多干预；如果企业的环保行为本可以在市场上得到回报，但由于政府规制不严，造成消费者不能有效辨别产品的环保特性，导致企业的环境治理行为不能从市场上得到回报，政府环境规制的重点是提高规制机构的规制效率。如果地方规制机构不能实现有效规制，中央政府可加大对地方政府环境规制绩效的考核力度，以破解地方政府规制俘获；如果企业的环保行为不能形成产品质量溢价，反而增加企业运营成本，企业逃避环境规制的意向就强烈，政府应加大对此类企业的检查力度，避免其环境污染行为。

③ 环境产业链发展具有动态性，政府规制手段也应具动态性。

环境治理绩效、治理成本与环保产业的发展阶段密切相连。非环保产业的企业是环境规制的抵触者。如果治污技术不可获得、治污成本又高，企业自我治污的积极性就低，逃避政府规制的意向就强。在这种背景下强硬的规制手段可能无法降低污染强度，除非企业不生产或企业俘获规制人员或政府“以罚代管”，这些不能从根本上解决环境污染。但一旦出现新技术、发现新矿藏，清洁原材料的供应商为迫使污染企业使用清洁原材料，他们会要求提高环境规制标准，此时环境规制成本较低。因此，在环保技术不具备时，政府环境规制的重点应放在环境治理技术的研发或引用，寻找清洁能源、提高清洁生产的技术可得性。

④ 环境治理壁垒不同，环境治理应分为宏观和微观两个层面。

环境治理也存在“环保壁垒”。“环保壁垒”不同，公众参与环境治理的积极性不同，政府和市场的分工也应不同。如果环境治理的成本大，公众参与环境治理的积极性就弱，反之，公众参与环境治理的积极性就强。因此，环境治理就应该具有治理的层次之分。

宏观层面的环境治理（跨行政区域的环境治理）具有责任难以界定、涉及面广、协调难度大、耗费资金多等特点，所以单个个体难以完成，依靠国际力量或国家的行政力量、以行政命令的方式推进更为有效。宏观层面环境治理管理机构的选择可依据布雷顿（Breton）最优区域配置理论[①]。微观层面的环境治理容易操作、市场潜力大、争议少、见效快，可依赖民间力量，可主要通过市场化的方式进行。市场化的方式是指通过微观主体在市场经济中的“自我逐利行为”，实现“无意识的环境治理”。如有机蔬菜生产商生产有机蔬菜的目的是追逐有机蔬菜生产的高效益，但其有机生产过程却修复、维护了生态环境。微观主体追求私利具有持续冲动性，因

---

① 该理论认为：所有的公共物品都对应一个最优的使用者数量，覆盖一个优化的地理区域，因此就必要由一个能代表消费该公共物品的特定群体的政府来承担该产品的职能。这一理论在环境治理中应用原则为跨县的外部性由市级政府负责、跨市的外部性由省级政府负责，跨省的外部性由中央政府负责，跨国、全球性的外部性由中央政府主导实行国际合作。

此，只要政府激励措施得当，低投入即可优化生态环境。为了加快环境治理进程，政府应该发动多方力量、采取多种模式推进环境治理。

（3）靶向定位思维

① 大力引导微观层面环境治理，增加微观层面环境治理收益。

市场化治理模式在发达国家环境治理中普遍运用。市场化治理领域集中于微观层面的环境治理。在环境治理活动中获取经济收益是微观层面环境治理持续推进保证。例如，如果有机蔬菜生产商能够从有机生产活动中获取收益，他们会持续以有机的方式进行生产，自觉维护生态环境。反之，如果没有经济利益，即使动用大量的行政力量，难以阻止破坏生态的行为。如秸秆焚烧问题。因此，激励科技创新，变废为宝、创造收益才是微观层面环境治理的主导思维。

② 政府帮扶的重点：关键产业、关键节点。

生态产业是新兴产业且具有强的正外部性，对环境修复具有重要作用，国家应对生态产业实施政策帮扶。政府帮扶的主要对象应是前后关联性高、旁侧关联效应大的产业。因为前后关联效应大、旁侧关联效应大的产业的发展能够起到“抓手”的作用，快速改变生态现状。以有机肥料产业为例，它的前后关联性很高，它的上游是秸秆、人畜粪便、有机肥料生物制剂，下游是经济性作物、大田作物。种植面积巨大的大田作物和经济作物，如果它们能够对有机肥料产生巨大的市场需求，就能带动对上游的动物粪便、农作物秸秆、田间野草等的巨大需求。如果有机肥料产业能够发展起来，至少会发生四方面的巨变：目前农村牲畜粪便污染环境的现状；秸秆焚烧污染环境的现状；农田、农作物过分依赖化肥，土壤破坏的现状；食品安全状况。因此，前后关联性高的产业应是国家帮扶的重点生态产业。

国家帮扶的着力点应是这些产业发展的“关键梗阻点”。还以有机肥料产业为例，有机肥料的生产技术、原材料获取已不是问题，但有机肥料产业发展却面临困境——销售困难。销售困难抑制有机肥料产业发展，导致它不能拉动有机肥料上游产业发展，不能改变生态环境。因此，政府目前的关键任务是：打通主导产业的梗阻点。总之，在环境治理方面，政府应找关键产业，打通“关键梗阻点”。值得注意的是，政府在制定环境治理措施时，需要跳出环境治理本身，从更宽广的角度寻求解决之道。

（4）“援兵引将”和“无中生有”的战略思维

食品安全的生态环境的改善是一个复杂的体系，涉及的方面众多，如大气污染、水污染、土壤污染、农用物资等的污染。外界环境的综合改善，才能从根本上源头上改善食品的源头污染。大气污染、水污染、土壤污染的治理既有其特殊性也有其共性的地方，治理思维具有相似之处。其中还有一种战略思维是“援兵引将”和“无中生有”，我们以土壤治理为例进行说明。

①“援兵引将”的战略思维。

随着经济的飞速发展，经济发展和土地调控的矛盾日益突出，为了既能够满足建设用地需求，又要严格坚守18亿耕地红线，需要用新的思维来破解两者的矛盾冲突。同时，我国生态环境恶化，大量良田被侵蚀，农产品的产量和品质受到严重威胁。能够生产安全食品的土壤并不局限于现有的农用土地，“援兵引将”的思维可以缓解上述危机。我国的土壤改造应该与目前的城市大规模建设结合起来。我国这些年房地产产业发展非常快，每年都要兴建大量的新房。随着城市框架的拉大，房地产的建设位置很多是在良田之上，挖地基时会产生大量的优质肥沃的土壤。同时，在城市的近郊还有很多贫瘠的土地，如荒地、洼地、滩涂地。如果能够有效地协商，把城市建设挖掘出来的土壤运送这些地区，就能有效地改善土壤，创造良田。成功的案例有，济源市成功地把“600余亩处女地，变有机农场”[①]。济源市将原本“坑坑洼洼，沙化严重，布满荆棘，无法耕种”的河滩地，被改造成了集中连片、适宜耕作的肥沃地，甚至是改造成有机蔬菜种植区、有机瓜果种植区、生态园林景观区。

②“无中生有”的土壤改造思维。

希克斯（1989）认为扩大耕种面积，用机械化替代劳动的技术进步与增加劳动和科技投入替代土地的生化技术进步同样具有规模经济效率。也

① 王小萍，成利军. 满目青山郭外斜愚公再造新玉川［N］. 河南日报，2015-09-09.

即是说，在农业生产领域，现代农业发展的途径是多种多样的。如果农业发展面临劳动力稀缺，可以通过机械化技术进步来解决；如果农业发展面临土地资源稀缺，可以通过发展生物技术来消除。一个国家如果能够有效地在各种生产要素、各种路径之间进行有效选择，农业生产率可能会获得极大地提升。

土壤安全是食品安全的重要前提。在目前我国生态环境遭受严重破坏的情况下，为了我国食品生产的源头安全，国家的治理思维可以调整为：一方面通过土壤改良技术重新恢复土壤肥力；另一方面也可以跳出土地之外寻求新的解决途径，如通过无土栽培技术来种植农产品。在这方面成功的案例是：荷兰通过玻璃温室技术种植花卉、果蔬类作物。荷兰的玻璃温室均采用无土栽培技术，该技术优点是生长快、产量高、质量好，节省劳动力，在玻璃温室内几乎不用农药，利用捕食性昆虫和真菌等虫害的天敌进行防治，利用蜜蜂给作物授粉，这样的种植方式避免土壤细菌和害虫对作物的侵染，同时农作物的单产量高，荷兰的番茄单产量平均为50.7公斤/平方米，大大高于全球其他地区，西红柿的总产量在2012年就位居全球第一。

6.1.2 政府食品安全规制战略布局调整

协调、高效、可持续的农业生产力布局是农业健康发展的前提，也是从宏观上保障农业数量安全和质量安全的重要前提。改革开放后我国农业生产力布局不断调整。目前，屈宝香等（2011）分析的结论是粮食主产区逐渐向中部地区集中，北方粮食生产超越南方；杨万江等（2011）和徐雪高（2011）分析的结论是：水稻和大豆“北上”趋势显著。殷艳等（2010）分析结论是：在长江流域油菜生产呈现“东减西移”趋势。冯永辉（2006）认为生猪主产区由经济发达地区向周边地区、山区转移，向粮食主产区转移，2013年以后，中原地区的生猪规模化养殖趋势明显。张越杰等（2010）认为肉牛生产区域的变化为牧区转农区，农区转农牧交错带。卫龙宝等（2012）认为奶牛养殖区的变化为：华北产区与东北产区崛起，南方产区和大城市郊区逐渐衰落。

有关我国农业生产布局调整问题，在不同的历史发展阶段，学者强调的农业布局调整的依据并不相同。在20世纪80年代，学者强调开展农业区划的主要依据是各区域的资源状况。21世纪初学者强调农业生产布局应依据比较优势而不是绝对优势，对各地区应实施非均衡布局战略。近年来，学者强调在进行农业生产力布局时应考虑各种要素的综合影响[①]。刘江等（2010）研究了九种因素对主要农产品生产力、农产品区域布局的影响[②]。李靖等（2016）认为为了实现农业发展的持续发展，进行农业生产力布局时应考虑资源环境承载力，种植业布局主要应考虑水资源的承载力，畜牧业布局主要应考虑环境承载力[③]。

表6-1　20世纪80年代以来我国农业生产布局研究的主要观点

时间	20世纪80年代	21世纪初	2010年以后	2010年以后
观点	自然资源特点	比较优势和非均衡发展战略	多种因素的综合影响	资源环境承载力与农业生产布局的匹配

优化我国农业生产力布局的政策建议。改革开放40年以来，我国农业发展的外部环境已经发生了天翻地覆的变化：国家经济发展呈现出明显区块化发展特征，区域经济发展呈现出显著的非均衡性；市场在我国绝大多数商品的资源配置中发挥了主导作用；生产能力显著提升，我国由短缺经济进入产能过剩时代；农业生产能力显著提升，但同时农业生产环境恶化，污染严重；农产品的产业链不断拉长；国家的开放程度更高，国内外市场的融合度更高；进口农产品数量不断增加，但是农产品“价格倒挂”的现象严重，制约国内农业发展，我国工商资本进入农业的力度不断增加，农产品规模化生产趋势明显，农产品的出口量不断增加。同时，随着冷链运输技术、产品保鲜技术的提升和交通运输状况的改善，农业区位选择的空间更为广阔。因此，我国的农业生产布局，一定是众多因素均衡的结果，这里只强调几个重要的思想。

① 李靖，张正尧，毛翔飞，张汝楠．我国农业生产力布局评价及优化建议［J］．农业问题研究（月刊），2016（3）：26–33.

② 刘江，杜鹰．中国农业生产力布局研究［M］．北京：中国经济出版社，2010.

③ 李靖，张正尧，毛翔飞，张汝楠．我国农业生产力布局评价及优化建议［J］．农业问题研究（月刊），2016（3）：26–33.

在农业资源环境约束日益显著的情况下，应优先考虑各区域农业资源环境承载现状，提高农业生产力布局与资源环境承载力的匹配度[①]。尤其需要注意的是，在目前农业规模化生产的情况下，农业的区域投资都很大，如果不考虑两者的匹配度，可能造成农业生产的低效率或者无法长期持续。总体思路是：种植业布局应重点关注水资源区域分布，畜牧业布局应重点关注环境承载力的匹配。我国北方水资源紧缺，种植业布局的重点是降低华北地区的开发强度，东北地区、华北地区应继续巩固"国家大粮仓"的优势地位，多实施节水增量工程，优化生产方式提升地力。生态环境好的区域多发展绿色生态农业发挥资源优势，提升农产品的环境附加价值；生态环境需要改进，或者是种植面积稀缺但是靠近城市的区域，可以通过无土栽培、在生产过程中利用补光技术、声波助长技术、电生功能水、熊蜂授粉、计算机控制系统和自动灌溉施肥技术等实现农业集约、高效、高产、安全的生产。优化畜牧业布局的重点是调减西南、华南养殖规模，增加东北、华北、西北的养殖规模，实现种养平衡。

生产力布局还应该考虑市场因素。在目前随着运输条件的改善，冷链运输技术、土壤改良技术、无土栽培技术、种子改良技术的发展，自然条件对农业生产布局依然具有决定性影响，但作用有所减弱，目前有些高档农产品的生产已经有撤离城市周边向生态环境好的山区转移的趋势。在目前市场对资源配置作用日益突出、农产品具有易腐烂不易长时间保存，绝大部分农产品的销售市场依然局限于国家范围、区域范围内的情况下，农业生产布局应重点考虑市场因素，应根据市场的需求差异进行农业生产力布局。

农村生态治理要与新农村建设、产业集聚区建设统筹结合。食品安全最终取决于源头农产品的安全，农产品的安全要求农业生产的各要素的有机结合和高效的生态循环。随着家庭人口的减少、外出打工人口的增加，化肥农药使用量的激增，我国传统农户生产模式下的有机生产方式被破坏。庆幸的是，目前在工商资本的推动下，种植业和畜牧业的生产日益规

---

① 李靖，张正尧，毛翔飞，张汝楠．我国农业生产力布局评价及优化建议［J］．农业问题研究（月刊），2016（3）：26–33.

模化、公司化，这为农业在广范围的循环生态发展提供了可能性。只有从根本上优化生态环境、改善生态布局，才能减弱消费者对市场上销售的生态产品、绿色产品真实性的质疑，才会增加对安全食品的消费，才能促进生态产品的持续发展。要从根本上改变生态环境，除了依靠国家宏观层面的资金和政策支持外，还必须激励公众主动参与到微观层面的生态环境治理中来。要激发公众生态治理的积极性应该增加其生态活动收益。生态活动收益能否实现与生态布局密切相关。目前，我国农村正在进行的新农村建设，涉及农村众多资源的重新调整，政府应利用这有利时机积极促成合理的生态布局。同时，我国目前进行的工业产业集聚区建设，也涉及资源的重新配置，目前产业集聚区的选址多是选择在靠近高速道路出口、机场等交通位置便捷的地方。政府在产业集聚区的布局上一方面要考虑产业集聚区的交通便利性，另一方面也要考虑当地的风向、水流走势，避免对当地的环境造成污染。同时，在新产业集聚区的建设上，政府应该集中建立治理污染的设施，充分利用污染物治理的规模经济效应，减少企业对环境的污染。

6.2 为实现食品安全规制拐点，我国政府的战略措施调整

6.2.1 强化地方政府食品安全规制主体地位，实施多形式激励

（1）强化地方政府食品安全规制主体地位，强化规制责任

前期频繁爆发的食品问题暴露了食品安全规制的低效率。食品安全规制低效率是综合因素作用的结果，但究其深层次原因是地方政府食品安全规制低效率。因此，要提升食品安全规制绩效，必须首要强化地方政府食品安全规制责任。保障食品安全是个长久任务，并不是食品安全事件高发时政府的突击任务、重要任务。政府、企业、公众和媒体等都是食品安全规制的构成要素，政府由于其政治资源优势、信息优势，政府必须是食品

安全规制的主体。我国 2008 年、2015 年出台的《食品安全法》也都明确了“县级以上的地方人民政府对辖区内的食品安全负责”[①]。

从激励相容的理论出发，地方政府放松规制的原因是：放松规制获益多，严格规制获益少。从 Tirole 设计的防范合谋原理出发，我们可以推理出：为提升食品安全规制效率，政府可以增加严格规制的收益，增加规制合谋的成本。中央政府目前的主要手段增加规制合谋成本，强化地方政府食品规制责任，强调地方政府规制责任回归。具体表现为 2012 年中央政府首次将食品安全规制绩效列为对地方领导班子和领导干部综合评价的重要内容，如果发生重大食品安全事故，在文明城市等评优活动中则实行一票否决。单纯的绩效考核指标本身并不是解决问题的万能药，但是在时下的行政架构下，绩效考核绝对是“风向标”和“指挥棒”，在 2012 年以后各地地方政府积极响应中央的政策方针，纷纷出台食品安全工作评议考核办法，明确了考核指标、考核目标，并在工作实践中调整食品安全绩效考核权重。

从实际经验来看，把食品安全规制绩效纳入地方政府考核体系这一政策措施还没有显著发挥预期效果。“山西假疫苗事件”和 2018 年发生的“长生假疫苗”事件都是很好的例证。同时，绩效考核实施后出现的情况是，官方公布的食品检测率很高，食品安全状况显著改善，公众对食品安全状况依然高度担忧。需要明确的是：要提升食品安全规制绩效，必须坚持抓住地方政府食品安全绩效考核的这个核心要素，需要进一步完善细化这一考核体系而不是抛弃。需要完善的地方有：第一，考核条目要具体可行，具有可操作性。第二，加大考核权重、动态变动考核指标权重、倾斜性设置权重。要提升食品安全绩效考核制度对地方食品规制机构约束力，目前需要提高考核指标权重，如果权重过低，效果微弱。同时权重应该根据社会矛盾阶段性的严重性来确定，而不是单纯依据政府管理社会事务的比例确定权重。第三，完善社会评价体系。“知屋漏者在宇下，知政失者

---

① 王彩霞．地方政府扰动下的中国食品安全规制问题研究［D］．大连：东北财经大学，2011.

在草野”。公众最关心食品安全状况，其评价更为真实，因此公众评价对食品安全绩效考核非常重要，但是目前的政府考核评价体系，基本上是政府机关内部上级领导班子对下级领导班子的封闭考核，虽然有一些人大代表，政协委员和基层群众应邀参与评价，公众评价的力量非常微弱。

（2）设置正反两个方向的规制激励，以提高绩效考核效果

良好的规制机制设计的首要标准是能够激励规制实施主体执行规制的积极性。规制激励包括正向激励和负向激励。目前，我国的食品安全规制激励更强调负向激励。中央层面的负向激励体现在 2012 年国务院出台的《国务院关于加强食品安全工作的决定》（以下简称《决定》），《决定》强调“发生重大食品安全事故的地方在评优创建活动中实行一票否决”。各级地方政府制定的食品安全考核办法虽然有正向激励和负向激励两个方向的激励，但更为突出负面激励，如“如果考核结果不合格，省政府食安办将约谈该省辖市或者省直管县（市）政府有关负责人，必要时由省政府领导同志约谈该省辖市或者省直管县（市）政府主要负责人，有关领导干部不得参加年度评奖、授予荣誉称号等。”

单纯的负向激励不能有效激发地方政府食品安全规制积极性。根据 2015 年出台的《食品安全法》规定：中央政府要对出现重大食品安全事故的地方政府追责。行政问责制度是事后对失职行为追责，并不奖励积极规制。这样的规定会出现下面的逻辑：地方政府越是努力规制，发现的问题食品越多，被曝光的问题食品越多，如果其他省市规制不严格，消费者会感觉当地食品质量不过关，放弃或减少购买当地食品，媒体曝光后这样的负面影响通常会持续很长时间，这会影响食品企业在当地的生产、销售布局，甚至会影响到当地经济发展。如果地方政府放松规制会带来三方面好处：促进当地 GDP 的增长；给规制人员带来隐蔽好处；树立了本地区规制效率高的形象。只有发生重大的食品安全事故，“一票否决制”才会对地方政府起到真正的约束作用，但重大食品安全事故的发生具有偶然性，即使发生重大食品安全事故，地方政府可以积极公关、控制媒体报道消减影响，所以“一票否决”的影响非常微弱[①]。因此，地方政府平时会放松对大

---

① 王彩霞 . 地方政府扰动下的中国食品安全规制问题研究［D］. 大连：东北财经大学，2011.

企业的规制，尽可能减少检查次数，甚至是例行检查前通知企业。在规制制度设计中，如果单纯地强化负向激励，负向激励越厉害，惩罚措施越严厉，其他配套措施不能有效跟进的情况下，地方政府藏匿问题、规避责任的倾向越严重。

正向激励可以提升规制效率。首先，正向激励增加地方规制机构规制收益，激发规制积极性。其次，正向激励使规制机构与被规制企业的关系由利益共赢体变为利益对立体，破除合谋基础。最后，正向激励减弱信息不对称。

公众、地方政府、地方规制机构、具体规制执行人之间都存在严重的信息不对称。在负向激励下，地方政府若主动暴露严重的食品安全问题，可能在“先进评选”中被“一票否决”。规制机构和食品企业更倾向于藏匿或者谎报食品信息。因此，我国重大食品安全事件多是通过暗访的媒体记者或者行业内幕人士揭发。图 6–1 为负面激励下的信息传导机制。如果中央政府实施正向激励，根据地方政府查处违法食品数量的多少、有效预防不安全食品事件的多少对地方政府进行奖励。地方规制机构会主动显示区域内不安全的食品质量信息。如果规制机构为了政绩公布虚假的食品安全信息，虚假的质量信息会严重损害企业声誉，企业为维护声誉会邀请权威的第三方检测机构来证实真伪。这样的制度安排会迫使地方政府和企业主动显示产品质量信息，中央政府、社会公众食品安全信息弱势的状态就会改变。图 6–2 为正面激励下的信息传导机制。

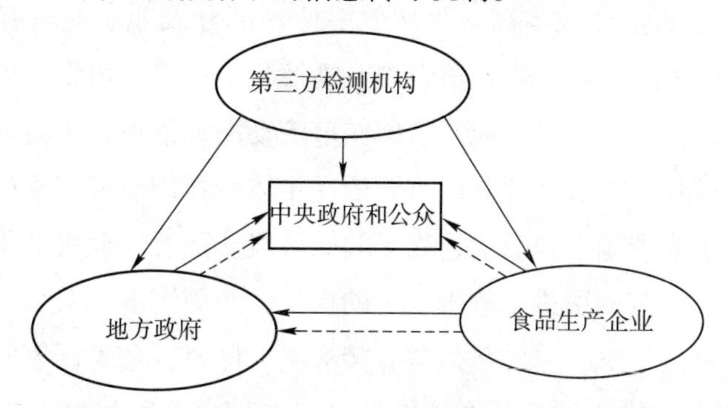

图 6–1　负向激励下闭锁的食品安全信息传导机制

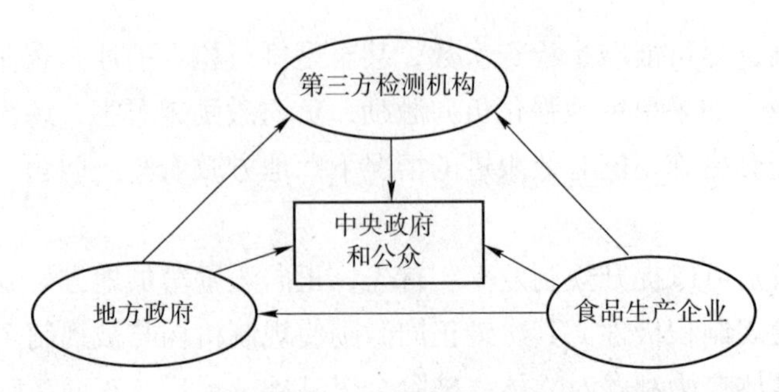

图 6-2　正负激励下，开放的食品安全信息传递机制

我国应该强化食品安全规制正向激励。正向激励方式有：地方政府查处食品安全事件越多、问题食品的价值越大，受到的奖励越多，政治提升的可能性越大；区域内无污染的新型食品生产模式越多，安全食品率越高，地方政府获得奖励越多。正向激励会激发地方政府努力改善辖区内食品安全。同时通过省级政府向下传导，最终会引导农业生产者、食品加工者供给安全食品，最终实现食品安全的根本性改变[①]。

6.2.2　激励工商资本稳定发展

由于工商资本和其他社会资本的加入，我国农地流转速度加快、流转面积激增，但我国绝大多数的土地的流转规模还比较小，因此土地的规模经济效应、生产效应还没有充分显现。尽管目前我国下乡的工商资本存在较多的问题，如生产成本高、生产效率低、部分农业企业具有政治投机性，但并不能说明工商资本不适合农业规模化生产应退出农业生产。在城镇化推进速度加快，大量农业人口向城市流动的背景下，工商资本必将是今后农业规模化、农业现代化的重要依托主体。我们应该正确认识当前存在的问题，工商资本下乡目前还处于起始阶段，随着农业机械化工具的普及、新的生产工艺的引进、管理水平的提升、与周围群众关系契合度的提升及市场渠道的扩宽，其经济效益有望提高；同时，随着国家宏观政策的调整，工商资本投机的现状会所有改进，工商资本的发展会趋于健康发展。值得注意的是，工商资本的经营方式与其他经营主体组织模式都可能

---

① 王彩霞 . 地方政府扰动下的中国食品安全规制问题研究［D］. 大连：东北财经大学，2011.

随环境变化而变化。因此，为实现农业现代化的稳定发展，政府还应支持从事农业的工商资本[①]。

（1）调整地方政府农业现代化的绩效考核指标

目前，农业现代化、农业规模化经营的状况是中央政府考核地方政府政绩的主要指标，地方政府把农业规模化当作政治任务推进，由于地方政府的强力推进，土地流转速度人为加快，一些不擅长农业生产的企业进入农业领域，占用国家扶农资金、推高土地流转价格、提高农业经营成本、浪费了土地资源、造成农业震荡发展、阻碍了农业现代化发展。因此，政府应及时调整考核指标，遵从农业发展规律[②]。

（2）建立长效的扶持政策，避免工商资本投机

种植业和养殖业都有其内在的生长规律。政府应制定能够激励农业长期稳定发展的农业补贴政策。大量短期的补贴政策会放大类似“猪周期”这样的生产规律破坏市场平衡，加大市场风险，政府应稳定下乡工商资本的市场预期，让下乡资本关注农业的长期发展，而不是骗取农业扶持资金“跑路”。政府补贴主体应该做多样化调整，既要兼顾大型规模化的生产主体，又要兼顾适度规模的农业经营主体。同时，政府应多次实地检查扶农资金的使用情况、检查资金使用效果是否科学有效，应拓宽公众监督渠道、加大对违规使用资金的惩罚力度。

（3）积极开拓海外市场，保证经济作物收益的稳定性

稳定的市场赢利是下乡工商资本长期从事农业生产的最终决定力量。目前，从事农业生产的大型工商企业生产的多是高档农产品，主要是海外销售，在有限的海外销售市场上，产品高度趋同，竞争激烈。如果企业开拓国际市场的能力不强，可能会在竞争中消亡。因此，政府应稳定国际政治关系，鼓励企业开拓海外市场，保证农业经营收入稳定。

（4）适度进口保证粮食作物价格的稳定

食品安全应该是所有农业农产品的安全。目前，实力雄厚的工商资

---

① 王彩霞. 工商资本下乡与农业规模化生产稳定发展研究［J］. 宏观经济研究，2017（11）.

② 王彩霞，张远. 河南省农业产业集群震荡发展的原因与对策［J］. 劳动保障世界，2016（12）.

本主要从事的是高端农产品的生产，他们采用现代化的生产方式提升了该领域内产品的安全性，但是工商资本很少进入普通的粮食种植。原因是粮食生产的微利。因此，为了从整体上提升食品安全、提升粮食品质，国家应适度进口，减弱国际市场冲击，稳定粮食价格和粮食种植收益。

（5）因地制宜，提升农业机械化水平

首先，政府应稳定财政和信贷政策，鼓励农户购买农业机械。其次，扶持对象应多样化，因地制宜[①]。世界各国人均土地规模相差较大，美国走的是大规模机械化的模式，欧洲走的是中等规模集约农业机械化的路线，日本走的是小规模精细机械化的路线[②]。我国地域复杂，粮食品种繁多，机械需求的差异也很大，因此，农业机械化的扶持政策也应因地制宜区别对待。

6.2.3 诱发农业生物技术和环保技术的突破性发展

（1）食品安全规制改革的纵深阶段，技术突破是规制改革的关键利器

在食品安全规制改革的纵深阶段，农业生物技术和环境治理技术仍是破解问题的关键因素。管制的历史是政府不断变换政策重点和焦点的一个动态过程（丹尼尔·史普博，1999）[③]。食品安全规制是社会规制的重要组成部分，食品安全规制政策的制定是给定政治结构、经济结构下多种因素共同决定的结果。政策的变革受到法律、社会资源、经济发展程度和行政机构问题界定能力和制度能力的限制。在给定我国政治体制、政治制度、规制机构体系的背景下，食品安全规制政策的效果与环境规制技术和生态种植养殖技术有非常大的关系。

如果技术达不到，即使出台非常严厉的规制措施，也无法实现预期目标。以环境治理为例，自 2012 年国家出台生态文明建设国家战略后，中

---

① 冯启高，毛罕平．农业机械化发展现状与对策［J］．农机化研究，2010（2）．

② 白万存．我国榆阳区农业机械化发展现状及存在的问题分析［J］．榆林科技，2017（10）．

③“管制”和“规制”在经济学界的说法有细微差别，本研究在引用被人说法时，遵从原有作者的说法。

央非常重视环境治理。其中一个重要的措施就是为了有效地监测各地的环保状态，国家花费上百亿元安装了企业污染源排放监测设备以实时监测全国上万个重点污染源，截至 2014 年 6 月，全国已经有 14410 家国控重点污染源接入了这一网络。但是这耗资百亿元的在线监测网络体系几乎成了摆设，对污染源进行监控并没有杜绝被监控企业的违法①。众多企业通过“硬件手段②”“软件手段③”干扰自动监测设备的正常运行，进行数据造假规避监管。环保数据造假既有地方政府的纵容、指使或暗示，也有企业的直接参与实施、甚至也有第三方监测结构的暗中配合④。

针对环保数据造假问题，政府规制手段不断调整，常见的规制思路大致有几类：第一大类是加大惩罚力度，增加违规行为的成本。数据造假涉及的主体有地方政府、生产企业和第三方委托机构。加大对地方政府及相关机构参与数据造假人员的惩罚力度，如新《环境保护法》《国务院关于印发大气污染防治行动计划的通知》《环境监测数据弄虚作假行为判定及处理实施细则》等都对参与造假的地方政府和相关机构人员的处罚作出了明确的规定；加大对违规企业惩罚力度，对企业的惩罚有经济处罚、行政处罚、法律惩罚；对于参与环境监测数据造假的社会环境监测机构及运维企业，惩罚措施不仅追究连带责任和法律责任，还要将违规机构及人员列入黑名单，禁止其参与环境监测服务或者政府委托项目。第二大类是加大对企业的监管强度和监控能力，如 2013 年国家环保部、发展和改革委员会、财政部联合投资 400 亿元实施基础、保障、人才等三大工程加强环境监管能力。第三大类是用先进的监管技术来应对企业的监测数据造假行

① 王瑞红 . 环保数据造假为什么屡禁不止［J］. 资源与人居环境，2016（7）.

② “硬件手段”则是通过破坏采样系统造假。主要包括设备采样探头安装位置不当；采样管设置旁路，用自来水等低浓度水稀释水样；采样管路人为加装中间水槽，故意向中间水槽内注入其他水样替代实际水样；甚至直接拔掉采样探头，断开采样系统，致使监测设备采集不到真实样品。

③ 所谓的“软件手段”主要通过修改设备参数，把不达标数据变达标。如实际监测的排放浓度为每立方米 1000 毫克，在软件计算是加个 0.1 的系数，结果就成了每立方米 100 毫克。直接修改检测仪器的数据或者直接模拟一套排污曲线。软件手段造假是自动监测数据因为软件造假造假技术含量高，恢复正常状态迅速，消除造假痕迹方便，环保部门调查取证比较困难。造假的主要途径。

④ 梁光源 . 偏离正轨的检测数据［J］. 环境，2014（10）：10–13.

为，即“用更好的技术更好地解决问题”。由于企业造假行为的科技含量越来越高、越来越隐蔽，针对众多生产企业“软件造假”“硬件造假”的行为，很多的省份的环保厅组织研发推广了污染源自动监测设备动态管控系统，这套动态管控系统的推广大大提高了监管效率。

但是，这一系列规制措施的集中出台并没有有效地减少环保数据的造假问题。2015 年全国共发现 2658 家污染源自动监控设施存在不正常运行、超标排放、弄虚作假等问题。政府规制如此严格，为何环保数据造假问题还会频频出现呢[①]？其原因众多，其中重要的原因有两个。其中一个原因是目前在国家层面上进行的很多评比都和环境治理情况挂钩，如创建环保模范城市、全国空气质量城市排名、污染物总量控制考核等。为了在评比中独占鳌头或者是不因落后而被点名约谈，很多地方政府会参与到环保数据的造假中。如在治理雾霾方面，很多省市政府确实做了很多艰苦卓绝的努力，如每日对城市主要干道洒水，对所有企业进行环保整改，实施长达三个月“封土期”等措施，政府环境治理是费尽心力，但由于关键环保技术达不到，环保治理效果并不是很显著。在这种情况下，地方政府就可能会纵容、指使、暗示生产企业造假。而且中央政府对地方政府施加的环保压力越大，地方政府采取“非常措施”的可能性越大。另一个重要的原因是企业环保数据造假的成本低，收益大。有资料显示：一个规模企业每日治污费用高达数万元甚至高达十几万元，而企业环境数据造假的成本每日不超过 100 元。在差额巨大的情况下，即使被发现时处罚严格，也会有企业挺身冒险[②]。

通过上面的分析可知，在环保治理技术达不到的情况下，单纯地增加对地方政府、生产企业和第三方机构的处罚力度，在信息不对称，诸多掩饰因素存在的情况下，三者合谋的情况就难以破除。沈洪涛、周艳坤（2017）实证研究的结论是：环保约谈可以显著改善被约谈地区企业的环境绩效，国有企业的环境绩效可以显著改善，而非国有企业没有显著改

---

① 王瑞红 . 环保数据造假为什么屡禁不止［J］. 资源与人居环境，2016（7）.
② 刘效仁 . 环境数据造假成潜规则只因造假成本低［J］. 绿色视野，2016（8）.

善。企业通过减产改善了环境，而不是通过增加企业的环保投资[①]。该结论说明制度化的执法监督机制对于环境质量改善有效。但是环保效果要长久有效，依然需要通过环保投资来改善，但是环保投资如果仅仅是增加到对被监管企业的监管或者是购买洒水车等设备上，也不能长久改善，只能是通过综合的制度安排提升环境治理技术，企业实现低成本的环境质量改善。

同样的道理，可以推广到农业生产领域和农产品加工领域。如果环境技术达不到，农作物种植养殖处于严重的环境污染情况下，即使政府的规制机构、规制政策、食品安全标准都作出调整，也难以真正地改善食品安全状态。在这样的背景下，高的检测合格率只能是增添消费者对政府信用的质疑和焦虑，并不能真正改善食品安全状况，食品安全规制改革只能是限定条件下的次优选择。但是一旦技术发生了突破，一些食品安全问题就会迎刃而解。"更好的技术将更好地解决问题"。因此，政府有效地供给生态环境新技术和食品安全生产技术是当期至关重要的问题。

（2）提升我国环境治理技术和农业生态技术创新的制度安排

① 正确审视政府和市场在技术创新领域的角色定位。

技术创新可通过两种途径来实现，一种是依靠市场机制，通过市场竞争催生新技术的诞生，另一种是依靠国家行政手段，举全国之力实现技术突破。从成本收益的视角分析，技术创新能够增强企业市场竞争力、增加企业的长期利润，因此企业通常是技术创新的核心主体。同时，根据希克斯—速水—拉坦—宾斯旺格假说和格里克斯（1957）—施莫克勒（1966）假说可知：生产技术创新的动机是节约相对稀缺的生产要素，技术创新的预期收益是推动技术创新的根本力量。根据上述理论可以，我们应该主要通过市场机制推动技术创新[②]。但是对于发展中国家的技术创新，我们还应该综合分析。

---

① 沈洪涛，周艳坤 . 环境执法监督与企业环境绩效：来自环保约谈的准自然实验证据［J］. 南开管理评论，2017（6）：73–82.

② 杨健燕等课题组 . 低碳发展下的中国治理模式创新与制度建构研究［R］. 学术论文综合比对库，2016.

发达国家多是技术创新的先行国家且是市场经济国家，其技术研发主要是针对市场需求广泛的产品创新。创新技术产品在成长期就由技术创新国逐步向发展中国家推广，去占领发展中国家市场。产品的先占优势导致后发国家的技术创新壁垒很大，后发国家的生产技术是夹缝中生存困难重重。后发国家通过市场换技术，但这些技术通常都是发达国家即将淘汰的落后技术。后发国家由于没有足够的市场需求拉动，无法持续创新，技术进展缓慢。以我国为例，我国是“卫星可以上天”“汽车无法上路”（关键的发动机和变速箱），可以在“天河二号”超级计算机系统、北斗导航定位技术、高铁技术等领域世界领先，却偏偏是“小小芯片”受制于人，不能有大的突破。其原因是“两弹一星”（北斗等）是国防科技，为了不受制于人，可以不计成本，不求批量，不讲效率，走政府计划之路，而芯片主要是民用产品，必须考虑成本，必须批量生产，必须追求效率，走市场经济之路。因此，我国的环保技术创新也应该以市场引导为主，但对于环保领域的关键技术、核心技术可以依托国家之力重点突破。

② 积蓄科技人力资源、提高科技人力资源密度和优化科技人员结构。

研发人员数量和研发资金数量正向影响技术创新（Acemoglu，2009）。科学知识的储备、研究机构的效率、新技术被发现的概率等也是影响技术进步的重要因素。科技人力资源的规模和结构是影响国家核心竞争力的关键因素[①]。改革开放以来我国科技人力资源总量持续大幅增长。截至 2014 年底，我国科技人力资源达到 8114 万人为世界第一，我国科技人力资源全时投入研发活动的人数为 371.1 万，其中 R&D 研究人员总量为 152.4 万，领先于美国，但是我国的人力资源的密度和我国 R&D 人员密度仍相对偏低[②]。2014 年，我国全时当量 R&D 人员在总就业人数中的就业比例为 4.8‰，我国全时当量研究人员就业比例为 2.0‰，美国的这一比例约为中

---

① 张明妍，刘馨阳，邓大胜 . 中美科技人力资源规模与结构的比较［J］. 全球科技经济瞭望，2017（12）

② 张明妍，刘馨阳，邓大胜 . 中美科技人力资源规模与结构比较研究［J］. 全球科技经济瞭望，2017（1）.

国的4.5倍[①]。针对上述情况，我国应该制定激励机制吸引更多青年人以科技创新为职业选择；提高科学、技术、工程和数学教育质量，积蓄高素质科技人力资源；加强顶层设计，突出“高精尖缺”导向，引进大批世界一流人才。

③ 多种规制工具相配合，灵活动态运用规制工具。

在我国早期的规制实践中，由于缺少低成本规制技术，规制机构多是通过“以罚代管”的方式治理企业污染，企业和政府改进环境技术的积极性不高。目前环境规制手段多元化有行政命令控制型规制、激励性规制和其他类型规制。贾瑞跃等人（2013）的结论是：传统命令控制型规制手段实施成本高，对技术创新的生态绩效、经济绩效均无正向影响；激励型环境规制工具能够有效激励企业技术进步。目前非正式的环境规制也能够间接地推动环境技术进步。以信息披露为例，公开公正的信息披露能够激发公众参与环境治理的积极性，污染企业和政府受到来自公众要求治污的压力增加，间接地推动环境技术的进步。环境治理具有正外部性，不同行业正外部性的大小不同，各主体进行环境治理的积极性不同，我国应采用多元化的规制工具，让它们发挥各自的特长优势。

④ 加大环境规制强度，提升规制效率。

与一般技术创新相比，环保技术和农业生态技术创新对政府规制的依赖性更强。一般的生产技术创新可以提升企业市场竞争力，企业具有技术创新的内在驱动。对于环境技术创新，如果政府不重视环境规制，污染减排技术很难创新，因为巨额的环保投入将增加企业成本、降低企业竞争力，企业不会主动增加环保投入，甚至是购买了环保设备也会弃而不用。没有市场需求拉动，环保技术创新的可能性很低。只有严格规制才会促进环境技术创新。Lanjuw、Mody、Jaffe 和 Palmer、黄德春、刘志彪、江珂、卢现祥、沈洪涛、周艳坤（2017）[②] 等国内外学者的实证研究都从不同的路径证明了严格的环境规制可以促进环境技术创新。

---

① 中国科协调研宣传部，中国科协创新战略研究院．中国科技人力资源发展研究报告（2014）[M]．北京：中国科学技术出版社，2016.

② 沈洪涛，周艳坤．环境执法监督与企业环境绩效：来自环保约谈的准自然实验证据［J］．南开管理评论 2017（6）：73–82.

环境执法能否严格和制度环境密切相关。在信息不对称、存在较大规制自由裁量权的情况下，规制机构很容易发生规制俘获。在中央政府对地方政府存在多种考核指标，尤其是经济性指标占比重很大的情况下，地方政府规制活动就会在经济发展和严格环境规制之间进行权衡。如果两者存在冲突，而区域内的经济发展对地方官员晋升支持力度大，地方政府可能会弱化环境执法。因此，确定合适的政府考核体系，加重对环境绩效考核权重有利于严格执法。同时，在多重委托代理制度和信息不对称的背景下，"规制俘获"的可能性更大。为避免规制俘获的发生可采取以下措施：增加公众、媒体、政府和企业之间的环境信息、食品安全以及该领域内规制信息的信息对称程度；弱化政府的自由裁量权；减少环境立法中的弹性条款；积极拓宽公众参与环境治理的渠道和公众在政府工作评议的权重；应加大环境执法的独立性。

⑤不同城市实施不同的创新政策。

雅各布外部经济和马歇尔外部经济都可以促进企业创新。Muller（1972）、董晓芳、袁燕（2014）认为：新生企业多倾向于到具有多样化产业结构的大城市集聚，新生企业创新更多的是得益于雅各布外部经济，成熟企业多集聚于专业化程度较高的城市，成熟企业的创新更多的是得益于马歇尔外部经济[①]。环保产业在我国是新兴产业，目前处于产品生命周期的创新期和成长期，大城市更利于其发展。因此，特大城市、大城市政府应多出台激励环保产业发展的政策，诱导环保产业的萌生和发展。当环保产业发展到一定规模后，政府再鼓励环保产业进入专业化城市或者是中小型城市发展，充分享受马歇尔的外部规模经济，享受环保产业技术外溢效应。

⑥实施非对称性创新扶持政策。

通常情况下企业规模大，创新概率高，新产品产值多；行业竞争程越高，行业内企业创新能力越强；相比于供给国内的企业，出口企业的新产品价值高；不同行业对于技术创新的依赖程度不同。技术密集型行业、资

① 董晓芳，袁燕．企业创新、生命周期与集聚经济［J］．经济学季刊，2014（1）．

本密集型行业和劳动密集型行业对技术创新的依赖程度依次递减。技术密集型企业重要的业务活动是技术创新，企业发展的重心集聚于技术创新环节。对于劳动和资本密集型行业，企业关注的重点在于其商业模式、品牌、货资渠道，而不是技术。同时，不同行业的公司治理结构对企业创新活动的影响不同。在技术密集型行业和资本密集行业，董监高的薪酬有利于激励创新活动的开展，这类企业就应提高其核心技术人员的期权，激励核心技术人员的创新。[①] 企业的创新投入与企业年龄成反向变化，企业的创新产出也与企业的年龄成反向变化。同时，不同企业对外部科研机构和创新投入的依赖不同，新企业的创新由于自身科技力量弱，对外部科研机构和外部创新投入更为依赖，而成熟企业自身科研力量雄厚，多依赖自身力量创新[②]。因此，国家在顶层设计上，应鼓励企业进行产业升级和技术创新，同时应考虑企业技术创新的差异性，应在政策上多鼓励新企业的创新活动，对新企业进行政策倾斜，通过结构性政策鼓励各类企业的持续创新活动。

6.2.4 鼓励公众参与食品安全治理

（1）国家强力打击食品生产销售中的违法行为，为公众参与树立信心

食品安全状况的改变是项复杂的系统工程，单一依靠某一力量很难实现，在目前的众多因素中政府监管依然处于核心位置。政府治理手段也是多样化的，但是在目前的状况下，政府的强力打击依然是非常有效的手段。第一，我国长期的中央政府强权统治，公众对中央政府具有高度的信任和依赖。第二，政府的强力打击效果非常显著。如 2016 年、2017 年郑州市政府对羊肉汤、胡辣汤的汤底进行了集中整治，多人因为在汤底中违规添加违禁食品而判刑，经过媒体多次报道后，生产者违规添加的行为明显减少。第三，政府的强力打击，能够迅速提高消费者信任。由于政府的强力打击，企业不敢为所欲为，通过企业售卖者和企业生产过程中的服务

---

① 贾瑞跃，魏玖长，赵定涛 . 环境规制和生产技术进步：基于规制工具视角的实证分析［J］. 中国科学技术大学学报，2013（3）.

② 鲁桐，党印 . 公司治理与技术创新［J］. 经济研究，2014（6）.

人员的信息扩散，消费者容易相信。政府在食品安全方面的强力打击首先是要强力打击食品规制人员的渎职、不作为的状况，避免食品规制人员对违法生产的庇护和纵容，其次是要对违规生产的企业和个人动真格，对于触犯刑法的一定要让其接受刑事制裁，提高其违法成本。

（2）政府及时厘清食品领域的模糊问题，为公众参与提供合理依据

公众参与食品安全监管，食品是否安全必须有明确定性。如果食品安全性存在较大争议，而政府不能及时明晰，就会造成公众举报问题的长期搁置，打击公众参与积极性，甚至会让公众对政府打击行动的真实性产生怀疑。反之，如果政府对存在疑惑的产品积极讨论，明晰相关违规生产行为适用的法律，明确监管部门和法律部门在食品安全上的权责，这些做法能高效解决问题，会激发公众举报积极性。

我们以被称为“食品安全治理典型切片”的“毒豆芽”问题为例。2013 年 1 月 1 日至 2014 年 8 月，相关国家机构共宣判了 709 起与毒豆芽相关的案件，共有 918 人因“毒豆芽”问题获刑，很多人是以“生产、销售有毒有害食品罪”被判刑。针对这一问题，国内学界、法律、媒体、监管机关等各界人士展开了广泛争论。争议的焦点主要集中于：第一，豆芽是“初级农产品”还是“工业加工品”？第二，豆芽归谁管？第三，在豆芽生产过程中喷洒的物质如“速长王”（俗称“无根水”[①]）是否是有毒有害物质？如果有毒有害，毒害的程度是什么？第四，违法生产毒豆芽的生产者应该按什么标准处罚？以生产、销售有毒、有害食品罪处理？按照生产、销售不符合安全标准的食品罪处理？或者其他？

在众多的质疑声中，诸多问题日益明晰。明晰了豆芽“初级农产品”的属性，从国家层面明晰了豆芽的监管部门，避免了部门间的推诿扯皮，厘清了监管部门的问责罪名，明晰了“6- 苄基腺嘌呤”等物质的定性，厘清了相关问题的罪名。国家食品部门、公检法部门这种有担当有作为的做法，最终明晰了问题，高效解决了问题，增添了消费者对监管者的信心，

① 无根水里面主要包含了 6- 苄基腺嘌呤、4- 氯苯氧乙酸钠、赤霉素等物质。这些物质可以提高发芽率，增粗豆芽茎，提高产量，提高品相，优化口感。

使更多的公众踊跃地参与到食品安全的有奖举报活动中来。

（3）政府进行正确舆论引导，加大对消费者举报的激励和保护

政府为了构建食品领域内公众治理模式，近几年很多地市的政府已经制定了公众举报奖励制度，详细说明了消费者举报的奖励办法和匿名保护制度。但是从实际执行效果来看，消费者举报有所增多，但是总体数量并不多；很多举报奖励资金并没有发放出去。当前食品有奖举报方面还出现了一些不好的端倪：如一些职业打假人进行的举报多是集中于食品的包装、标签、日期等显而易见的问题，而不是针对问题食品的实质，且他们发现问题后先是找生产厂家直接交涉，私下解决问题，并不把食品问题公之于众。甚至还有一些食品规制机构的工作人员利用有奖举报的保密制度，勾结社会人员敲诈商户。这些现象的存在不能在社会范围内改善食品质量。

要提高公众对问题食品举报的热情，应做好以下几方面的工作：首先，政府应该对有奖举报进行正面定性。受我国传统文化影响，很多公众把私利和社会公利混淆，把有奖举报视同于告密。针对问题食品的严重危害性，政府应该把公众举报问题食品定性为匡扶正义、维护公共利益的行为，增强公众举报的使命感、责任感和荣誉感。其次，国家应拨付专门的有奖举报资金。目前有奖举报的资金是和举报查实的问题食品的金额挂钩的，如果问题食品金额很小，小额的举报奖励金不足以鼓励公众举报。再者，明确相关机关泄露举报信息的刑事、行政、经济处罚责任，加大对举报者的保护力度。最后，严厉处罚相关人员利用保密制度的漏洞，进行的违法行为。

（4）提高信息透明度，为公众参与监督提供广泛渠道

信息透明对于食品安全规制绩效具有重要作用。规制机构与生产企业的信息不对称造成政府不能有效治理，食品安全信息在公众与政府和企业之间的不对称，可能会造成规制机构与被规制企业的合谋，造成食品安全状态低效率的持续。要提高食品安全规制效率，重要的一个途径就是引入公众的力量，形成一个公众、企业、政府实力均衡的制约机制。公众能够获知完整、真实、有效、及时的信息，才能有效地评判食品状况，才能够

客观公正地进行评判。更为重要的是，只有做到信息透明才能有效地恢复消费者信任。我们以乳品行业为例，我国近十几年发生过几次大的食品安全事件，消费者对国产食品的不信任，导致“劣币驱良币”，质量状况好的食品生产厂家的产品在国内常常被消费者质疑，虽质量良好也难以销售；部分有实力的企业只有去国外建立牧场，或者是购买国外的奶粉原料；在国内销售市场，由于消费者不信任导致，国产食品即使价格低也无法与外国进口食品竞争；同时，由于食品安全事件的影响，国外对我国食品的需求也非常低。国外国内市场受到双重挤压，没有市场拉动，食品供给侧的改革也不能有力推动。这就是我国近些年，虽然食品生产企业优化产业组织状态、引进国外原料、改进生产工艺、严抓质量监管，官方和重要媒体也对乳制品质量已经改善的状况进行报道，但消费者对国产食品的低信任仍在持续。市场的低迷必将导致目前农业规模化的步伐放慢，农业现代化是通过农业规模化实现的，没有农业的现代化很难保证食品供应的稳定与安全。在我国食品规制改革进入纵深阶段后，我国食品状态改变，缺乏的不是严格监管、不是生产工艺，而是消费者对国产食品安全的信任。改变消费者的低信任状况是食品安全规制改革纵深阶段的艰巨任务。

为提升消费者的信任度，增加食品安全信息的透明度，政府应该做好以下几方面工作。首先，政府强制性地要求企业公开食品的组成成分。其次，政府应该定期通过多种渠道宣传食品安全知识，让公众知晓食品中添加的物质是否合理，引导消费者正确的消费理念，避免消费者过分追求食物口感、外观色泽、新奇，诱导生产者在食品中违规添加。再次，政府对食品中违规添加的风险知晓通常滞后于生产企业，政府可以通过政策措施激励“内部人”及时收集新出现的危害健康的不安全因素，及时更新检测目录，预防食品安全隐患的发生。再次，政府应及时告知公众食品中不安全的因素。最后强调的也是最为重要的：在消费者低信任状况下，恢复消费者信任最快捷最有效的措施是政府鼓励消费者直接参与检测或者直接观测到检测过程和检测结果。要实现公众对食品的自我检测，政府应加大快速检测技术的研发，加大快速检测设备的社会投放量，尤其是公众免费使用量，可以在菜市场或其他消费者可以便捷到达的地方每日提供几个免费检测名额。同时，政府可通过监控等方式公开第三方检测机构的检测过程和检测结果。最后，政府应公开处置违法企业结果的具体信息，进一步增强消费者对检测结果的信任。

6.2.5 完善声誉机制环境，激发企业自觉建立良好声誉

市场机制最根本的作用是优胜劣汰。产品质量危机后，如果低信任度企业能够受到政府的严厉惩罚、消费者的坚决抵制，企业被迫长期退出市场；提供高质量产品的企业能够享受到品牌溢价和信任溢价，市场的硬约束才会使企业重视质量，对企业形成正向激励。现实的情况是，有些大企业在发生重大食品药品事件后，政府在多重目标之间进行权衡，并没有严厉惩治问题企业，导致问题企业在舆论危机之后重新正常经营。这种局面的持续导致声誉机制失效，市场的惩罚机制失效，导致重大食品药品问题的频繁出现。

声誉机制发挥作用通过四个环节来实现：声誉贴现因子变大；厂商提供低质量产品被发现的概率越来越大；厂商提供低质量产品节约的成本越来越小；声誉溢价扩大。由于频发的食品安全事件，我国食品行业目前处于低声誉状况，在低信任环境下企业重建声誉的难度非常大，因此，政府应采取措施尽快改变我国企业的低声誉状况。

（1）政府通过真实的产品质量宣传，加大声誉贴现因子

政府应重新权衡社会公众健康和经济利益的重要性，舍弃对问题企业的偏袒，提高公众对政府发布信息的信任度。政府应打破现有的企业声誉建立模式，提高高质量生产商家的声誉溢价，加大声誉贴现因子。目前针对产品质量信息，消费者处于严重的信息劣势状态，消费者常通过资产规模、生产规模、广告投放量、销售额等显性指标判断企业声誉。在这样的声誉建立模式下，企业可能并没有增加产品质量投入，而是通过加大广告投放、增加生产设备、广设生产销售网点来增加企业声誉，结果会形成虚假声誉，高质与高价脱离。针对这种状况，政府应真实地发布企业的食品安全信息，保证高价和高质同步，降低高质量企业建立声誉的成本，提高企业的声誉溢价。

（2）政府广建产品质量信息交流平台，提高低质量产品被消费者观察到的概率

目前我国的食品检测绝大多数是委托第三方检测机构检测，但是由于诸多因素的影响，第三方并不能完全中立，产品质量信息清晰度较低，不能实现我国产品市场从低状态均衡向高状态均衡的转变。因此，首先，政府应拓宽消费者产品质量信息交流的渠道，建立专门的产品质量交流平台，尤其是建立网络消费者评价平台，通过消费者联合抵制违规企业的生产和销售。其次，政府应给消费者联合维权创造必要的政治条件。再次，我国应该建立消费者集体诉讼赔偿制度，增加消费者诉讼获胜的收益，降低消费者的诉讼成本。最后，政府应培育消费者联盟，增强消费者抗衡生产者的能力。

（3）政府加大绿色生态生产工艺的研发和推广，降低厂商提供低质量产品的利润空间，增加高质量产品的可信度

由于我国生态环境破坏严重、人均占有土地率低，生物技术落后等原因，高质量食品的生产成本高，生产低质量产品的利润空间大。因此，政府应该减免生产高质量产品的企业以及进行生物技术研发与生产的企业的税收，减少其生产成本，引导社会生产无毒、无害的产品。

参考文献

[1] 奥利弗·E. 威廉姆森 . 资本主义经济制度——论企业和市场签约 [M]. 北京：商务印书馆，2002.23-27.

[2] 白让让 . 一个合谋机制的模型与分析 [J]. 上海理工大学学报，2000（4）：333-339.

[3]（日）BSE 调查委员会 . BSE 问题调查检讨委员会报告，载食品安全法令研究会编：《概说食品安全基本法》，2004 年初版 .

[4] 毕大川，刘树成 . 经济周期与预警系统、背景 [M]. 北京：科学出版社，1991.

[5] 蔡洪滨，张琥，严旭阳 . 中国企业信誉缺失的理论分析 [J]. 经济研究，2006（9）：85-93.

[6] 曹正汉，周杰 . 社会风险与地方分权——中国食品安全监管实行地方分级管理的原因 [J]. 社会学研究，2013（1）：182-205.

[7] 陈新岗 . 公地悲剧与反公地悲剧理论在中国的应用研究 [J]. 山东社会科学，2005（3）：25-29.

[8] 陈思，罗云波，江树人 . 激励相容：我国食品安全监管的现实选择 [J]. 中国农业大学学报，2010（9）：169-175.

[9] 陈明，乐琦，王成 . 市场结构和市场绩效——基于我国乳业成长期的实证研究 [J]. 经济管理，2008（21）：46-52.

[10] 陈党 . 行政问责法律制度研究 [D]. 苏州：苏州大学，2007：82.

[11] 陈永成，陈光焱 . 基于多任务委托代理模型的腐败行为分析 [J]. 当代财经，2010（5）：29-31.

[12] 陈富良，王光新 . 政府规制中的多重委托代理与道德风险 [J]. 财贸经济，2004（12）：35-39.

[13] 陈楚锐等 . 生物技术在食品工业中的应用与发展趋势 [J]. 生物技术世界，2015 (8)：55–56.

[14] 陈志俊，邹恒甫 . 防范串谋的激励机制设计理论研究 [J]. 经济学动态，2002 (10)：52–58.

[15] 陈卫平，李彩英. 消费者对食品安全信任影响因素的实证分析 [J]. 农林经管理学报，2014 (6)：651–662.

[16] 陈尊俊，宋美英，乐丽华 . 食品安全标准在检验中的应用 [J]. 食品与发酵科技，2018 (4).

[17] 程鉴冰 . 最低质量标准政府规制研究 [J]. 中国工业经济，2008 (2)：40–47.

[18] 池胜碧 . 应用生物技术 生产绿色食品 [J]. 科学种养，2013 (5)：6–8.

[19] 董娟 . 当代中国垂直管理的现状、困境与对策 [J]. 南京工业大学学报，2009 (9)：70–74.

[20] 杜传忠 . 新规制经济学的规制俘获理论 [J]. 东岳论丛，2005 (9)：52–54.

[21] 杜传忠 . 激励规制理论研究综述 [J]. 经济学动态，2003 (2)：69–73.

[22] 邓可斌，丁菊红 . 转型中的财政分权与公共品供给：基于在中国经济的实证研究 [J]. 财经研究，2009 (3)：80–86.

[23] 丁启军，伊淑彪 . 中国行政垄断行业效率损失研究 [J]. 山西财经大学学报，2008 (12)：42–47.

[24] 杜创 . 信誉、市场结构与产品质量——文献综述 [J]. 产业经济，2010 (2)：46–56.

[25] 戴志勇 . 间接执法成本、间接损害与选择性执法 [J]. 经济研究，2006 (9)：94–101.

[26] 戴笠琼 . 食品安全也曾是日本的痛 [J]. 党政论坛（干部文摘），2012(8)：33.

[27] 董晓培. 美国纯净食品药物的联邦立法之路（1906—1962）[D].

厦门：厦门大学，2009.

［28］冯蛟，张淑萍，卢强．多品牌危机时间后消费者信任修复的策略问题研究［J］．消费经济，2015（4）：35-39.

［29］傅勇，张晏．中国式分权与财政支出结构偏向：为增长而竞争的代价［J］．管理世界，2007（3）：4-13.

［30］傅勇．财政分权、政府治理与非经济性公共物品供给［J］．管理世界，2010（8）：4-16.

［31］范柏乃，朱华．我国地方政府绩效评价体系的构建和实际测度［J］．政治学研究，2005（1）．

［32］樊明．温室气体减排的制度分析——基于中西方制度比较，中国第十届经济学年会宣讲论文。

［33］高鸿业．西方经济学（微观部分）［M］．北京：中国人民大学出版社，2006，326-327.

［34］高杰．不完全契约理论分析了农业准一体化经营组织分析［J］．经济问题探索，2013（1）：123-127.

［35］高原，王怀明．食品安全信任机制研究：一个理论分析框架［J］．宏观经济研究，2014（11）107-113.

［36］高忠霞，高彦伟．食品安全标准在稽查办案中的应用［J］．食品界，2018（6）．

［37］龚为纲．农业治理转型［D］．武汉：华中科技大学，2014.

［38］郭峰，石庆玲．官员更替、合谋震慑与空气质量的临时性改善［J］．经济研究，2017（7）：155-167.

［39］顾海兵．宏观经济问题预警研究［M］．北京：经济日报出版社，1993.

［40］顾永红．市场圈定理论研究综述［J］．经济学动态，2007，（3）：84-89.

［41］韩丹．食品安全与市民社会——以日本生协组织［D］．吉林：吉林大学，2011.

［42］（日）加藤時次郎．卫生探员的必要性［J］．大日本私立卫生会

杂志，第 34 号，第 10 页 .

［43］胡凯 . 规制合谋防范理论述评［J］. 湖南财经高等专科学校学报，2010（2）：10–15.

［44］韩忠伟，刘玉基 . 从分段监管转向行政权力衡平监管——我国食品安全监管模式的构建［J］. 求索，2010（6）：155–157.

［45］何玉成 . 乳品企业进入阻挠行为与市场绩效分析［J］. 东北财经大学学报，2009（6）：35–39.

［46］何玉成 . 中国乳品市场进入壁垒与产业发展［J］. 农业技术经济，2004（3）：58–61.

［47］贺雪峰 . 工商资本下乡的隐患分析［J］. 中国农村发现,2014（3）.

［48］胡书东 . 经济发展中的中央与地方关系——中国财政制度变迁研究［M］. 上海三联书店，2006.

［49］胡健，周艳春 . 基于油气资源产业集聚的区域创新能力评价与比较［J］. 当代经济科学，2010（1）.

［50］胡卫中，耿照源 . 消费者支付意愿与猪肉品质差异化策略［J］. 中国畜牧杂志，2010（8）：31–33.

［51］韩超，单双 . 基于委托代理关系的药品监管研究——郑筱萸案例分析［J］. 东北财经大学学报，2008（5）：8–13.

［52］贾敏 . 欧盟食品安全监管体系及其借鉴意义［J］. 中国食品药品监管，2006（5）：56–59.

［53］江孝感，王伟 . 中央与地方政府事权关系的委托—代理模型分析［J］. 数量经济与技术经济研究，2004（4）：77–84.

［54］江虹 . 国际食品法典标准的趋同——兼论我国食品安全标准体系的应对［J］. 湘潭大学学报（哲学社会科学版），2016（1）：34–37.

［55］焦丽敏 . 我国食品安全管理体制的困境与出路研究［D］. 西安：西北大学，2008.

［56］江依妮，曾明 . 中国政府委托代理关系中的代理人危机［J］. 江苏社会科学，2010（4）：204–207.

［57］江淑霞，何建勇 . 激励相容视角下银行监管机制设计：研究综述

和展望［J］. 制度经济学研究，2008（2）：187-199.

［58］姜百臣，朱桥艳，欧晓明. 优质食用农产品的消费者支付意愿及其溢价的实验经济学分析——来自供港猪肉的问卷调查［J］. 中国农村经济，2013（2）.

［59］靳明，赵昶. 绿色农产品消费意愿和消费行为分析［J］. 中国农村经济，2008（5）：44-54.

［60］靳明，赵敏，杨波，张英. 食品安全事件影响下的消费替代意愿分析——以肯德基食品安全事件为例［J］. 中国农村经济，2015（12）：75-92.

［61］柯武刚，史漫飞. 制度经济学：社会秩序与公共政策［M］. 北京：商务印书馆，2000.

［62］［英］克拉潘. 现代英国经济史（上卷）［M］. 商务印书馆，1974.

［63］孔祥智，马九杰. 谁来养活我们［M］. 北京：中国社会出版社，2008.

［64］拉丰，梯若尔. 政府采购与规制中的激励理论［M］. 上海人民出版社，2005.

［65］李怀. 制度生命周期与制度效率递减规律——一个从制度经济学读出来的故事［J］. 管理世界，1999（3）：68-77.

［66］李怀，赵万里. 中国食品安全规制制度的变迁与设计［J］. 财经问题研究，2009（10）：16-23.

［67］李长江. 中国的食品安全管理体系：在国际食品安全高层论坛上的主旨发言［R］. 北京，2007-11-26.

［68］李超，杨江. 日本环境公害的百年之痛［J］. 科技视界，2012（33）：17.

［69］李博伟，张士云，江激宇. 种粮大户人力资本、社会资本对生产效率的影响——规模化程度差异下的视角［J］. 农村经济问题，2016（5）：22-31.

［70］李红. 中国农业污染减排与绿色生产率研究［J］. 合肥工业大学，

2014.

[71] 李晓峰．从公地悲剧到反公地悲剧 [J]．经济经纬，2004（3）：41–45.

[72] 李秀芳，施炳展．补贴是否提升了企业出口产品质量？[J]．中南财经政法大学学报，2013（4）.

[73] 李沿泽．论我国食品安全监管制度的完善 [D]．吉林：吉林大学，2010.

[74] 李金龙，游高端．地方政府环境治理能力提升的路径依赖与创新 [J]．求实，2009（3）：56–59.

[75] 李子豪．腐败加剧了中国环境污染了吗？[J]．山西财经大学学报，2013（7）：1–11.

[76] 李靖，张正尧，毛翔飞，张汝楠．我国农业生产力布局评价及优化建议 [J]．农业问题研究（月刊），2016（3）：26–33.

[77] 李志云．玉米的加工转化及利用 [J]．山西农经，2012（12）.

[78] 厉为民等．世界粮食安全概论 [M]．北京：中国人民出版社，1987.

[79] 梁光源．偏离正轨的检测数据 [J]．环境，2014（10）：10–13.

[80] 刘爱成．你知道美国食品安全法的历史吗？[J]．中国畜牧兽医报，2008–11–09.

[81] 刘畅．日本食品安全规制研究 [D]．长春：吉林大学，2010.

[82] 刘东，贾愚．食品质量安全供应链规制研究——以乳品为例 [J]．商业研究，2010（2）：100–106.

[83] 刘凤芹．农业土地规模经营的条件与效果研究：以东北农村为例 [J]．管理世界，2006（9）.

[84] 刘军弟，王凯，韩纪琴．消费者对食品安全的支付意愿及其影响因素研究 [J]．江海学刊，2009（3）：83–90

[85] 刘泰洪．委托代理理论下地方政府机会主义行为分析 [J]．中国石油大学学报，2008（2）：41–45.

[86] 刘鹏．中国食品安全监管——基于体制变迁与绩效评估的实证研

究［J］. 公共管理学报，2010（4）：63-77.

［87］刘录民，侯军歧、董银果 . 食品安全监管绩效评估方法探索［J］. 广西大学学报，2009（8）：5-9.

［88］刘荣茂，马林靖 . 农户农业生产性投资行为的影响因素分析——以南京市五县区为例的实证研究［J］. 农业经济问题，2006（12），22-26.

［89］刘姝威，王学飞 . 我国社会信用体系建设的制度研究［J］. 经济学动态，2007（9）：

［90］刘晓毅 . 英国食品安全监管值得借鉴的几项机制［J］. 食品工程，2012（1）：3-5.

［91］刘艳秋，周星 . 基于食品安全的消费者信任形成机制研究［J］. 现代管理科学，2009（7）：55-59.

［92］刘仰 . 美国历史上的食品药品安全乱象［J］. 中国经济周刊，2007（3）：53-54.

［93］刘效仁 . 环境数据造假成潜规则只因造假成本低［J］. 绿色视野，2016（8）.

［94］刘宇翔 . 消费者对有机粮食溢价支付行为分析——以河南省为例［J］. 农业技术经济，2013（12）：43-53.

［95］卢凌霄，徐昕 . 日本的食品安全监管体系对中国的借鉴［J］. 世界农业，2012（10）：4-7.

［96］卢玮 . 美国食品安全法制与伦理耦合研究（1906—1938）［M］. 北京：法律出版社，2015.

［97］罗必良，刘成香，吴小立 . 资产专用性、专业化与农户的市场风险［J］. 农业经济问题，2008（7）：10-17.

［98］罗伯特·K. 殷著 . 案例研究方法的应用［M］. 重庆：重庆大学出版社，2009.34-37.

［99］罗丞. 消费者公共机构信任程度对安全食品购买行为的影响［J］. 农业经济与管理，2013（1）：42-49.

［100］罗建兵，许敏兰 . 合谋理论的演进与新发展［J］. 产业经济研究，2007（3）：56-61.

［101］罗建兵．合谋的生成与制衡——理论分析与来自东亚的证据［M］．合肥：合肥工业大学出版社，2008.

［102］吕向东等．我国奶业发展进入调整期面临的问题及对策探讨［J］．农业经济问题，2008（7）：44–49.

［103］吕新业．我国食品安全及预警研究［D］．北京：中国农业科学院，2006.

［104］马九杰，张象枢，顾海兵．粮食安全衡量和指标体系研究［J］．管理世界，2001（1）：154–161.

［105］马静．财政分权与中国财政体制改革［M］．上海三联书店，2008：39–63.

［106］曼瑟尔・奥尔森．集体行动的逻辑［M］．上海：上海三联书店，1995：2.

［107］缪婷婷、宋典．政府透明能获得政府信任吗？——基于公众知晓的中介效应究［J］．人力资源开发，2015（3）：25–26.

［108］聂辉华、李金波．政企合谋与经济发展［J］．经济学季刊，2006（10）：75–91.

［109］倪星．地方政府绩效评估指标的设计与筛选［J］．武汉大学学报．2007（2）：157–162.

［110］倪子靖．规制俘获理论的变迁［J］．制度经济学，2008（21）：94–119.

［111］秦明，李玥，王志刚．城乡居民安全食用油支付意愿测算——基于全国17个省市的问卷调查［J］．宏观质量研究，2015（2）．

［112］邱烨．论我国行政问责制的制度缺陷及其完善［J］．法制与社会，2009（10）：220–221.

［113］潘孝珍．财政分权与环境污染：基于省级面板数据的分析［J］．地方财政研究，2009（6）：29–34.

［114］平新乔，郝朝艳．假冒伪劣与市场结构［C］．经济学（季刊），2006（9）：357–376.

［115］让－雅克拉丰、让－泰勒尔．电信竞争［M］．北京：人民邮电

出版社，2001.

［116］让－雅克拉丰．规制与发展［M］．北京：中国人民大学出版社，2009.

［117］［日］山本俊一．日本食品卫生史（昭和后期编）［M］．中央法规出版株式会社，1985.

［118］齐芳．空心村，该拿你怎么办？［N］．光明日报，2012-03-27.

［119］单幼英，顾新爱，农村土地流转后种植苗木探讨［J］．现代园艺，2012（12）．

［120］申其辉，卢凌燕．双向道德风险理论研究综述［J］．经济学动态，2008（1）：122-127.

［121］沈洪涛，周艳坤．环境执法监督与企业环境绩效：来自环保约谈的准自然实验证据［J］．南开管理评论，2017（6）：73-82.

［122］石庆玲，陈诗一，郭峰．环保部约谈与环境治理：以空气污染为例［J］．统计研究，2017（10）：88-97.

［123］石玉顶．农业现代化研究［J］．社会学研究，2008（11）：706-710.

［124］孙小燕．农产品质量安全问题的成因与治理——基于信息不对称视角的研究［D］．成都：西南财经大学，2008.

［125］孙发峰．垂直管理部门与政府关系中存在的问题与解决思路［J］．河南师范大学学报，2010（1）：63-67.

［126］孙新华．农业经营主体：类型比较与路径选择［J］．经济与管理研究，2013（12）．

［127］宋涛．中国地方政府行政首长问责制度的制度设计缺陷及影响［J］．行政论坛，2007（1）：11-16.

［128］宋晓兵，丛竹，董大海．网络口碑对消费者产品态度的影响机理研究［J］．管理学报，2011，8（4）：559-566.

［129］宋以．地方政府环境治理中的"摆平策略"出路［J］．齐齐哈尔大学学报（哲学社会科学版），2017（12）：58-62.

［130］谭绮球，苏柱华，郑业鲁．2008 国外治理农业面源污染的成功

经验及对广东的启示［J］. 广东农业科学，2010（4）.

［131］唐任伍，唐天伟 . 2002 年中国省级地方政府效率测度［J］. 中国行政管理，2004（6）.

［132］田侠 . 行政问责机制研究［D］. 中共中央党校，2009.

［133］涂永前，张庆庆 . 食品安全国际标准在我国食品安全立法中的地位及其立法完善［J］. 社会科学研究，2013（3）：77-82.

［134］泰勒尔 . 产业组织理论［M］. 北京：中国人民大学出版社，1997.

［135］谭绮球，苏柱华，郑业鲁 . 2008 国外治理农业面源污染的成功经验及对广东的启示［J］. 广东农业科学，2010（4）.

［136］王爱兰，储诚 . 日本食品安全监管体制的特点及经验借鉴［J］. 东北亚学刊，2013（4）：52-54

［137］王彩霞 . 政府监管失灵、公众预期调整与低信任陷阱——基于乳品行业质量监管的实证分析［J］. 宏观经济研究，2011（2）：31-35.

［138］王彩霞 . 食品产地安全与食品安全［N］. 光明日报（理论版），2014-02-26.

［139］王彩霞 . 环境规制拐点与政府环境治理思维调整［J］. 宏观经济研究，2016（2）：75-80.

［140］王彩霞 . 工商资本下乡与农业规模化生产稳定性研究［J］. 宏观经济研究，2017（11）：157-163.

［141］王德赛，潘瑞娇 . 中国式分权与政府垂直化管理——一个基于任务冲突的多重委托代理框架［J］. 世界经济文汇，2010（1）：99-108.

［142］王二朋，周应恒. 城市消费者对认证蔬菜的信任及其影响因素分析［J］. 农业技术经济，2011（10）：69-77.

［143］王海娟 . 资本下乡的政治逻辑与治理逻辑［J］. 西南大学学报，2015（7）.

［144］王红建，汤泰劼、宋献中 . 谁驱动了企业环境治理：官员任期考核还是五年规划目标考核［J］. 财贸经济，2017（11）：147-160.

［145］王建民 . 中国地方政府机构绩效考评指标模式研究［J］. 管理

世界，2005（10）：67–73.

［146］王俊豪，孙少春，信息不对称与食品安全管制——以“苏丹红”事件为例，商业经济与管理，2005（9）：9–12.

［147］王铬．食品安全控制机制研究［D］．武汉：华中科技大学，2008.

［148］王浦劬，刘新胜．美国食品安全监管职权体系及其借鉴意义［J］．科学决策，2016（3）：1–8.

［149］王瑞红．环保数据造假为什么屡禁不止［J］．资源与人居环境，2016（7）.

［150］王怡，宋宗宇．日本食品安全委员会的运行机制及其对我国的启示［J］．现代日本经济，2011（5）：57–62.

［151］王玉辉，肖冰．21 世纪日本食品安全监管体制的新发展及启示［J］．河北法学，2016（6）：136–147.

［152］王永钦．市场、政府与适宜的制度：对经济转型和制度变革的理论反思［J］．学习与探索，2010（5）：73–79.

［153］王永钦．理解中国的经济奇迹：互联合约的视角［J］．管理世界，2008（10）：5–20.

［154］王珍，袁梅．地方政府食品安全监管绩效指标体系的重要性分析［J］．粮食科技与经济，2010（9）：9–11.

［155］王中亮，石薇．信息不对称视角下的食品安全风险信息交流机制研究——基于参与主体之间的博弈分析，上海经济研究，2014（5）：66–73.

［156］王全秀．政府式委托代理理论的构建［J］．管理世界，2002（1）：139–140.

［157］王威，尚杰．乳制品安全事故：“信任品”的信任危机［J］．社会科学家，2009（4）：48–51.

［158］王学君，朱灵君，田曦．食品安全标准能否提升出口产品质量？［J］．开放经济，2017（9）：41–50.

［159］王文剑．中国的财政分权与地方政府规模及其结构——基于经

验的假说与解释［J］. 世界经济文汇，2011（2）：46–53.

［160］王玉珍 . 行业租金、行业协会与自我治理［J］. 经济学家，2007（2）：102–109.

［161］王新平，万威武，朱莲 . 中国质量认证市场的共谋与预防共谋均衡研究［J］. 科技管理研究，2007（5）：30–33.

［162］王燕，李文兴 . 基于多重委托—代理关系的规制俘获模型研究［J］. 北京交通大学学报，2007（5）：7–13.

［163］王征 . 新形势下建设新型农村社区的有效路径［J］. 中共山西省直机关党校学报，2015（4）：21–26.

［164］汪秋明 . 政府规制失灵的发生与解决——基于信息不对称的研究综述［J］. 产业经济研究，2007（6）：65–72.

［165］魏秀春 . 英国食品安全立法的历史考察 1860—1914［J］. 世界近现代史研究，2010.

［166］魏秀春 . 英国食品安全立法与监管史研究（1860—2000）［M］. 北京：中国社会科学出版社 .

［167］吴海峰 . 阜阳劣质奶粉责任人虚假撤职，假处分唬了国务院［EB/OL］. http://www.stockstar.com，2004–06–29.

［168］吴英慧 . 中国转轨时期政府规制质量研究［D］. 长春：吉林大学，2008.

［169］吴强 . 美味背后的欺诈——评《美味欺诈：食品造假与打假的历史》［J］. 中国图书评论，2012（4）：120–121.

［170］吴强 . 转型时期美国食品药品的法律监管研究——以 1906 年《联邦食品与药品法》的出台为中心［J］. 江南大学学报（人文社会科学版），2013，12（3）：124–129.

［171］吴永宁 . 从科学发展观看小康社会建设中食品安全与经济发展的关系［J］. 首届中国生态健康论坛（会议论文），2014（12）：83–88.

［172］熊焰，钱婷婷 . 产品伤害危机后消费者信任修复策略问题研究［J］. 经济管理，2012（8）：114–119.

［173］徐彪，张媛媛，张珣 . 负面事件后消费者信任受损及其外溢机

理［J］. 消费经济，2015（4）：35-39.

［174］许忠明，薛全忠 . 生态文明语境下的食品安全溯因［J］. 自然辩证法研究，2014 年（1）：100-104.

［175］颜海娜 . 中国食品安全监管体制改革——基于整体政府的视角［J］. 求索，2010（5）：43-47.

［176］吴德胜 . 网上交易中的私人秩序［C］. 经济学（季刊），2007（4）：859-884.

［177］毋晓蕾 . 美国和日本两国激励公众参与食品安全监管制度及其经验借鉴［J］. 世界农业，2015（6）：81-85.

［178］肖兴志，胡艳芳 . 中国食品安全监管的激励机制分析［J］. 中南财经政法大学学报，2010（1）：35-39.

［179］肖兴志，王纳 . 转轨时期中国煤矿安全规制机制研究［J］. 产业经济评论，2007（6）：1-17.

［180］肖兴志，王雅洁 . 企业自建牧场模式能否真正降低乳制品安全风险［J］. 中国工业经济，2011（12）：133-142.

［181］肖平辉 . 澳大利亚食品安全管理历史演进［J］. 太平洋学报，2007（4）：57-70.

［182］谢地，杜莉，吕岩峰 . 法经济学［M］. 北京：科学出版社，2009.

［183］谢地 . 规制下的和谐社会［M］. 北京：经济科学出版社，2008.

［184］谢地 . 自然垄断行业国有企业调整与政府规制调整互动论［M］. 北京：经济科学出版社，2007.

［185］徐传谌，谢地 . 产业经济学［M］. 北京：科学出版社，2007.

［186］杨光斌 . 奥尔森集体行动理论的贡献与误区［J］. 教学与研究，2006（1）：23-27.

［187］杨帆，卢周来 . 中国的特殊利益集团如何影响地方政府决策［J］. 管理世界 2010（1）：65-73.

［188］杨合岭，王彩霞 . 食品安全事故频发的成因与对策［J］. 统计与决策，2010（4）：31-34.

[189] 杨建青 . 中国奶业原料奶生产组织模式及效率研究 [D]. 北京：中国农业科学院，2009.

[190] 杨智，许进，姜鑫. 绿色认证和论据强度对食品品牌信任的影响——兼论消费者认知需求的调节效应 [J]. 湖南农业大学学报（社会科学版），2016（3）：6-11.

[191] 姚洋 . 制度失衡和中国财政分权的后果 [J]. 战略与管理，2003（3）：27-32.

[192] 叶倩瑜 . 财政分权下的环境治理研究 [J]. 财经政法资讯，2010（3）：37-40.

[193] 叶国英 . 合谋腐败机制的经济学审视 [M]. 上海：上海财经大学出版社，2007.

[194] 叶桂峰，吴煦 . 不完全契约的类型规制 [J]. 大连海事大学学报（社会科学版），2017（5）：37-42.

[195] 尹振东 . 垂直管理与属地管理：行政管理体制的选择 [J]. 经济研究，2011（4）：41-54.

[196] 尹世久，王小楠，高杨，徐迎军 . 信息交流、认证知识与消费者安全食品信任评价 [J]. 江南大学学报（人文社会科学版），2014（5）：124-131.

[197] 余淼杰，崔晓敏，张睿 . 司法质量、不完全契约与贸易产品质量 [J]. 金融研究，2016（12）：1-16.

[198] 于立，肖兴志 . 规制理论发展综述 [J]. 财经问题研究，2001（1）：17-24.

[199] 于立，唐要家，吴绪亮等 . 产业组织与政府规制 [M]. 大连：东北财经大学出版社，2006.

[200] 于立，等 . 产业组织与反垄断法 [M]. 大连：东北财经大学出版社，2008.

[201] 于立，等 . 产业组织与国际竞争政策 [M]. 大连：东北财经大学出版社，2009.

[202] 于左，孔宪丽 . 政策冲突视角下中国煤电紧张关系形成机理

[J] . 中国工业经济，2010（1）：46–57.

[203] 原毅军，耿殿贺 . 环境政策传导机制与中国环保产业发展——基于政府、排污企业与环保企业的博弈研究 [J] . 中国工业经济，2010（10）.

[204] 原毅军 . 污染减排政策影响产业结构的门槛效应存在吗？[J] . 经济评论，2014（5）.

[205] 岳中刚 . 信息不对称、食品安全与监管制度设计 [J] . 河北经贸大学学报，2006（3）；36–39.

[206] 臧立新 . 我国食品安全监管问题及对策研究 [D] . 长春：吉林大学，2009.

[207] 章薪薪 . 食品安全事件对乳制品产业的影响及其溢出效应研究 [D] . 浙江财经大学硕士学位论文，2014.

[208] 张彩云，苏丹妮，卢玲，王勇 . 政绩考核与环境治理——基于地方政府间策略互动视角 [J] . 财经计研究，2018（5）：4–19.

[209] 张正林，庄贵军 . 基于时间继起的消费者信任修复研究 [J] . 管理科学，2010（4）：52–59.

[210] 张贯一，达庆利，刘向前 . 信任问题研究综述 [J] . 经济学动态，2005（1）：99–102.

[211] 张明妍，刘馨阳，邓大胜 . 中美科技人力资源规模与结构的比较 [J] . 全球科技经济瞭望，2017：12–27.

[212] 张勇安 . 美国医学界和 1848《药品进口法》的颁行 [J] . 世界历史，2009（3）：82.

[213] 张维迎 . 信息、信任与法律 [M] . 上海：三联出版社，2003.

[214] 张万宽，焦燕 . 地方政府绩效考核研究——多任务委托代理的视角 [J] . 东岳论丛，2010（5）：153–159.

[215] 张晏 . 财政分权、FDI 竞争与地方政府行为 [J] . 世界经济文汇，2007（2）：27–36.

[216] 张智峰，张卫峰 . 2008：我国化肥施用现状及趋势 [J] . 磷肥与复肥，2009（6）.

[217] 赵农，刘小鲁. 进入管制与产品质量 [J]. 经济研究，2005 (1)：67-76.

[218] 赵荣，乔娟. 农户参与蔬菜追溯体系行为、认知和利益变化分析——基于对寿光市可追溯蔬菜种植户的实地调研 [J]. 中国农业大学学报，2011(3)：169-177.

[219] 赵璇等. 日本食品安全监管的发展历程及对我国的启示 [J]. 农产品加工（学刊），2014 (3).

[220] 植草益. 产业组织论 [M]. 北京：中国人民大学出版社，1988.

[221] 郑冬梅. 完善农产品质量安全保障体系的分析 [J]. 农村经济问题，2006 (4)：22-26.

[222] [日] 中塚升. 饮食物的表示制度 [J]. 医事新闻，第 261 号，第 11 页.

[223] 钟晓敏，高琳. 个人利益与社会公共利益——关于斯密原理、布坎南公共选择理论与赫维茨机制设计理论的比较研究 [J]. 财经论丛，2010(1)：19-24.

[224] 中国科协调研宣传部，中国科协创新战略研究院. 中国科技人力资源发展研究报告（2014）[M]. 中国科学技术出版社，2016.

[225] 周波. 柠檬市场市场化治理机制综述 [J]. 经济学动态，2010 (3)：24-27.

[226] 周黎安. 晋升博弈中政府官员的激励与合作——兼论我国地方保护主义和重复建设问题长期存在的原因 [J]. 经济研究，2004 (6)：33-40.

[227] 周黎安. 中国地方官员的晋升锦标赛模式研究 [J]. 经济研究，2007 (7)：36-50.

[228] 周黎安. 官员晋升锦标赛与竞争冲动 [J]. 人民论坛，2010 (5)：25-27.

[229] 周应恒，吴丽芬. 城市消费者对低碳农产品的支付意愿研究——以低碳猪肉为例 [J]. 农业技术经济，2012 (8)：4-12.

[230] 朱德米. 地方政府与企业环境治理合作关系的形成——以太湖

流域水污染防治为例［J］. 上海行政学院学报，2010（1）：56-66.

［231］朱琪，王柳清，王满四 . 不完全契约的行为逻辑和动态阐释［J］. 经济学动态，2018（1）：135-145.

［232］朱平芳，张征宇，姜国麟 . FDI 与环境规制：基于地方分权视角的实证研究［J］. 经济研究，2011（6）：133-145.

［233］朱涛，李陈华 . 农产品流通的资产专用性、机会主义及其治理研究［J］. 农村经济，2011（11）.

［234］Arthur Hill Hassall, Food and its adulterations; comprising the reports of the analytical sanitary commission of "The Lancet" forthe years 1851 to 1854. London: Longman, 1855.

［235］Barro, R.J. and Jong-Wha Lee, 2000, International Data on Education Attainment updates and Implications, NBER Working Papers, No, 7911.

［236］Becker, G.S.,1983, A Theory of Competition Among Pressure Groups for Political Influence, The Quarterly Journal of conomics,Vol.98,No.3.pp.371-400.

［237］Becker, G.S., 1985,Public Policies,Pressure Groups and Dead Weight Costs, Journal of Public Economics 28, pp.55-65.

［238］Besanko, D. , Donnenfeld, S . and White, L.J.,1998,Monopoly and Quality Distortion : Effects and Remedies , The Journal of Industrial Economics, pp.411-429.

［239］Bigelow, W. D. The Development of Pure Food Legislation［J］. Science, 1898, 7(172), pp.505-513.

［240］Boom, A., 1995, Asymmetric International Minimum Quality Standard and Vertical differentiation , The Journal of Industrial Economics, pp.101-119.

［241］Cheng, Leonard K.and Yum K. Kwan, 2000, What are the Determinants of the Location of Foreign Direct Investment? The Chinese Experience, Journal of International Economics, 51,379-400.

［242］Colin Spencer. British Food: An Extraordinary Thousand Years of History［M］. New York: Columbia University Press, 2003.

［243］De Soto, Hernando, 1989, The Other Path. New York, NY: Harper and

Row.

[244] Fallows S. J. Food Legislative System of the UK [J] . Food Legislative System of the UK, 1988.

[245] Falvey,R.E.,1989,Trade,Quality Reputationand Commercial Policy, International Economic Review, pp.607–622.

[246] Ferguson B., Paulus I. The Search for Pure Food: A Sociology of Legislation in Britain [J] . British Journal of Law & Society, 1974, 2(2), p.236.

[247] Filby F.A., Dyer B. A history of Food Adulteration and Analysis [M]. London: George Allen & Unwin, 1934.

[248] First Report from the Select Committee on Adulteration of Food, Drinks and Drugs; with Minutes of Evidence and Appendix(27 July 1855), Parliament Papers, 1854–55(432).

[249] Food A.G., Law D., Peter M., et al. Harvey Wiley, Theodore Roosevelt, and the Federal Regulation of Food and Drugs [J] . Chemical Communications, 2004, 5(4), p.150.

[250] Food Act 1984, c.30(1984), Schedule 9. See also Fallows S.J. , Food Legislative System of the UK [J] . Food Legislative System of the UK, 1988.

[251] Food Standards Act 1999, Explanatory Notes(5), http://www.legislation.gov.uk/ukpga/1999/28/notes/division/2.

[252] Frank, R.H., 1987, If homo economics could choose his own utility function, would he choose one with a conscience? American Economic Review, 77 (4) : pp.593–604.

[253] Frederick Accum. A Treatise on Adulterations of Food and Culinary Poisons [M] . London, 1820.

[254] George, A.1970, Akerlof. The Market for “Lemons” : Quality Uncertainty and the Market Mechanism, 84(3): 488–500.

[255] George Stigler, 1971. The Theory of Economic Regulation, Bell Journal of Economics(Spring).

[256] Giles. The Development of Food Legislation in the United Kingdom,

in MAFF, Food Quality and Safety: A Century of Progress [J] . Food Quality & Safety A Century of Progress ,1976, p.6.

[257] Goldman P. Food and the Consumer, in MAFF, Food Quality and Safety: A Century of Progress [J] . Food Quality & Safety A Century of Progress,1976, p.223.

[258] Goodwin L. S. The Pure Food, Drink, and Drug Crusaders, 1879–1914 [J] . Journal of American History, 1999, 87(4), p.1532.

[259] Grossman, Sanford J. 1981,Nash Equilibrium and the Industrial Organization of Markets with Large Fixed Costs, Econometrica,Vol.49,Issue 5:pp1149–1172.

[260] H. C. Debs., Vol.154, 7 July 1859, cc.846–51: Second Reading for Prevention Bill.

[261] Huck, S., 1998, Trust , treason, and trials : An example of how the evolution of preferences can be driven by legal institutions. Journal of Law, Economics, & Organization, 14 (1) : 44–60.

[262] John Alfred Langford. Modern Birmingham and Its Institutions, Vol. Ⅱ , p.459–462.

[263] John Burnett. The Adulteration of Foods Act, 1860.

[264] John Mitchell, A Treatise on the Falsifications of food, and the Chemical Means Employed to Detect Them, 1848.

[265] John Postgate. Lethal Lozenges and Tainted Tea.

[266] Kandel, E. & E.P.Lazear, 1992, Peer pressure and partnerships. Journal of Political Economy, 100 (4) : 801–817.

[267] Katharine Thompson. The Law of Food and Drink.

[268] Keen, Michael and Marchand,Maurice ,1996,Fiscal Competition and the Pattern of Public Spending, Journal of Public Economics,66(1).pp.33–53.

[269] Kihlstrom & Riordan, 1984, Advertising as a signal. Journal of Political Economy, 92 (3) : 427–450.

[270] Kirkland E.C., Kolko G. The Triumph of Conservatism: A

Reinterpretation of American History, 1900–1916 [J] . Journal of American History, 1964, 70(1), pp.203–204.

[271] Kreps, D. , P. Milgrom, J. , Wilson,R., Reputation and Imperfect Information .Journal of Economic Theory, 1990,27,253–279.

[272] Kreps, D., Rational Cooperation in Finitely Repeatedly Prisoner Dilemma, Joural of Economic Thoery, 1982, 27:245–252.

[273] Krueger,A.O., 1974,The Political Economy of the Rent–Seeking Society, The American Economic Review, Vol.64,No.3.,pp291–303.

[274] Laffont J. J., J. Tirole. Using cost observation to regulate firms, Journal of Political Economy, 1986, 94:614–641.

[275] Law M. T., Libecap G D. Corruption and Reform? The Emergence of the 1906 Pure Food and Drug Act [R] . Icer Working Papers, 2003.

[276] Law M. T. How do Regulators Regulate? Enforcement of the Pure Food and Drugs Act, 1907 - 38 [J] . Journal of Law Economics & Organization, 2006, 22(2), pp.459–489.

[277] Leland, H. E. Quacks, Lemons, and Licensing: A theory of Minimum Quality standards , The Joural of Political Economy, 1328–1346.

[278] Levy, J.M., 1995, Essential Microeconomics for public Policy Analysis, London:Praeger.

[279] Litman R. C., Litman D S. Protection of the American Consumer: The Muckrakers and the Enactment of the First Federal Food and Drug Law in the United States [J] . Food Drug Cosmetic Law Journal, 1981, 36, pp.647–668.

[280] Mc Chesney, 1987, Rent Extraction and Rent Creation in the Economic Theory of Regulation, The Journal of Legal Studies, The University of Chicago Press.

[281] Michael French, Jim Phillips. Food Regulation in the United Kingdom,1875–1938 [M] . Manchester: Manchester University Press, 2000.

[282] Milgrom & Roberts, 1986 , Price and advertising signals of product quality. Journal of Political Economy, 94 (4) : 796–821.

[283] Morris H., Burnett J. Plenty and Want [J] . Economic Journal, 1966, 76(303), p.614.

[284] Myerson,Roger,2006,Federalism and Incentives for Success of Democracy, Quarterly Journal of Political Science,vol 1:3–23.

[285] Nelson, 1974, Advertising as information. Journal of Political Economy, 82 (4) : 729–754.

[286] Noble D.W. Robert M. Crunden. Ministers of Reform: The Progressives' Achievement in American Civilization, 1889—1920 [M] . New York: Basic Books.

[287] Oates, Wallace E.1972,Fiscal Federalism. New York: Harcourt Brace Jovanovich.1999, "An Essay on Fiscal Federalism." Journal of Economic Literature 37(3).

[288] Oliver Williamson, Markets and hierarchies analysis and antitrust implications: a study in the economics of internal organization, New York, The Free Press.

[289] Olson,Mancur Jr.1965 "The Principle of Fiscal Equivalence :The Division of Responsibilities among Different Level of Government " The American Economic Review 59(2).

[290] 0i, Jean C.,1992, Fiscal Reform and the Economic Foundations of Local State Corporatism in China, World Politics,45(1),pp.99–126.

[291] 0i, Jean C., 1999, Rural China TakesOff: Institutional Foundations of Economic Roform, Berkeley & Los Angeles: Stanford University of California Press.

[292] Peltzman, S., 1976, Toward a More General Theory of Regulation,Journal of Law and Economics, Vol.14, August,pp109–148.

[293] Posner, R. A., 1974, Theories of Economic Regulation, Bell, Journal of Economics and Management Science, Vol,5, pp.335–338.

[294] Peter Gurney. Cooperative Culture and the Politics of Consumption in England, 1870—1930 [M] . Manchester University Press, 1996.

[295] Peltzman , 1976. Toward a More General Theory of Regulation , Journal of Law and Economics 19(August).

[296] Ronnen , U., 1991, Minimum Quality Standard, Fixed Costs, and Competition, The Rand Journal of Economics,490–504.

[297] Second Report from the Select Committee on Adulteration of Food, Drinks and Drugs: with the Proceedings of the Committee and Minutes of Evidence [J] . Parliament Papers, 1854–55(480), p.48.

[298] Shleifer, Andrei, and Vishny, 1993, Conzption,The Quarterly Journal of Economics Economics,Vol.108,No.3,PP.599–617.

[299] Sir Samuel Squire Sprigge. The Life and Times of Thomas Wakley, Founder and First Editor of the "Lancet" [M] . London, 1897.

[300] Smith F B. The People' s Health, 1830–1910 [J] . Medical History, 1980, 24(1), pp.114–115.

[301] Stigler, George, 1971, The Theory of Economic Regulation,2:3–21, Bell, Journal of Economics and Management Science.

[302] Tullock, G., 1965, Entry Barries in Politics, The American Economic Review, Vol.1/2. (Mar.–May,),pp.458–466.

[303] Utton, M.A., The Economics of Regulating Industry, Oxford,OX, UK;New York, NY,USA: Blackwell, 1986.

[304] Vetter H., Karantininis K. Moral hazard, vertical intergration, and public monitoring in credence goods, European Review of Agricultural Economics, 2002,29(2):271–279.

[305] Vickrey, William,1994,Public Economics.Cambridge: University of Cambridge Press.

[306] The Food Standards Agency: the first two years, June 2002, p.1, http://www.food.gov.uk/multimedia/pdfs/popularreport.pdf.

[307] Third Report from the Select Committee on Adulteration of Food, Drinks and Drugs; with the Proceedings of the Committee and Minutes of Evidence, Appendix and Index, 1856(379).

[308] W. Kip Viscusi, John M. Vernon, Joseph E. Harring , Jr, 1995. Economics of Regulation and Antitrust The M IT Press.

[309] Wood D.J. The Strategic Use of Public Policy: Business Support for the 1906 Food and Drug Act [J] . Business History Review,1985, 59(3), p.403.

[310] Yellowlees. Food Safety: A Century of Progress, in MAFF, Food Quality and Safety: A Century of Progress [J] . Food Quality & Safety A Century of Progress ,1976, p.65.